U0667339

Rhino 5.0
产品造型设计
基础教程

张铁成　孔祥富　编著

清华大学出版社
北京

内 容 简 介

本书主要讲述 Rhino 5.0 的基本操作及其在产品造型设计中的具体应用。首先采用循序渐进的方式对 Rhino 5.0 的常用命令及新功能进行重点讲解；其次详细介绍了 Rhino 的网格建模插件 T-Splines 的基础知识，扩展 Rhino 的建模方法，提高建模速度与质量；再次介绍了实时渲染软件 KeyShot 的基本操作和产品渲染流程；最后通过小家电、卡通玩具和家具等具体设计实例充分展示 Rhino 在产品造型设计中的具体方法和具体操作步骤，通过 KeyShot 渲染器完成了部分产品的渲染。

本书的配套光盘中提供了所有实例的造型过程文件、结果文件及视频操作教程。所有实例文件突破了以往 Rhino 文件只能查看结果、不能查看造型过程的缺陷，可随时查看产品造型顺序、各部件的造型过程，增加对建模过程和方法的掌握，可起到举一反三的作用。

本书可作为设计类专业的学生计算机辅助设计课程的教材或参考资料，也可供从事工业产品造型设计人员自学参考。

版权所有，侵权必究。侵权举报电话：010-62782989　13701121933

图书在版编目（CIP）数据

Rhino 5.0 产品造型设计基础教程/张铁成，孔祥富编著. ——北京：清华大学出版社，2013(2018.8 重印)
ISBN 978-7-302-33391-3

Ⅰ. ①R… Ⅱ. ①张… ②孔… Ⅲ. ①产品设计–计算机辅助设计–应用软件–教材 Ⅳ. ①TB472–39

中国版本图书馆 CIP 数据核字（2013）第 180895 号

责任编辑：冯　昕
封面设计：傅瑞学
责任校对：赵丽敏
责任印制：宋　林

出版发行：清华大学出版社
　　　　网　　　　址：http://www.tup.com.cn, http://www.wqbook.com
　　　　地　　　　址：北京清华大学学研大厦 A 座　　　　邮　　编：100084
　　　　社　总　机：010-62770175　　　　邮　　购：010-62786544
　　　　投稿与读者服务：010-62776969，c-service@tup.tsinghua.edu.cn
　　　　质　量　反　馈：010-62772015，zhiliang@tup.tsinghua.edu.cn
印 装 者：清华大学印刷厂
经　　销：全国新华书店
开　　本：185mm×260mm　　　　印　张：17.25　　　　字　数：404 千字
　　　　（附光盘 1 张）
版　　次：2013 年 9 月第 1 版　　　　印　次：2018 年 8 月第 7 次印刷
定　　价：49.80 元

产品编号：050346-03

Rhino 是由美国 Robert McNeel 公司于 1998 年推出的一款基于 NURBS（Non-Uniform Rational B-Spline，非均匀有理 B 样条曲线）的三维建模软件，是一款强大的专业 3D 造型软件，广泛地应用于工业设计、产品设计、建筑艺术、汽车制造、机械设计、船舶设计、航空技术、珠宝首饰和太空技术等各个领域。

在工业设计，尤其是产品设计中，三维设计表现具有非常重要的作用，快速、准确地将创意表现出来是工业设计师必备的能力之一。Rhino 因其曲面功能强大、操作方便、入门快捷受到广大工业设计师和学生的欢迎，非常适合于工业产品设计早期阶段的设计方案快速表现，在产品设计领域具有广泛的应用。

Rhino 5.0 正式版在操作界面、操作方式及功能上有了极大的改进，增加了操作轴等新功能，在建模速度上有了极大的提高。为了系统地掌握 Rhino 的基本操作，熟悉 Rhino 5.0 新增加的功能，并将新功能应用到具体造型设计中，迫切需要一本涵盖从 Rhino 5.0 基础命令讲解到具体造型设计案例应用的教材，以满足工业设计专业学生及相关设计人员在计算机辅助设计构思和表现方面的需要。

本书是一本系统讲授 Rhino 5.0 基础操作的教材，同时详细介绍了网格建模插件 T-Splines 的基础操作，将细分曲面建模方法与 NURBS 完美结合，扩展了 Rhino 的建模方法，其基础操作内容和相关的造型设计案例可作为高校教师教学的参考和学生自学的参考，是非常难得的学习资料。

全书共 13 章，各章内容简要介绍如下。

第 1 章（概述）：初步介绍 Rhino 的特点及工业设计常用的计算机辅助三维设计软件。

第 2 章（Rhino 5.0 界面）：主要介绍 Rhino 的工具列、工作视图、显示模式、建模辅助、图层、建构历史和 Rhino 选项及新增加的功能——操作轴。

第 3 章（Rhino 基本操作）：主要介绍 Rhino 的基本选取工具和新增选取工具、移动、复制、旋转、缩放、镜射、组合、炸开、修剪、分割和群组等的基本操作。

第 4 章（线的绘制与编辑）：主要介绍点的建立与编辑、绘制线、从物体建立曲线、曲线工具和曲线阶数与连续性分析。

第 5 章（创建曲面、编辑与分析曲面）：详细介绍 Rhino 常用的曲面创建工具、常用的曲面编辑工具、曲面的连续性及曲面的检测与分析工具。

第 6 章（建立实体及实体工具）：详细介绍 Rhino 基本实体的创建和特殊实体的创建、常用实体编辑工具的使用。

第 7 章（变动工具）：主要介绍 Rhino 中常用的定位、阵列等变动工具。

第 8 章（Rhino 高级操作）：主要介绍在 Rhino 中导入参考图片的不同方法，常用的建模方法如实体法、塑形法，渐消面的创建，三边面的处理及不同的混接实例。

第 9 章（T-Splines 网格建模插件）：T-Splines 系统性的讲解，包含操作界面、T-Spline 曲面基础知识、从基本实体创建 T-Splines 曲面、从线创建 T-Splines 曲面、从输入曲面创建 T-Splines 曲面、增加曲面和增加细节的操作。

第 10 章（KeyShot 渲染）：从 KeyShot 渲染器的界面、渲染流程如导入模型、材质灯光及背景图的设置、相机的调整、渲染场景等方面对 KeyShot 进行系统性的讲解。

第 11 章（小家电产品造型实例）：以电吹风和电水壶为例，详细讲解 Rhino 具体的建模过程和方法。

第 12 章（卡通产品造型实例）：以卡通台灯和小鸭玩具过程为例，详细讲解 Rhino 和 T-Splines 在卡通产品建模方法中的结合应用，充分发挥 T-Splines 有机曲面的特点，快速完成复杂曲面的创建。

第 13 章（家具造型实例）：以沙发椅为例，详细讲解 Rhino 和 T-Splines 在家具造型中的具体结合应用，并使用 KeyShot 对沙发椅进行渲染。

光盘说明

本书的配套光盘中提供了所有实例过程文件、结果文件及操作视频教程文件，读者可以在观看视频的过程中参照过程文件及结果文件进行练习，增强对知识点的理解与掌握。所有实例文件突破了以往 Rhino 文件只能查看结果、不能查看造型过程的缺陷，本书率先采用图层管理的方式，将造型过程进行详细记录，可随时查看产品造型的详细步骤，增加对建模过程与方法的掌握，非常便于学习使用。

本书作者与技术支持

本书第 1~7 章由沈阳航空航天大学设计艺术学院工业设计系主任孔祥富编写，其余章节由大连大学机械工程学院张铁成编写。

尽管编者尽了最大努力，但由于时间仓促，加之水平有限，书中难免存在疏漏之处，恳请广大读者、专家指正，可通过 E-mail：vrdesign@163.com 与我们联系。

编　者
2013 年 4 月

第 1 章

概　　述

1.1　Rhino 简介

Rhino 是由美国 Robert McNeel 公司于 1998 年推出的一款基于 NURBS（Non-Uniform Rational B-Spline，非均匀有理 B 样条曲线）的三维建模软件，是一款强大的专业 3D 造型软件，它可以广泛地应用于工业设计、产品设计、建筑艺术、汽车制造、机械设计、船舶设计、航空技术、珠宝首饰和太空技术等各个领域。能输出 obj、DXF、IGES、STL、3dm 等不同格式的文件，并适用于几乎所有的 3D 软件。

Rhino 是一款可以在系统中建立、编辑、分析和转换 NURBS 曲线、曲面和实体的三维多功能建模软件。Rhino 在建模时不受模型的复杂度、阶数以及尺寸的限制，并且支持多边形网格和点云。从设计稿、手绘到实际产品，或只是一个简单的构思，Rhino 所提供的曲面工具可以精确地制作所有用来作为渲染表现、动画、工程图、分析评估以及生产用的模型。

Rhino 可与目前非常流行的 3D 自由体建模工具"MOI3D 自由设计大师"无缝结合，更可与建筑界的主流概念设计软件——SketchUp 建筑草图大师兼容，给建筑业界人士提供了一种自由体建模的优秀工具。

Rhino 有丰富的插件，在建模、渲染及专业领域都有相关的插件扩展 Rhino 的功能，主要有以下几种。

（1）Grasshopper：Grasshopper 是一款在 Rhino 环境下运行的采用程序算法生成模型的插件，是一款参数化设计的软件。目前主要应用在建筑设计领域，刚刚在中国兴起，主要用于建筑表皮效果制作和构建复杂曲面造型。使用 Grasshopper 不需要太多程序语言的知识，可以通过一些简单的流程方法达到设计师所想要的模型。

（2）T-Splines：T-Splines 是由 Autodesk 公司领导开发的一种具有革命性的崭新建模技术，它结合了 NURBS 和细分表面建模技术的特点，虽然和 NURBS 很相似，但极大地减少了模型表面上的控制点数目，可以进行局部细分和合并两个 NURBS 面片等操作，使建模操作速度和渲染速度都得到提升。其 T 曲面是继网格曲面、NURBS 曲面的下一代的曲面建模技术。

（3）KeyShot：KeyShot 是一个互动性的光线追踪与全域光渲染程序，是一款采用 CIE（国际照明协会）认证过的渲染引擎的渲染器，它采用的是科学光学标准的真实世界的灯光及材质，通过科学而准确的算法，可以在很短的时间内，无须复杂的设定即可产生相片级真实的 3D 渲染影像。同时具有动画制作功能，可满足工业产品展示中位置、旋转、缩放等动画制作的需要，还提供了摄像机动画。最新版中提供了全景图制作工具，可制作全景图，对产品进行全方位的展示。

KeyShot for Rhino 是 KeyShot 官方提供的 Rhino 接口 Plugins（插件），在 Rhino 中安装 KeyShot 渲染器后，Rhino 的菜单栏中会出现有关 KeyShot 渲染器的选项。

（4）V-Ray for Rhino：V-Ray 是由 Chaosgroup 和 Asgvis 公司出品的一款高质量的渲染软件，是建筑表现、CG 等设计领域最受欢迎的渲染引擎之一。基于 V-Ray 内核开发的有 V-Ray for 3dsMax、V-Ray for Maya、V-Ray for SketchUp、V-Ray for Rhino 等诸多版本，为不同领域的优秀 3D 建模软件提供了高质量的图片和动画渲染工具。

1.2　工业设计常用三维软件介绍

1. Creo

Creo 是美国 PTC 公司于 2010 年 10 月推出、整合了 PTC 公司 Pro/Engineer 的参数化技术、CoCreate 的直接建模技术和 ProductView 的三维可视化技术的新型 CAD 设计软件包。

Cero Parametric（原 Pro/Engineer）是目前主流的 CAD/CAM/CAE 软件之一，在国内产品设计领域占据重要位置，作为当今世界机械 CAD/CAE/CAM 领域的新标准而得到业界的认可和推广。它第一个提出了参数化设计的概念，并且采用了单一数据库来解决特征的相关性问题；采用模块化方式，可以分别进行草图绘制、零件制作、装配设计、钣金设计、加工处理等，保证用户可以按照自己的需要进行选择使用；其基于特征的方式，能够将设计至生产全过程集成到一起，实现并行工程设计。

Cero Parametric 中提供了工业设计专用的自由曲面造型功能。造型是一种直观且交互式的设计环境，用于创建嵌入 Creo Elements/Pro 参数化环境内的自由曲线和曲面。这种超级特征在零件层创建，并允许使用任意多或少的约束建立模型曲线和曲面。四个视图的布局允许在多个视图中同时进行操作，独特的软件技术可创建更灵活多变的曲线。编辑控制实现了与模型的快速、直观和动态的交互作用。设计者和工程师可以快速、轻松地创建极为准确并具有独特美感的产品设计，从而根据需求而不是软件的限制来进行设计。

2. Alias

Autodesk Alias Studio 软件是目前世界上最先进的工业造型设计软件，是全球汽车、消费品造型设计行业的标准设计工具。目前 Alias 2013 产品线全新整合，并且重新使用"Alias"为产品名称，以前的 AliasStudio、DesignStudio、SurfaceStudio 等不再使用，取而代之的是更加具有市场针对性的 AliasDesign、AliasSurface 以及 AliasAutomotive，分别针对产品设计、曲面设计以及汽车设计三大市场，提供了从早期的草图绘制、造型，一直到制作可供加工采用的最终模型各个阶段的设计工具。

Alias 软件从本质上区别于 CAD 类软件，位于产品设计的前端。其价值在于对外形设计的高自由度及其效率。Alias 软件巧妙地将设计与工程、艺术和科学连接起来，整个设计流程天衣无缝，将设计、创意与生产一元化，成为全球工业设计师梦寐以求的设计工具。应用 Alias 软件，可以进行上至飞机、卫星，下至汽车、日用化工产品（如口红）等各种产品的造型开发设计，在欧美国家也广泛用于最先进的军需品的造型设计。

3．Unigraphics NX

UG（Unigraphics NX）是 Siemens PLM Software 公司出品的一个产品工程解决方案，它为用户的产品设计及加工过程提供了数字化造型和验证手段。UG NX 包含了企业中应用最广泛的集成应用套件，用于产品设计、工程和制造等全线的开发过程。UG NX 主要功能如下。

（1）工业设计和风格造型：UG NX 为那些培养创造性和产品技术革新的工业设计和风格提供了强有力的解决方案。利用 NX 建模，工业设计师能够迅速地建立和改进复杂的产品形状，并且使用先进的渲染和可视化工具来最大限度地满足设计概念的审美要求。

（2）产品设计：UG NX 包括了世界上最强大、使用最广泛的产品设计应用模块。NX 具有高性能的机械设计和制图功能，为制造设计提供了高性能和灵活性，以满足用户设计任何复杂产品的需要。NX 优于通用的设计工具，具有专业的管路和线路设计系统、钣金模块、专用塑料件设计模块和其他行业设计所需的专业应用程序。

（3）仿真、确认和优化：UG NX 允许制造商以数字化的方式仿真、确认和优化产品及其开发过程。通过在开发周期中较早地运用数字化仿真性能，制造商可以改善产品质量，同时减少或消除对于物理样机的昂贵耗时的设计、构建，以及对变更周期的依赖。

（4）NC 加工：UG NX 加工基础模块提供联接 UG 所有加工模块的基础框架，它为 UG NX 所有加工模块提供一个相同的、界面友好的图形化窗口环境，用户可以在图形方式下观测刀具沿轨迹运动的情况并可对其进行图形化修改。UG 软件所有模块都可在实体模型上直接生成加工程序，并保持与实体模型全相关。

（5）模具设计：UG 是当今较为流行的一种模具设计软件，主要是因为其功能强大。

4．CATIA

CATIA 是法国达索公司的产品开发旗舰解决方案，作为 PLM 协同解决方案的一个重要组成部分，它可以帮助制造商设计他们未来的产品，并支持从项目前阶段、具体的设计、分析、模拟、组装到维护在内的全部工业设计流程。模块化的 CATIA 系列产品旨在满足客户在产品开发活动中的需要，包括风格和外形设计、机械设计、设备与系统工程、管理数字样机、机械加工、分析和模拟。

CATIA 拥有强大的曲面设计模块，主要包括以下几个。

（1）创成式造型（Generic Shape Design）：简称 GSD，完全参数化操作。非常完整的曲线操作工具和最基础的曲面构造工具，除了可以完成所有曲线操作以外，还可以完成拉伸、旋转、扫描、边界填补、桥接、修补碎片、拼接、凸点、裁剪、光顺、投影和高级投影、倒角等功能，连续性最高达到 G2，生成封闭片体，完全达到普通三维 CAD 软件的曲面造型功能。

（2）自由风格造型（Free Style Surface）：简称 FSS，几乎完全非参数化。除了包括 GSD 中的所有功能以外，还可完成诸如曲面控制点（可实现多曲面到整个产品外形同步调整控制点、变形），自由约束边界，去除参数，达到汽车 A 面标准的曲面桥接、倒角、光顺等功能，所有命令都可以非常轻松地达到 G2。

（3）汽车 A 级曲面（Automotive Class A）：简称 ACA，完全非参数化。此模块提供了强大的曲线、曲面编辑功能和一键曲面光顺功能。几乎所有命令可达到 G3，而且不破坏原有光顺外形。可实现多曲面甚至整个产品外形的同步曲面操作（控制点拖动、光顺、倒角等）。目前只有纯造型软件，如 Alias、Rhino 可以达到这个阶数要求，却达不到 CATIA 的高精度。

（4）自由风格草图绘制（Free Style Sketch Tracer）：简称 FST，可根据产品的三视图或照片描出基本外形曲线。

（5）塑形曲面（Image & Shape）：可以像捏橡皮泥一样拖动、拉伸、扭转产品外形、增加"橡皮泥块"等方式以达到理想的设计外形，可以极其快速地完成产品外形概念设计。

第2章

Rhino 5.0 界面

安装 Rhino 5.0 后，如界面是英文，转换成中文界面的步骤如下。

（1）启动 Rhino，选择 File（文件）| Document Properties（文件属性）对话框。

（2）在对话框左侧的列表中选择 Appearance（外观）栏，然后在右侧的 Language used for display（显示语言）下拉列表中选择"中文（简体，中国）"选项，如图 2-1 所示，如果下拉列表中未出现"中文（简体，中国）"选项，则须将"2052.XML"文件复制到 Rhino 5.0 安装后 System 目录的 Languages 文件夹中。

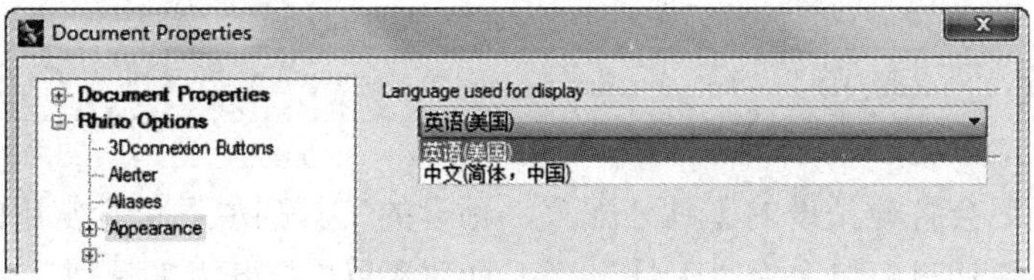

图 2-1 界面语言选择

（3）重新启动 Rhino，将显示中文界面。

Rhino 5.0 的界面主要由菜单、命令历史窗口、工作视窗标题、状态列、工作视窗、工具列、命令提示和主窗口标题组成（图 2-2）。在学习 Rhino 前，首先要熟悉界面，以便能快速找到所需命令与工具的位置。

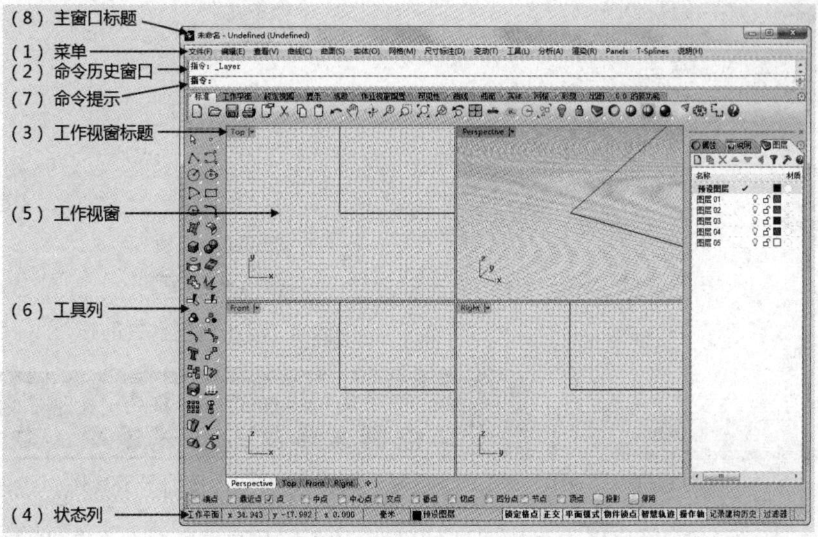

图 2-2 Rhino 5.0 界面组成

（1）菜单：依功能将 Rhino 的命令归类。

（2）命令历史窗口：显示执行过的命令及提示记录，可复制命令历史记录的文字，粘贴到命令行、宏编辑器、按钮的宏字段或其他可以接受粘贴文字的程序。

（3）工作视窗标题：单击工作视窗标题，该工作视窗会变为使用中的工作视窗，但不会取消已选取的物体，右击工作视窗标题则可显示工作视窗菜单。

（4）状态列：显示目前的坐标系统（"工作平面坐标"或"世界坐标"）、光标的 X、Y、Z 坐标及状态列面板（当前的图层及颜色、锁定格点切换、正交模式切换、物体锁点工具列切换、记录建构历史）。

（5）工作视窗：显示 Rhino 的工作环境，包括物体、工作视窗标题、背景、工作平面网格线、世界坐标轴图示。

（6）工具列：含有命令图标的按扭，用以执行命令，此工具列按照"创建曲线"、"编辑曲线"、"创建曲面"、"编辑曲面"、"创建实体"、"编辑实体"、"从物体建立曲线"、"常用变换工具"等命令进行布局，可满足一般操作的需要。

（7）命令提示：显示命令的提示，允许输入命令名称及选项。

（8）主窗口标题：显示已打开模型的文件名称。

2.1　Rhino 工具列

Rhino 运行后会打开预设的工具列配置，预设的工具列中只包含常用的工具，其他未打开的工具列可以通过菜单命令"工具"|"工具列配置"打开"工具列"对话框，如图 2-3 所示，在其中勾选。

在 Rhino 的工具列中，部分工具图标的右下角有个白色三角形（图 2-4），单击该图标，会弹出该工具连接的子工具列，如图 2-5 所示为弹出的连接曲面子工具列。

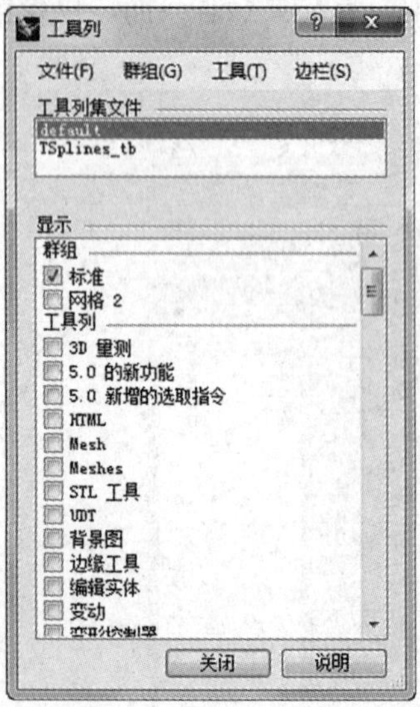

图 2-4　单击白色小三角形

图 2-3　"工具列"对话框

图 2-5　弹出连接的子工具列

在 Rhino 5.0 中新增加了工具列属性的设置，单击连接工具列右上角的 图标，选择

Properities（属性），如图 2-6 所示，会弹出"工具列属性"对话框，如图 2-7 所示，其中最重要的设置是"工具列按钮外观"，主要有 3 种显示方式："只显示图示"、"只显示文字"和"显示图示与文字"。默认按钮外观是"只显示图示"。初学者可使用"显示图示与文字"的按钮外观，同时显示命令的文字和图标，以熟悉各工具的名称和功能，待熟悉各图标含义后，再将工具列按钮外观修改回系统默认的"只显示图示"，以节省屏幕空间。

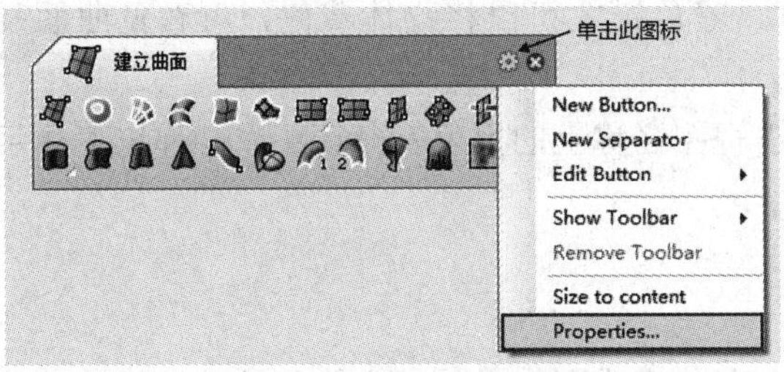

图 2-6　"工具列"属性 　　　　图 2-7　"工具列属性"对话框

2.2　Rhino 工作视图

默认状态下 Rhino 的界面分为 Top（顶视图）、Perspective（透视图）、Front（前视图）和 Right（右视图）4 个视图，具体建模的操作与显示都是在视图区中完成。

1．视图切换操作

如将 Top 视图修改为 Front 视图，只须右击视图左上角的 Top 字样，在弹出的菜单中选择"设置视图"｜Front 命令。

2．视图大小调整

将鼠标放在两个视图的交界处，会出现如图 2-8 所示的双方向箭头，按住鼠标左键拖动即可调整两个视图大小，如将鼠标放在四个视图的交界处，会出现四方向箭头，按住鼠标左键拖动即可一次调整四个视图的大小。

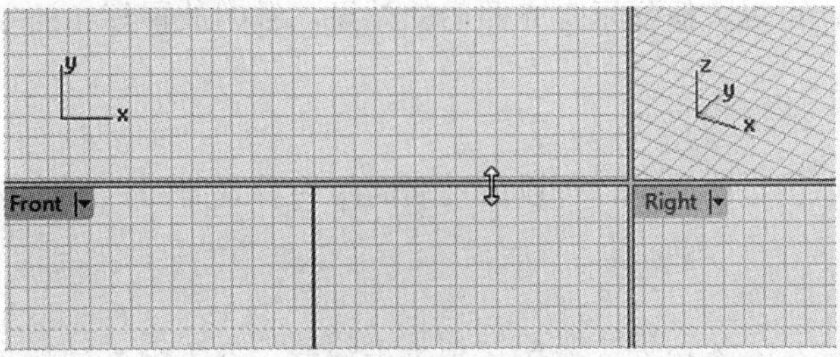

图 2-8　拖动调整两个视图大小

3．激活视图

单击视图任意区域即可激活当前视图，进行绘制及编辑等各种操作。也可通过窗口左下角的标签控制列来快速切换工作视窗，如在视图最大化状态下，通过单击标签控制列中的其他视图名称，快速地切换为其他视图。

2.3　显示模式

工作视窗显示模式主要有框架模式、着色模式、渲染模式、半透明模式、X 光模式、其他模式（工程图模式、艺术风格模式、钢笔模式）等。可以依据需要使用不同的显示方式来查看模型，线框模式有最快的显示速度，着色模式可以将物体着色，可看见曲面及实体。

右击视图窗口左上角的视图名称或者单击视图名称上的黑色三角箭头，会弹出"显示模式"菜单。常用的显示模式具体说明如下。

1．框架模式

设置工作视窗以无着色网格的框架显示。在此模式下，必须单击物体的结构线才能选取物体（图 2-9）。

2．着色模式

设置工作视窗为不透明的着色模式。在着色工作视窗里，可以点选着色物体的任何部分将其选取（图 2-10）。

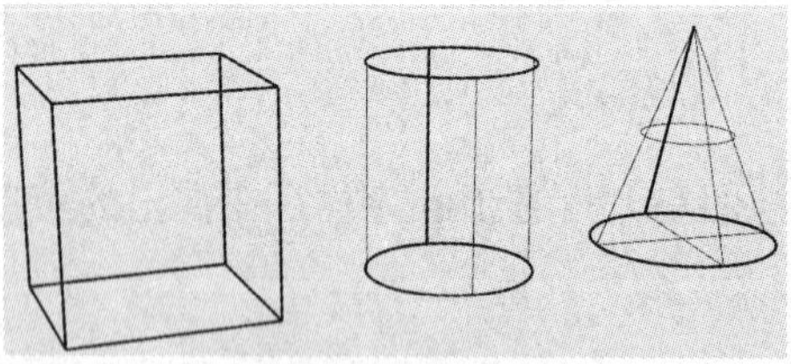

图 2-9　框架模式

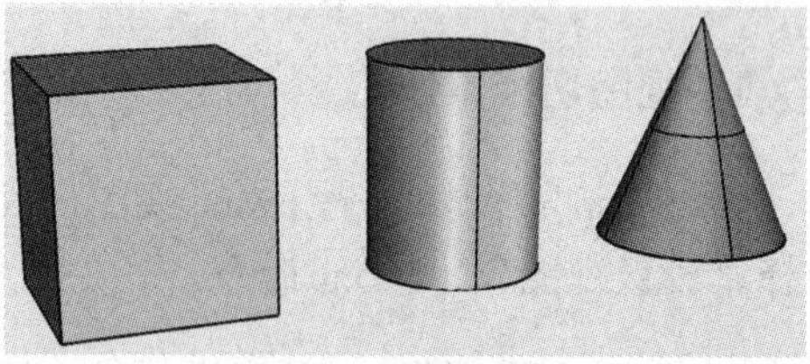

图 2-10　着色模式

3．渲染模式

用 OpenGL 着色工作视窗，模拟渲染效果，但不等于渲染得到的影像，无法显示阴影及凹凸贴图的效果，可以大概显示灯光照明的效果，做为放置灯光的参考（图 2-11）。

4．半透明模式

设置工作视窗以半透明显示，可以透过曲面隐约看到曲面后面的物体（图 2-12）。

5．遮蔽平面

利用"遮蔽平面"命令可在一个工作视窗中建立一个无限延伸的平面作为遮蔽平面，

图 2-11　渲染模式

图 2-12　半透明模式

位于遮蔽平面后面的物体完全隐藏或局部隐藏。遮蔽平面物体只是用来指出遮蔽平面的位置和方向，位于遮蔽平面方向指示线方向的物体为可见物体。图 2-13 所示为 Top 视图中遮蔽平面在场景中的位置和方向，图 2-14 为透视图中查看遮蔽情况，位于遮蔽平面后的物体部分可见。

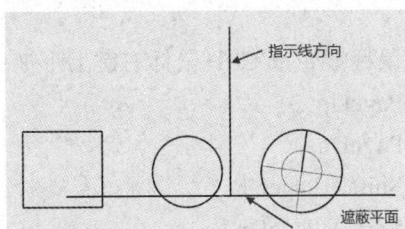

图 2-13　遮蔽平面位置

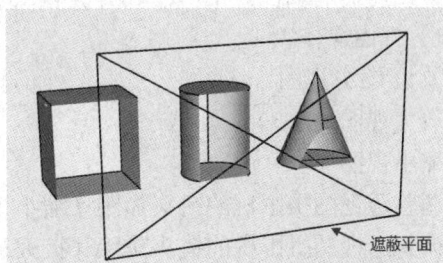

图 2-14　遮蔽平面后的物体局部隐藏

2.4　建模辅助

1．物件锁点

利用"物件锁点"命令可将鼠标光标锁定在物件上的某一点，如圆的中心点或直线的中点。

"物件锁点"可以持续性使用，也可以单次使用。可以在状态列的"物件锁点"工具列中同时启用数种持续性的物件锁点模式，所有物件锁点模式的特性基本类似，只是锁定物件的位置不同，如图 2-15 所示。

图 2-15　"物件锁点"工具列

单击状态列上的"物件锁点"，当这四个字为粗体显示时，会显示"物件锁点"工具列，在工具列中可选中或取消选中不同物件锁点模式的复选框。

2．隐藏、显示和锁定物体

单击工具列"隐藏物体"图标🔅的白色小三角，会弹出"可见性"工具列，如图 2-16 所示。

图 2-16 "可见性"工具列

3．快捷键

Rhino 的菜单中会显示某些命令的快捷键，在"选项"对话框的"键盘"页面中，也可设置快捷键的属性，常用的快捷键有以下几种：

1）视图操作

放大/缩小视图	使用鼠标滚轮或 Ctrl+鼠标右键上下拖曳
放大视图	PageUp
缩小视图	PageDn
调整透视图摄影机的镜头焦距（缩小视野）	Shift + PageUp
调整透视图摄影机的镜头焦距（扩大视野）	Shift + PageDn
平移视图	Shift+鼠标右键拖曳
在视线轴上向前移动摄影机及目标点	Alt+鼠标滚轮
在视线轴上向后移动摄影机及目标点	Alt +鼠标滚轮
以摄影机为中心旋转视图	Ctrl + Alt +鼠标右键拖曳
以目标点为中心旋转视图	Ctrl + Shift +鼠标右键拖曳

2）选取物件快捷键

加选单一物件	Shift +鼠标左键单击
减选单一物件	Ctrl +鼠标左键单击
以跨选/框选加选物件	Shift +鼠标左键拖曳
以跨选/框选减选物件	Ctrl +鼠标左键拖曳
选取多重曲面/曲面的面、边缘、边界和群组里的物件	Ctrl + Shift +鼠标左键单击

3）其他

暂时启用/停用物件锁点	Alt
结束命令或重复命令	空格或 Enter 键

2.5 图层

"图层"可以用来组织物体，同时对一个图层中的所有物体做同样的改变，例如关闭一个图层就会隐藏该图层中的所有物体，改变一个图层中所有物体的显示颜色，一次选取一个图层中的所有物体。"图层"工具列如图 2-17 所示。

单击状态列的图层面板，可显示快捷图层列表，如图 2-18 所示。

图 2-17　"图层"工具列

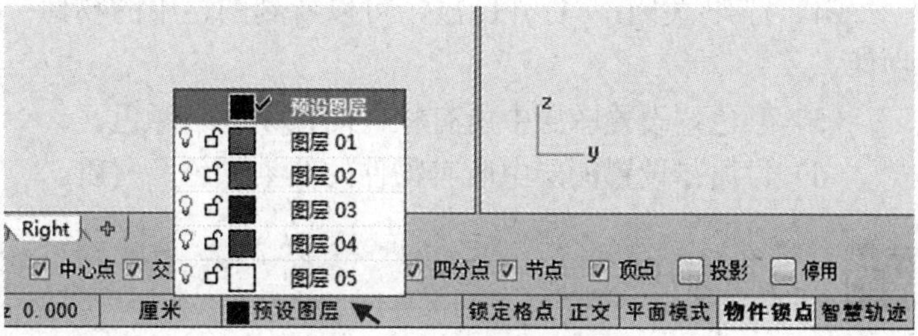

图 2-18　快捷图层列表

在工具列中单击"图层"图标 或右击状态列的图层面板，会打开"图层"对话框，如图 2-19 所示，使用"图层"对话框中的工具来管理模型里的图层。

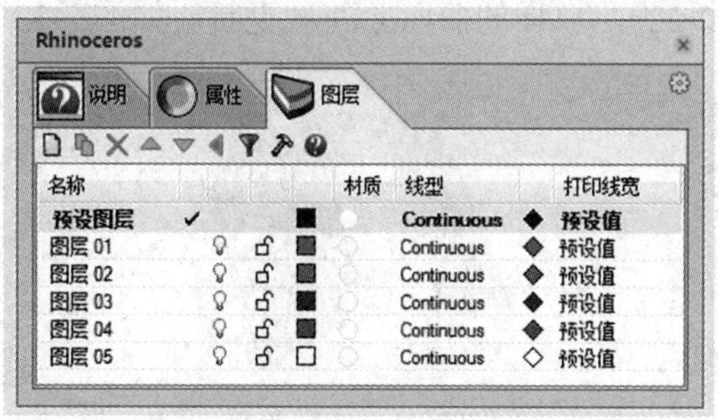

图 2-19　"图层"对话框

1. 图层工具选项

（1） 新图层：新图层以递增的尾数自动命名，可以使用鼠标右键的快捷菜单或选取一个图层再点选图层名称的方式编辑图层名称，在图层名称反白后即可输入新的图层名称。

（2） 新子图层：在选取的图层之下建立子图层。

（3） 删除图层：如果有物件位于要删除的图层上会弹出警告。

（4） 上移：将选取的图层在图层列表中往上移。

（5） 下移：将选取的图层在图层列表中往下移。

（6） 上移一个父图层：将选取的子图层移出它的父图层。

2. 图层工具

图层的"工具"中提供了常用的图层管理工具，主要有全选、反选、选取物体、选取物件图层、改变物件图层等。该"工具"中的功能可通过"图层"选项中的"编辑图层"命令快速实现。

3. 图层选项

（1）设为目前的图层：有勾号及底色变成蓝色（预设的颜色）的图层为目前的图层。

（2）名称：图层名称。

（3）锁定/未锁定：未锁定时图层中的物件可见也可以编辑，锁定图层中的物件可见但无法编辑。

（4）打开/关闭： 打开图层，可以看到图层中的物件；关闭图层，无法看到图层中的物件。

（5）颜色：设置图层中所有物件的预设显示颜色。

（6）材质：设置图层中所有物件的渲染颜色及材质。

2.6　建构历史

记录建构历史，更新有建构历史记录的物体。

绘制曲线后（图 2-20），在使用"放样"命令前，单击状态列上的"记录建构历史"图标，会启动"建构历史"，使用"放样"命令以 3 条曲线建立曲面，形成曲面如图 2-21 所示，编辑输入曲线（图 2-22），放样的曲面会随着更新，如图 2-23 所示。

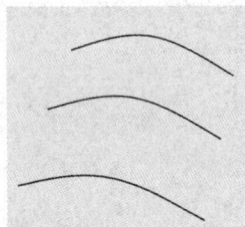

图 2-20　原曲线　　　　　　　图 2-21　放样曲面　　　　　　　图 2-22　调整曲线

状态列上的记录建构历史面板会反映出目前记录建构历史的状态，面板上的文字为粗体时代表记录建构历史已启用，细体时代表已停用。单击该面板可以暂时切换（启用/停用）目前的命令或下一个命令是否记录建构历史，如图 2-24 所示。

图 2-23　曲面随着更新　　　　　　图 2-24　启动"记录建构历史"

支持建构历史功能的命令主要有：矩形阵列，环形阵列，复制，曲线分段，以二、三或四个边缘曲线建立曲面，挤出封闭的平面曲线，挤出曲面，沿着曲线流动，物体交集，放样，镜像，从网线建立曲面，投影至曲面，对称。

部分包含复制选项的命令也支持构建历史命令，如镜像、定位（Orient）、旋转成形、沿路径旋转、2D 旋转、3D 旋转、缩放、倾斜等选择复制选项时的操作。

2.7　Rhino 选项和文件属性

1．Rhino 选项

管理 Rhino 的整体选项，在 Rhino"工具"菜单的选项中或者"文件属性"对话框中，可设置 Rhino 的整体选项，此处的设置会影响所有的 Rhino 文件（图 2-25）。

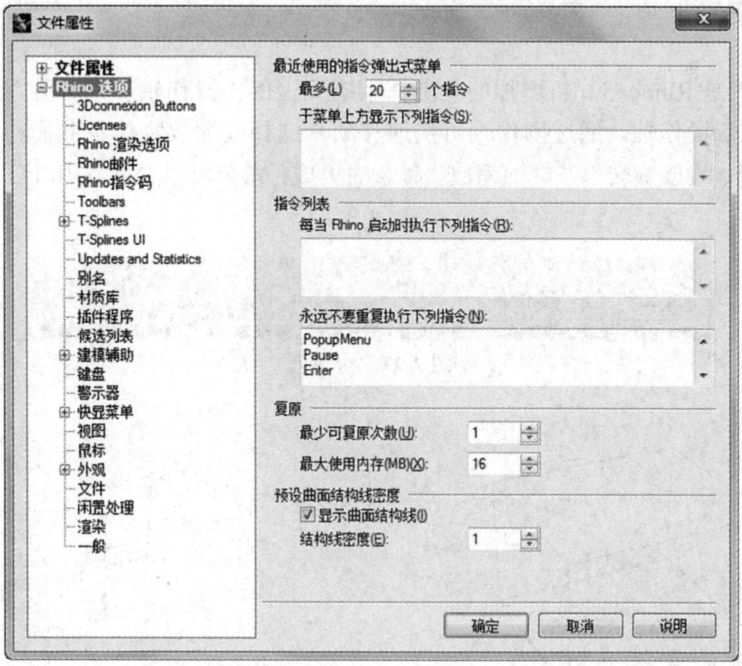

图 2-25 Rhino 选项

2．文件属性

在"文件属性"选项卡中管理目前模型的设置，主要包括 Rhino 渲染、Units（单位）、附注、格线、网格、网页浏览器、渲染和注解等，如图 2-26 所示。经常使用的设置是 Units（单位）和格线的属性设置。

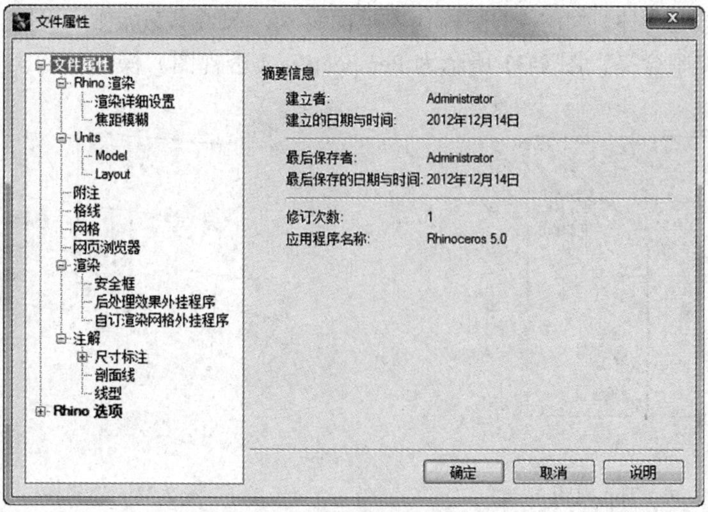

图 2-26 "文件属性"对话框

2.8　操作轴

"操作轴"是 Rhino 5.0 新增加的功能，状态列上的"操作轴"字体为粗体时，选择物体后会自动显示操作轴，通过操作轴可快速移动、选择或缩放物体、曲面和节点。操作轴可看做"移动"、"2D 旋转"、"单轴缩放"命令的集成，完全可以替代这几个工具（图 2-27～图 2-29）。

图 2-27　状态列

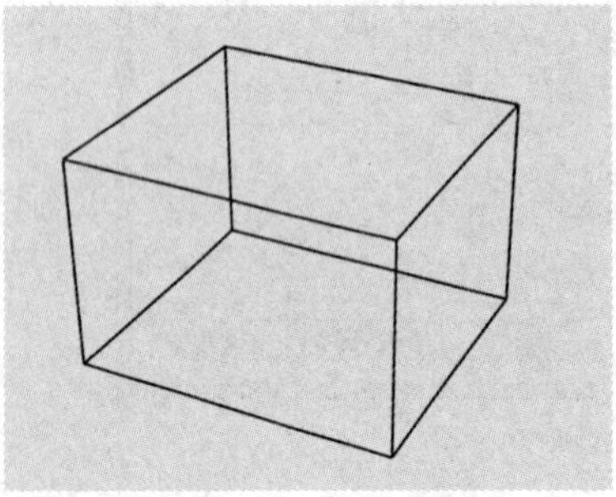

| 图 2-28　未选择物体 | 图 2-29　选择后出现操作轴 |

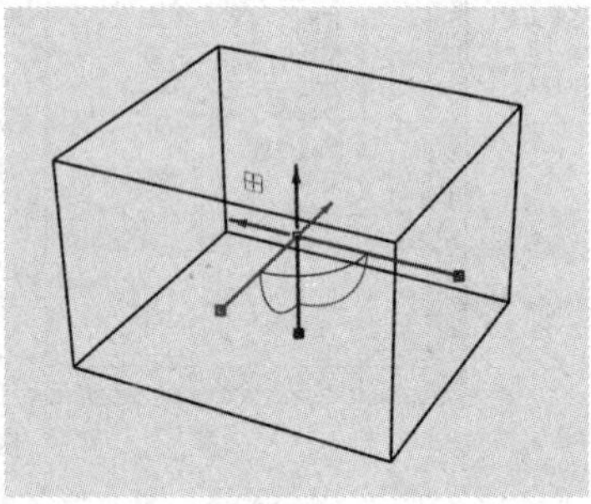

操作轴的含义：

Rhino 默认设置的绿色轴代表 Y 轴，红色轴代表 X 轴，蓝色轴代表 Z 轴，其颜色设置可在"Rhino 选项"｜"建模辅助"｜"颜色"中设置。

轴端点的箭头代表移动物体，端点的小方框代表缩放物体，轴线交点处的小方框代表可沿三个方向移动物体，"田字"图标代表平面移动，弧线代表旋转，图 2-30 所示为平面视图 Top 的操作轴含义，图 2-31 所示为 Perspective（透视图）操作轴的含义。

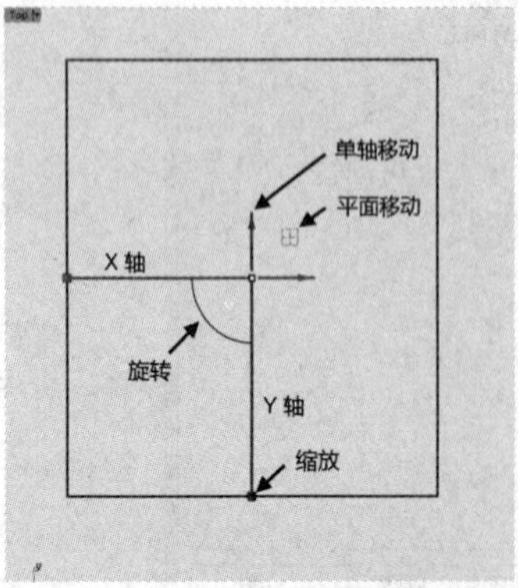

图 2-30　Top 视图

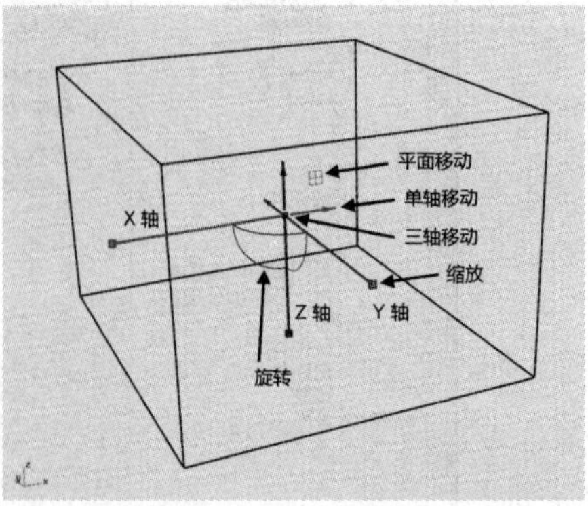

图 2-31　透视图

双击操作轴会出现数字输入对话框，可输入精确的移动距离、缩放倍数或旋转角度，其缩放或旋转的中心点为物体的中心。

2.9　本章小结

　　欲熟练使用 Rhino，首选必须熟悉 Rhino 的界面。对于初学者，可修改工具列的属性，以"显示图示与文字"的方式显示工具列按钮外观，以快速掌握图标的含义，待熟悉所有图标的含义后，再恢复到"只显示图示"的工具列按钮外观，以节省工具列所占用的空间。

　　掌握图层、历史记录、操作轴的使用在一定程度上会提高造型的效率。

第3章

Rhino 基本操作

3.1 选取物体

Rhino 建模过程中经常要选取不同的物体进行操作，掌握选取的方法和技巧是非常必要的，下面详细介绍常用的选取物体方法。

3.1.1 基本选取工具

常用的选取方法主要有单击选取单一物体、框选物体、跨选物体、加选及减选物体、候选列表及通过命令选取等。

1. 单击选取单一物体

鼠标左键单击一个物体将其选取，此方法适合选取较少的物体或群组后的物体。

2. 框选物体

以框选选取时，只有完全落在选取方框内的物体才会被选取。一般通过按住鼠标左键由左至右拉出一个矩形的方框来进行框选。

3. 跨选物体

以跨选选取时，完全或是部分落在选取方框内的物体都会被选取。一般通过由右至左拉出一个矩形的方框来进行跨选。

如果只想使用框选或跨选，可在 Rhino "选项"对话框中的"鼠标群组选取"中进行设置。

4. 加选及减选物体

加入物体至选取集合：按住 Shift 键，单击物体、使用框选或跨选。
从选取集合中删除物体：按住 Ctrl 键，点选物体、使用框选或跨选。

5. 取消选取

单击物体外其他位置可以取消选取已选取的物体，按 Esc 键也可以全部取消选取，或者用右击工具栏中的"全部选取"图标，执行"全部取消选取"命令。

6. 候选列表

当鼠标光标点选的位置附近有许多非常接近的物体时，Rhino 无法判断想要选取的物体，这种情况下会弹出候选列表。在候选列表中，当前选取的物体会有醒目的提示（图 3-1）。

在候选列表中，通过移动鼠标位置切换候选列表中醒目提示的物体，单击即可选取醒目提示的物体，或单击"无"，取消选取工作。

7. 选取工具箱

鼠标左键长时间按住工具栏中的"全部选取"图标会弹出选取工具箱。选取工具箱主要有全部选取、全部取消选取、选取曲线、选取多重面、选取曲面等功能，可一次性选取相同性质的物体。

图 3-1　候选列表

3.1.2　Rhino 5.0 新增选取工具

在 Rhino 5.0 新功能区中的"选取工具"中提供了选取过滤器、以边界曲线选取、以圆形选取、以立方体选取、以球体选取、以笔刷选取、以笔刷选取点、选取遮蔽平面、以尺寸标注型式选取等选取功能。

"以圆形选取"实例：

如选取图 3-2 中内部圆环的所有物体，使用鼠标单选或框选都需要重复操作，这时可使用 Rhino 5.0 新增功能"以圆形选取"快速完成选取操作（图 3-3）。

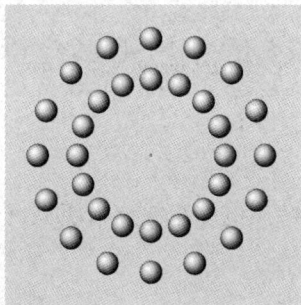
图 3-2　选取前

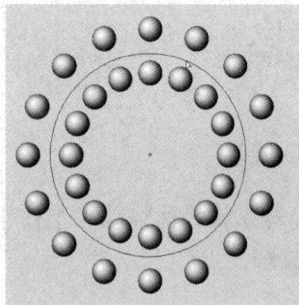
图 3-3　选取中

具体操作步骤：

（1）确定选取圆框的中心点。

（2）确定选取圆框的大小。

3.2　移动

应用"移动"命令，可将物体从一个位置移动到另一个位置。

在 Rhino 中移动物体，只要选择相应的物体后，在视图窗口中拖动即可。在透视图中拖动，物体将在 3 个方向上移动；在正视图（如 Top、Front、Left 等）中拖动，物体将沿着两个方向移动。如先按 F8 键，或单击窗口底部的"正交"开启正交模式（图 3-4），就限制在水平或垂直方向上移动。

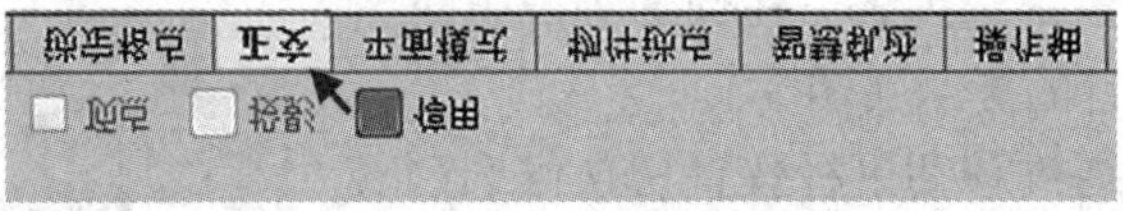

图 3-4　正交模式

单击"移动"工具后，选取要移动的物体，根据提示选择一个移动的起点，再指定移动的终点。

在选择移动起点和移动终点时可使用物体锁点工具捕捉现有物体，或确定移动起点后，输入移动距离和确定移动方向。

3.3　复制

应用"复制"命令，可复制选取的物体。

单击"复制"图标，选取要复制的物体，然后指定一点为物体复制的起点，再指定另一点为物体复制的终点，继续指定另一点为物体复制的终点或按 Enter 键结束"复制"命令。

在 Rhino 中，可以用常规的组合键 Ctrl+C 来实现复制，然后按 Ctrl+V 进行粘贴，在原地复制物体，然后对复制物体进行其他操作；利用某些带有复制功能的工具也可进行复制，如"旋转"、"缩放"工具中的复制选项等。

3.4　旋转

1．2D 旋转

2D 旋转是将物体绕着和工作平面垂直的中心轴旋转，也可在选项中选择"复制"，实现旋转并复制。

2．3D 旋转

3D 旋转是将物体绕着三维空间中的中心轴旋转。

3.5　缩放

1．三轴缩放

在工作平面的 X、Y、Z 三个轴向上以同比例缩放选取的物体（图 3-5～图 3-8）。

图 3-5　缩放前

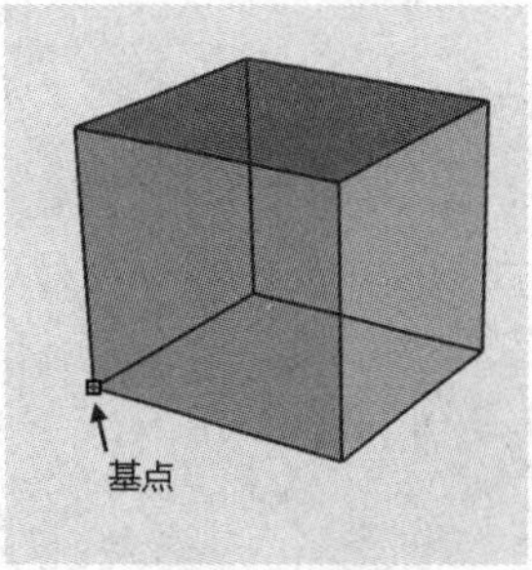

图 3-6　指定缩放基点

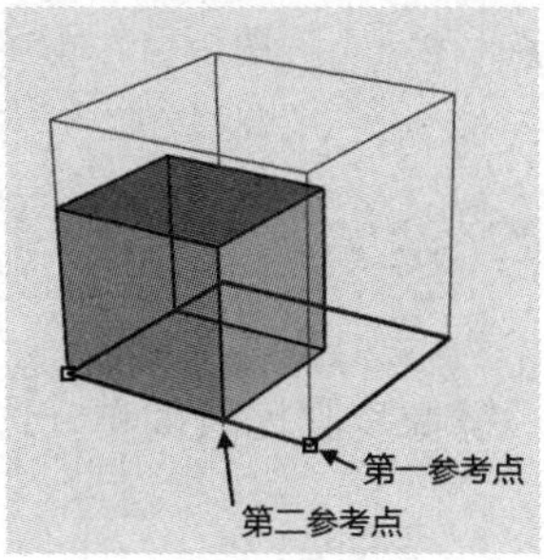

基点

第一参考点
第二参考点

图 3-7　指定参考点

图 3-8　缩放后

2. 二轴缩放

在工作平面的 X、Y 方向上缩放选取的物体。物体只会在工作平面的 X、Y 方向上缩放，而不会整体缩放（图 3-9～图 3-11）。

基点

第二参考点

第一参考点

图 3-9　二轴缩放前

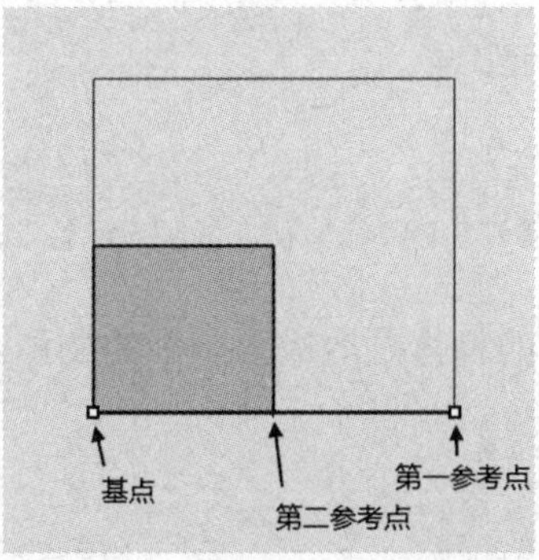

图 3-10　指定基点和参考点

图 3-11　二轴缩放后

3. 单轴缩放

在指定的方向上缩放选取的物体。物体只会在指定的方向上缩放，而不会整体缩放（图 3-12～图 3-14）。

4. 不等比缩放

在 X、Y、Z 三个轴向上以不同的比例缩放选取的物体。物体的三个轴向会以指定的缩放比进行缩放。

| 图 3-12　单轴缩放前 | 图 3-13　指定基点和参考点 | 图 3-14　单轴缩放后 |

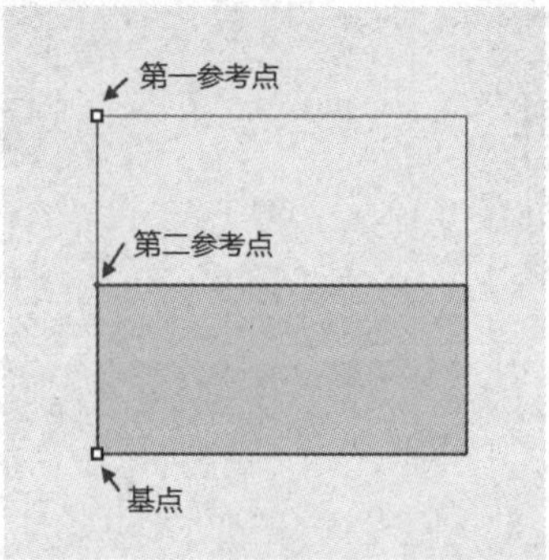

3.6　镜射

以选定的镜像平面将原物体进行镜像（镜射）复制。镜像步骤比较简单，选取物体后，指定镜射平面的起点和终点即可。

3.7　组合

"组合"命令将不同的物体组合在一起成为单一物体。数条直线可以组合成多重直线，数条曲线可以组合成多重曲线，多个曲面或多重曲面可以组合成多重曲面或实体。

"组合"操作和"群组"操作不同，必须都是曲线、曲面或者体才能进行组合操作，同时物体必须相接，否则不能进行组合。

3.8　炸开

"炸开"命令将组合在一起的物体打散成为单独的物体。只要选择被炸开的物体，执行"炸开"命令即可。

3.9　修剪

1. 修剪

"修剪"命令可以删除一个物体与另一个物体交集处内侧或外侧的部分（图 3-15～图 3-17）。执行修剪命令后，首先选择切割用物体，如图 3-16 中所示的两个椭圆，再选取要被修剪掉的部分，如图 3-16 中所示椭圆内部区域，修剪后如图 3-17 所示。

修剪一般在正视图（如 Top、Front、Right）中进行，在 Perspective 视图中可使用投影到曲面上的线作为修剪用物体。

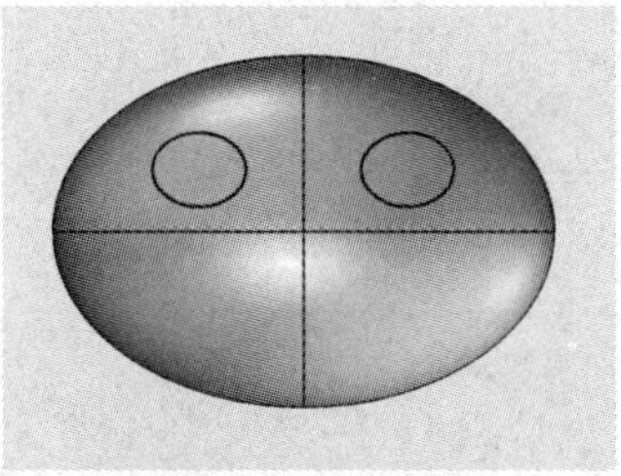

图 3-15　修剪前 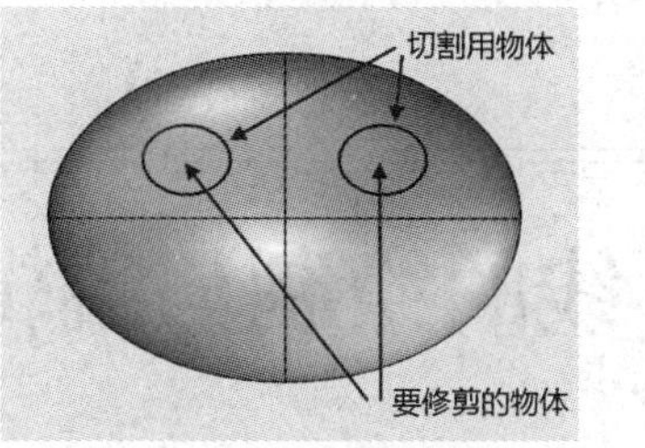　　　　图 3-16　选取要修剪的物体 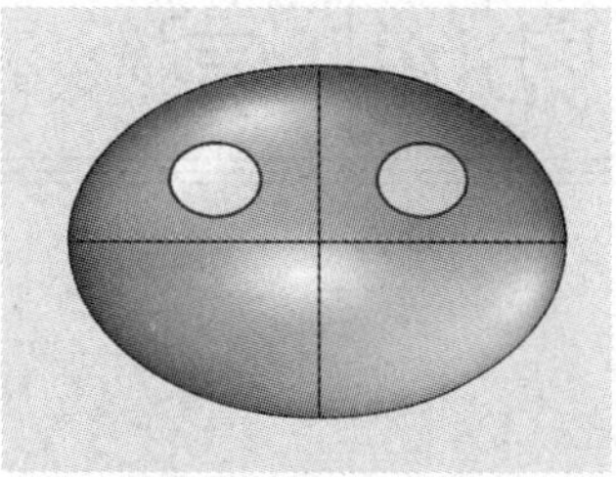　　　　图 3-17　修剪后

2．取消修剪

"取消修剪"删除曲面的修剪边界，执行命令后选取曲面的修剪边缘，即可恢复修剪前的状态。

3.10　分割

"分割"命令以一个物体分割另一个物体。首先选取被分割的物体，可以一次选取多个；然后再选取分割用物体（可理解为刀具），也可以一次选取多个；确定后即完成物体的分割（图 3-18），图 3-19 所示为分割后向上移动后的效果。

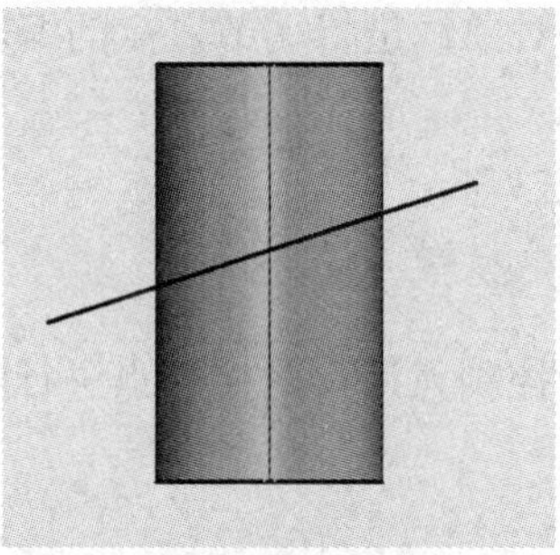

图 3-18　分割 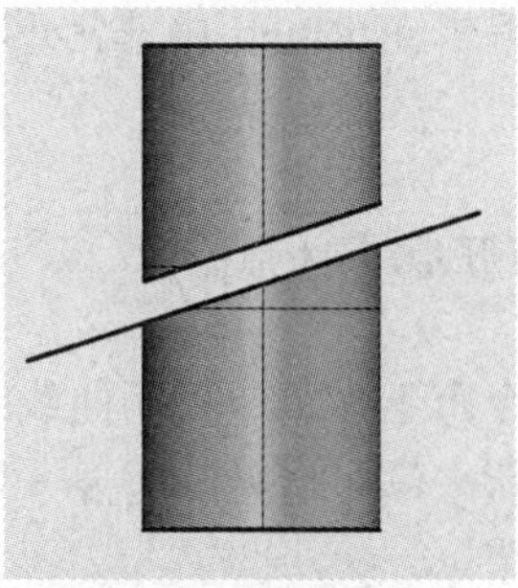　　　　　　　　　　　　图 3-19　分割后移动

3.11　群组/解散群组

"群组"命令可将选取的物体组成一个群组，其中所有物体可以被当成一个物体来选取。"解散群组"命令可去除选取的群组的群组状态。

3.12　本章小结

Rhino 中对物体进行操作，必须通过选取进行。要用恰当的方法快速选取物体，掌握选取技巧非常必要。移动、复制、旋转、缩放、镜像、组合、炸开、修剪和分割等操作也是经常使用的工具，为 Rhino 的最基本操作，大部分建模过程都会使用到这些工具。

第·4·章

线的绘制与编辑

4.1 点的建立与点的编辑

4.1.1 点的建立

点物体一般用作建模的辅助，如在原点放置一个点，绘制直线时以点作为参考，或将曲线按照距离或段数进行等分。也可通过直接输入点的坐标得到点，通过"物体交集"工具求得物体的交点。

4.1.2 点的编辑

点的编辑在 Rhino 中非常重要，绘制曲线时需要对曲线进行调节，点的编辑是经常使用的方法。

1. 打开点/关闭点

此命令用于显示或关闭曲线/曲面的控制点，显示控制点后可对控制点进行编辑，改变曲线的形状来满足造型的需要（图 4-1、图 4-2）。

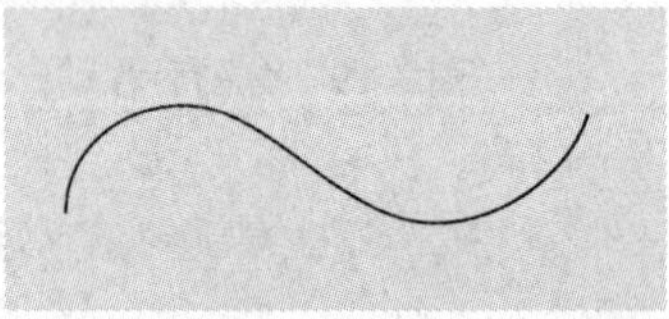

图 4-1 曲线 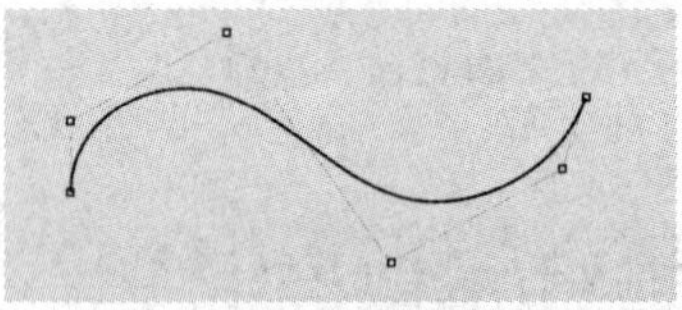　　　　　　　　　　图 4-2 显示控制点

右击"打开点"图标，可执行"关闭点"命令，关闭曲线或曲面的控制点。

2. 打开编辑点/关闭点

此命令用于显示曲线上由节点平均值计算得到的点（图 4-3、图 4-4）。编辑点并不是节点。编辑点和控制点非常类似，但编辑点是位于曲线上的，而且移动一个编辑点通常会改变整条曲线的形状（移动控制点只会改变曲线某一范围内的形状）。编辑点适用于需要让一条曲线通过某一个点的情况，而编辑控制点可以改变曲线的形并同时保持曲线的整平度。

图 4-3 曲线

图 4-4 打开编辑点

3．插入一个控制点

选取一条曲线后，指定要加入一个控制点的位置，可在曲线上加入控制点；选取一个曲面后，指定要加入一排控制点的位置，可在曲面的 U 或 V 方向上插入控制点。插入控制点后会改变曲线或曲面的形状，如图 4-5～图 4-7 所示。

图 4-5 插入控制点前

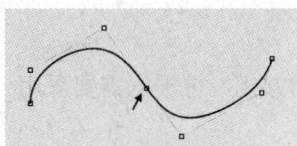

图 4-6 插入控制点后

图 4-7 对比效果

4．删除曲线上一个控制点

删除曲线上的一个控制点或者曲面的一排控制点，删除控制点会影响曲线或曲面的形状。

5．插入节点

在曲线或曲面上插入节点，插入节点增加控制点并不会改变曲线或曲面的形状（图 4-8～图 4-10）。

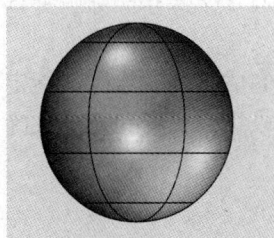

图 4-8 插入节点前

图 4-9 插入节点中

图 4-10 插入节点后

6．删除节点

从曲线或曲面上删除节点。

7．插入锐角点

在曲线上插入锐角点。在图 4-11 中曲线插入锐角点（图 4-12），移动插入点后效果如图 4-13 所示。

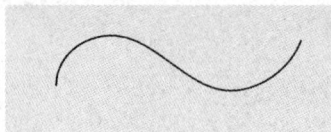

图 4-11　曲线　　　　　图 4-12　插入锐角点　　　　　图 4-13　移动插入点

4.2　绘制线

Rhino 提供了丰富的绘制线条的工具，绘制过程比较简单，利用这些工具可以绘制不同类型的线条，如直线、曲线、圆形、椭圆、弧线、矩形、多边形和星形等。

4.2.1　直线

Rhino 提供了多种绘制直线的方式，可根据需要采用合适的绘制直线方式，图 4-14 所示为直线工具。

图 4-14　直线工具（显示图示与文字工具列按钮外观）

1．直线

画出一条直线线段，一般作为辅助线。可以按住 Shift 键或开启正交模式绘制出垂直或水平的线。

绘制直线的步骤：指定直线的起点，再指定直线的终点即可完成直线的绘制，指定点时可以使用"物体锁点"锁定已存在的物体，或者确定起点后，以指定长度和方向来确定下一点的位置。

2．多重直线

画出一条由数条直线线段或曲线线段组合而成的多重直线或多重曲线，此工具经常被使用，可绘制物体轮廓或辅助线。修改命令行选项中的"模式为圆弧"，可绘制圆弧，如图 4-15、图 4-16 所示。也可选择选项中的"持续封闭＝是"绘制封闭的多重直线。

图 4-15　模式为直线　　　　　　　　图 4-16　模式为圆弧

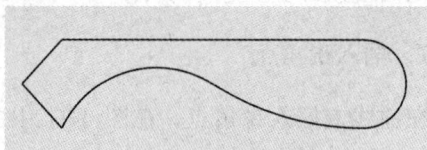

3. 直线：从中点 ⤢

从中点向两侧绘制对称的直线（图 4-17、图 4-18）。

图 4-17　绘制中

图 4-18　绘制后

4.2.2　曲线

Rhino 的曲线工具也很多，可直接绘制曲线或在曲面上绘制各种曲线，一般绘制曲线后需要使用曲线调节工具进行调节，图 4-19 所示为曲线工具，可根据绘图需要选择合适的绘制曲线工具。

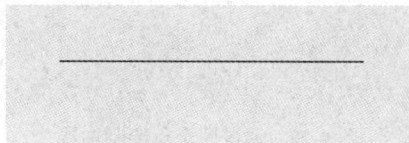

图 4-19　曲线工具

1. 控制点曲线 ⬚

通过放置控制点画出曲线，因控制点在曲线外部，不容易控制曲线形状，如图 4-20、图 4-21 所示。

图 4-20　控制点曲线

图 4-21　控制点位置

步骤：

（1）指定曲线的起点；

（2）指定下几个点；

（3）按 Enter 键结束曲线。

2. 内插点曲线 ⬚

画出一条通过指定点的曲线，此方法最为常用，能很好地控制曲线的形状（图 4-22、图 4-23）。

图 4-22　通过四个点绘制曲线

图 4-23　显示控制点效果

在"内插点曲线"的命令行选项中，可设置绘制曲线的阶数，当设置"持续封闭=是"时，建立曲线时会自动形成封闭的区域，如图 4-24 所示。

起点相切：画出起点与其他曲线相切的曲线，如图 4-25、图 4-26 所示。

终点相切：画出终点与其他曲线相切的曲线，选择切线终点后，还需要确定切线方向，如图 4-26 所示。

图 4-24　持续封闭=是

图 4-25　现有曲线

图 4-26　起点相切和终点相切

3. 弹簧线

画出一条弹簧线，绘制弹簧线的步骤为：首先指定轴的起点，再指定轴的终点，然后指定半径点，或输入半径数值即可完成，如图 4-27、图 4-28 所示。

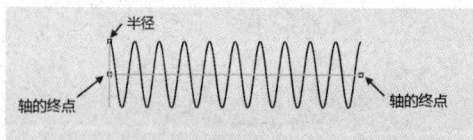

图 4-27　绘制弹簧线过程

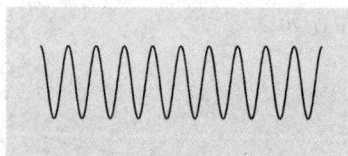

图 4-28　弹簧线

在"弹簧线"命令行选项中可设置"垂直"，画出一条轴线与工作平面垂直的弹簧线；也可在命令行选项中选择"环绕曲线"，画出一条环绕曲线的弹簧线，如图 4-29、图 4-30 所示。

图 4-29　曲线

图 4-30　环绕曲线

在确定轴起点、终点和半径后，可以修改选项中绘制弹簧线的模式为圈数或螺距，其中：

圈数：输入圈数，螺距会自动调整，改变设置可以实时预览；

螺距：输入螺距（每一圈的距离），圈数会自动调整，改变设置可以实时预览。

通过命令行选项中的"反向扭转"可改变螺旋线的方向。

4．螺旋线

画出一条螺旋线，螺旋线一般用作扫掠的轨迹线（图 4-31、图 4-32）。

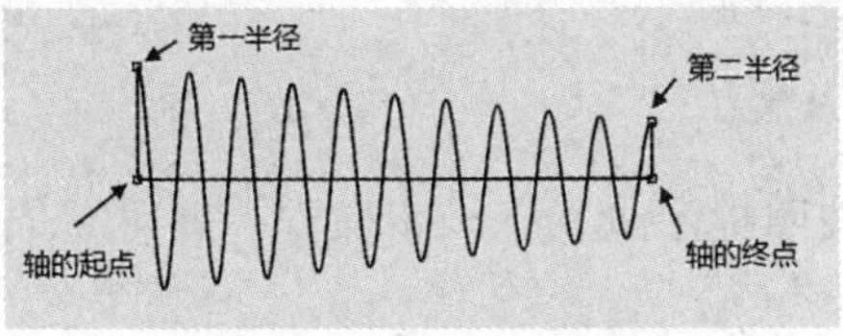

图 4-31　绘制螺旋线

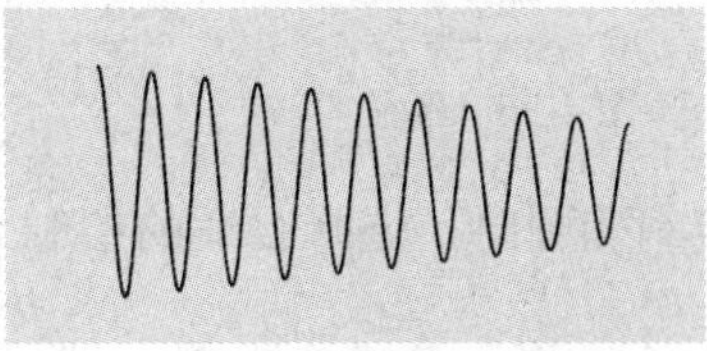

图 4-32　螺旋线

步骤：

（1）指定螺旋线轴的起点，螺旋线轴是螺旋线绕其旋转的一条假想的直线；

（2）指定螺旋线轴的终点；

（3）指定螺旋线的第一半径和起点；

（4）指定螺旋线终点的第二半径。

"螺旋线"选项基本与"弹簧线"选项相同，也可设置垂直或环绕曲线，以圈数或螺距绘制螺旋线，通过"方向扭转"改变方向。

螺旋线和弹簧线的区别是弹簧线直径相同，螺旋线直径可不同。

4.2.3　圆

绘制圆比较简单，主要有以下几种方式（图 4-33）：①中心点、半径；②直径；③三点；④环绕曲线；⑤正切、正切、半径；⑥与数条曲线正切；⑦与工作平面垂直、中心点、半径；⑧与工作平面垂直、直径；⑨可塑形的；⑩配合点。

图 4-33　"圆"工具

绘制圆时，在命令行选择选项后，会提示下一步该如何操做，未选择的选项命令会使用预设的选项。

4.2.4　椭圆

画出一条封闭的椭圆曲线。绘制椭圆的方式主要有以下几种（图 4-34）：①从中心点（图 4-35）；②直径（图 4-36）；③从焦点（图 4-37）；④环绕曲线；⑤角（图 4-38）。

图 4-34　"椭圆"工具

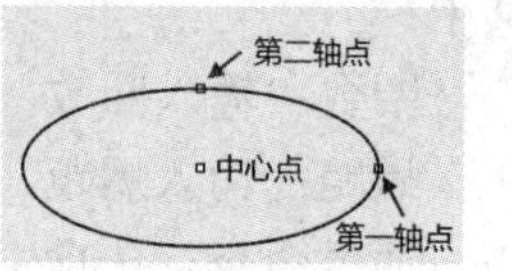

图 4-35　从中心点

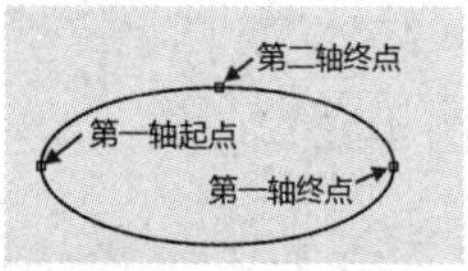

图 4-36　直径

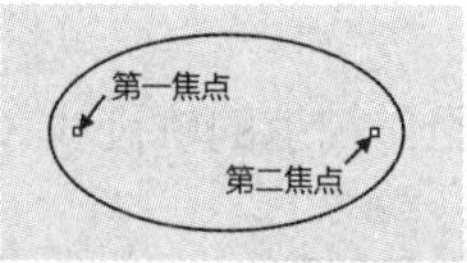

图 4-37　从焦点

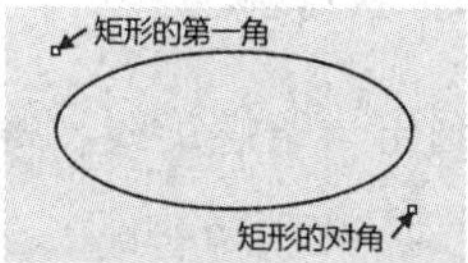

图 4-38　角

绘制椭圆时，选择合适的绘制方式后，按照提示进行下一步操作，即可完成椭圆的绘制。

4.2.5　圆弧

画出圆弧曲线，绘制圆弧的主要方式有以下几种（图 4-39）：①中心点、起点、角度（图 4-40）；②起点、终点、通过点（图 4-41）；③起点、终点、起点的方向（图 4-42）；④起点、终点、半径；⑤与数条曲线正切；⑥通过数个点的圆弧；⑦将曲线转换为圆弧。

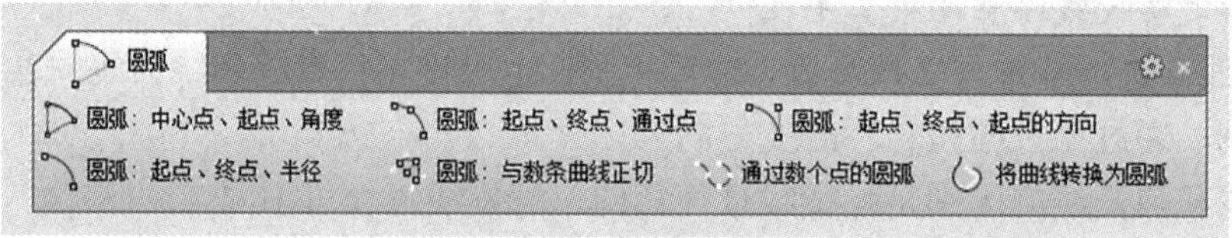

图 4-39　"圆弧"工具

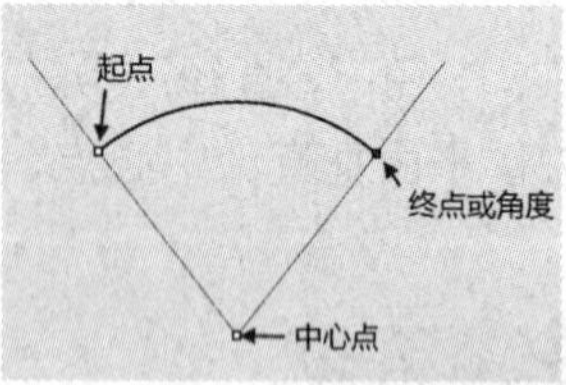

图 4-40　中心点、起点、角度 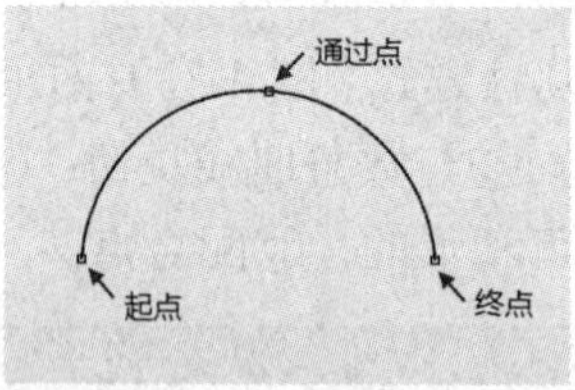　图 4-41　起点、终点、通过点 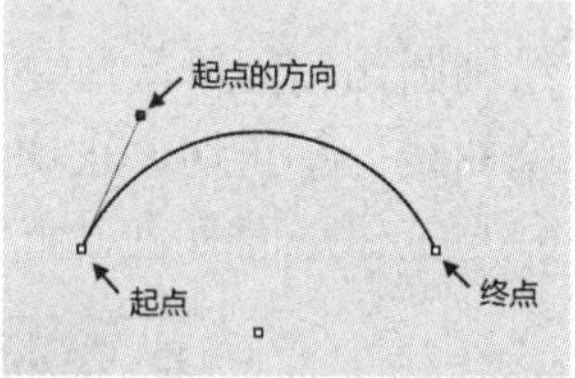　图 4-42　起点、终点、起点的方向

4.2.6　矩形

画出一个封闭的矩形多重直线。绘制矩形的主要方式有：①角对角；②中心点、角；③三点；④垂直；⑤圆角矩形，见图 4-43。

图 4-43　"矩形"工具

4.2.7　多边形

以指定的边数建立多边形多重直线，绘制过程比较简单，可根据选项的提示进行下一步操作（图 4-44）。

图 4-44　"多边形"工具

4.3　从物体建立曲线

在 Rhino 中，除直接绘制曲线外，还提供了从现有物体中建立曲线的工具，通过将曲线投影到曲面上、复制边缘、复制边框等方法得到新的曲线（图 4-45）。

图 4-45　"从物体建立曲线"工具

4.3.1　投影至曲面与将曲线拉至曲面

1. 投影至曲面

将曲线或点物体向工作平面的方向投影到曲面上，在正视图中看起来投影后的曲线和原曲线一样，投影后可在 Perspective 视图中使用投影后的曲线对曲面进行修剪（图 4-47）。投影至曲面上的曲线结构非常复杂，可使用"重建曲线"命令将曲线简化，设置合适的控制点数重建曲线，避免曲线变形过大。

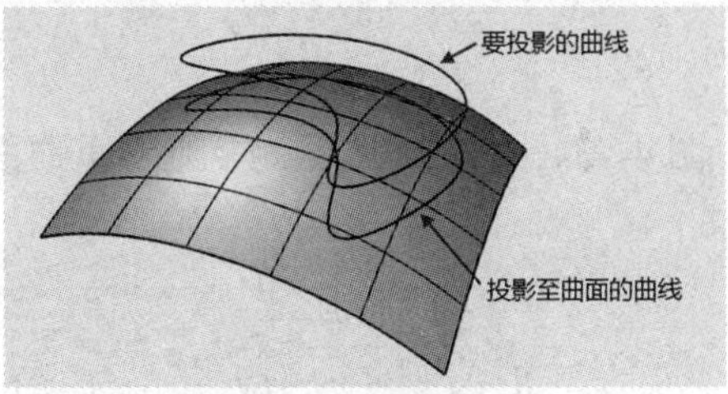

图 4-46　投影至曲面

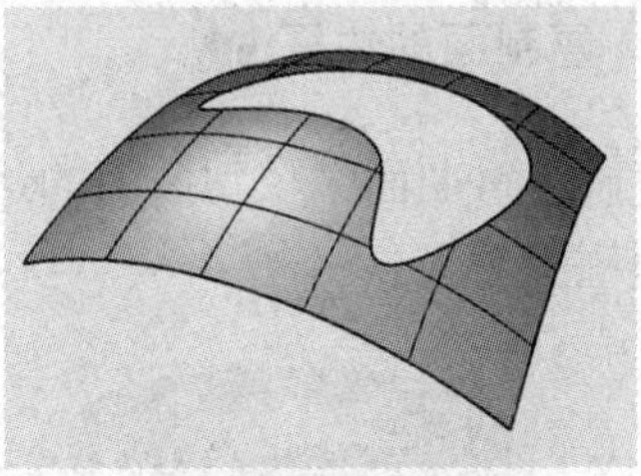

图 4-47　使用投影后的曲线修剪曲面

2. 将曲线拉至曲面

以曲面的法线方向将曲线拉回到曲面上，可将环绕曲面的曲线拉至曲面上作为修剪曲线（图 4-48~图 4-50）。

图 4-48　原曲线和 T-Spline 曲面　　图 4-49　将曲线拉至曲面　　图 4-50　修剪

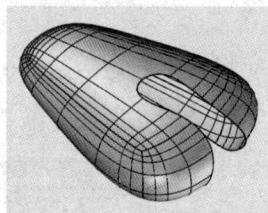

　　如果知道曲面上曲线的大概位置，可使用曲线命令画出一条曲线，移动曲线的控制点或编辑点调整曲线，使曲线的形状接近曲面，再使用"将曲线拉至曲面"命令将曲线拉至曲面上。

4.3.2　复制边缘、复制边框、复制面的边框

1．复制边缘

　　复制曲面的边缘为曲线。执行该命令后，选取曲面的边缘即可完成边缘的复制。从曲面的修剪边缘复制而来的曲线的控制点数及结构与之前用来修剪曲面的曲线不同。

2．复制边框

　　复制曲面、多重曲面或网格的边框为独立的曲线，对于多重曲面要复制所有的边框（图 4-51、图 4-52）。

图 4-51　单个曲面　　　　　　　　　图 4-52　复制边框后

3．复制面的边框

　　复制多重曲面中个别曲面的边框为曲线。图 4-53、图 4-54 所示为复制多重曲面中单个面的边框的效果。

图 4-53　多重曲面　　　　　　　　　图 4-54　复制面的边框

4.3.3　抽离结构线与抽离线框

1. 抽离结构线

抽离曲面上指定位置的结构线为曲线。建立的是完全贴在曲面上 U 方向、V 方向或两个方向的曲线。

步骤:

(1) 选取一个曲面 (图 4-55), 鼠标的移动会被限制在曲面上, 并显示曲面上通过光标位置的结构线, 如图 4-56 所示。

(2) 指定一点建立曲线, 如图 4-57 所示, 在指定点时可借助 "物体锁点" 功能。也可在选项中通过 "切换" 在 U 或 V 方向上切换 (图 4-58)。

图 4-55　曲面

图 4-56　抽离结构线中

图 4-57　方向 U

图 4-58　方向 V

2. 抽离线框

复制曲面或多重曲面在框架显示模式中可见的所有结构线 (图 4-59、图 4-60)。

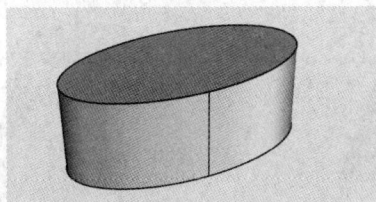

图 4-59　多重曲面着色显示模式

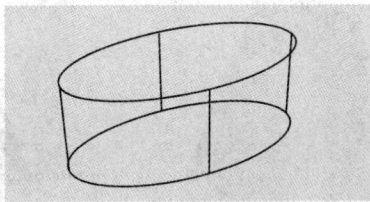

图 4-60　抽离线框

4.3.4　垂直混接

在两条曲线之间建立平滑的混接曲线 (图 4-61、图 4-62)。

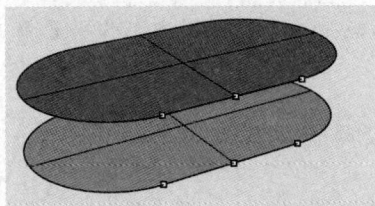

图 4-61　两个曲面

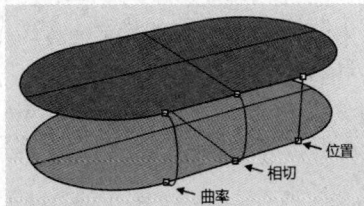

图 4-62　不同垂直混接连续性选项

步骤：

（1）选取第一条曲线，选取时要靠近要混接的端点处；

（2）选取第二条曲线，选取时也要靠近要混接的端点处。

4.3.5　物体交集

在曲线或曲面交集的位置建立相交的点或曲线。对图 4-63 中所示的圆柱面和平面使用"物体交集"工具后得到的曲线如图 4-64 所示。

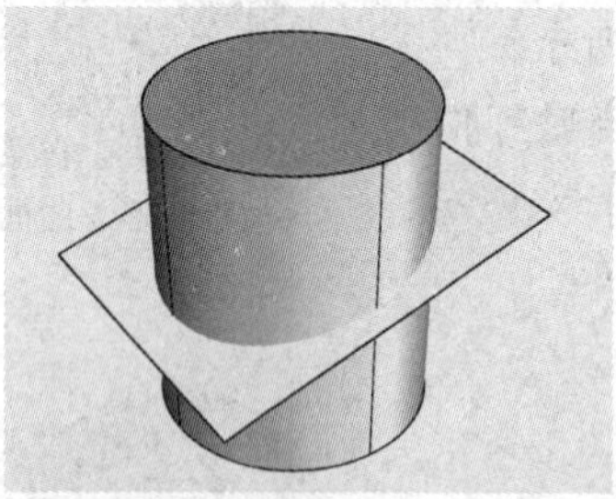

图 4-63　圆柱体和相交的平面

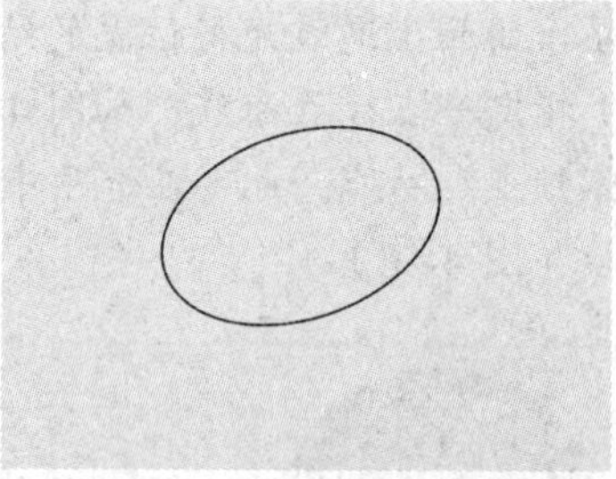

图 4-64　物体交集形成的曲线

步骤：

（1）选取要相交的物体；

（2）在两个物体交集的位置建立点或曲线。

4.3.6　断面线

以一个切割平面与曲线、曲面、多重曲面或网格的交集建立平面曲线或点物体。

图 4-65　原曲面

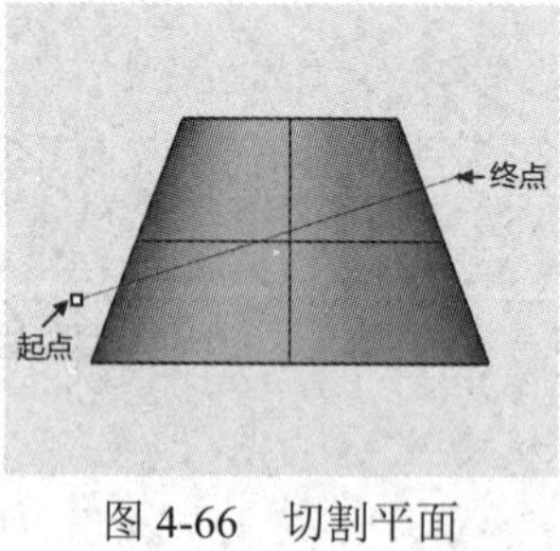

图 4-66　切割平面

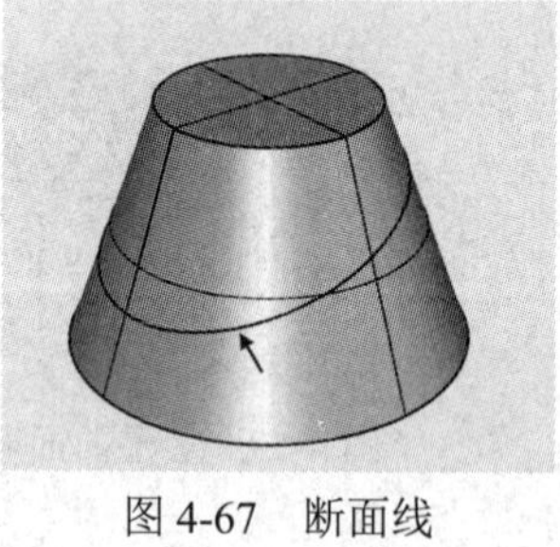

图 4-67　断面线

步骤：

（1）选取要建立断面线的物体（图 4-65）；

（2）指定断面平面的起点；

（3）指定断面平面的终点，建立的断面线或断面点是一个与使用中工作平面垂直的平面和选取物体的交集（图 4-66）；

（4）按 Enter 键完成命令（图 4-67）。

4.3.7　轮廓线 ◈

建立选取的曲面或多重曲面的轮廓线。

当看一个模型时，"视觉边缘"指的是模型与背景的交界，这个视觉边缘也称为模型的轮廓线。

物体的轮廓线是由目前视图的视角方向所画出。例如当从上面看一个环状体时，环状体的轮廓线是两个圆；当从侧面看环状体时，环状体轮廓线看起来像是椭圆形。

4.4　曲线工具

使用绘制曲线命令绘制曲线后，一般需要使用曲线工具进行调整，才能得到需要的曲线（图 4-68）。

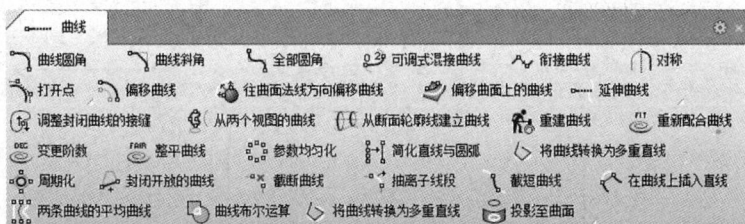

图 4-68　"曲线"工具

4.4.1　曲线圆角、曲线斜角及全部圆角

1. 曲线圆角 ⌐

在两条曲线的交点处以圆弧建立圆角。

对曲线进行圆角操作时，首先选取第一条曲线，选取位置要靠近圆角端点处；然后选取第二条曲线，选取位置也要靠近圆角端点处；在命令行中设置合适的圆角半径值，选择合适的选项，即可完成曲线的圆角操作。

2. 曲线斜角 ⌐

在两条曲线之间以一条直线建立斜角。

3. 全部圆角 ⌐

以单一半径在多重曲线或多重直线的每一个角建立圆角。

4.4.2　可调式混接曲线、混接曲线

1. 可调式混接曲线 ⅋

在两条曲线或曲面边缘建立可以动态调整的混接曲线。对图 4-69 中两条曲线使用"可

调式混接曲线"命令进行混接，在"调整曲线混接"的连续性选项（图 4-70）中选择"曲率"，得到混接曲线（图 4-71）。可调整控制点的位置，控制混接形状。

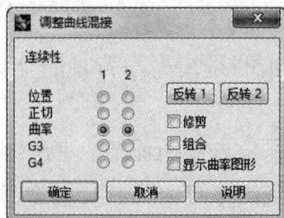

图 4-69　两条曲线　　　　图 4-70　可调式混接曲线选项　　　　图 4-71　可调式混接曲线

2．混接曲线 （右击）

在两条曲线之间建立平滑的混接曲线，不能调整曲线控制点的位置，可设置连续性为"曲率"（图 4-73），位置连续（图 4-74）。

图 4-72　两条曲线　　　　图 4-73　曲率连接　　　　图 4-74　位置连续

4.4.3　衔接曲线

衔接曲线或曲面边缘（图 4-75～图 4-77）。

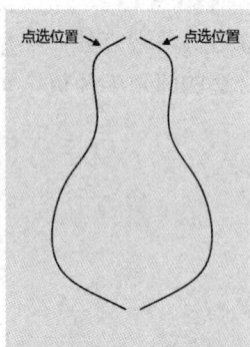

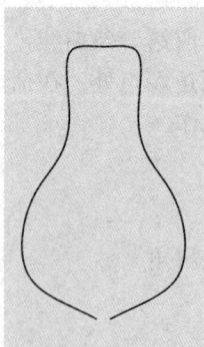

图 4-75　两条曲线　　　　图 4-76　上部衔接　　　　图 4-77　下部衔接

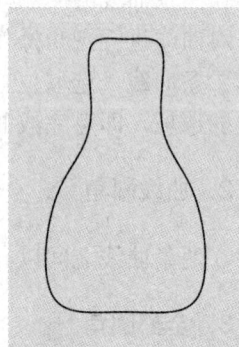

步骤：

（1）选取一条开放曲线的端点处；

（2）选取衔接的目标曲线的端点处；

（3）选择"衔接曲线"选项。

4.4.4　对称

镜射曲线使两侧的曲线相切（图 4-78、图 4-79）。

图 4-78　对称轴

图 4-79　对称后

步骤：

（1）选取一条曲线；

（2）指定对称平面的起点；

（3）指定对称平面的终点。

4.4.5　偏移曲线

1. 偏移曲线

以等距离偏移复制一条曲线。曲线的偏移距离必须适当，偏移距离过大时，偏移曲线可能会产生自交的情况（图 4-80～图 4-82）。

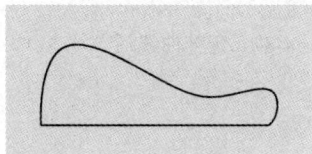

图 4-80　原曲线

图 4-81　向外偏移

图 4-82　向内偏移

步骤：

（1）选取一条曲线或一个曲面边缘；

（2）指定曲线的偏移方向；

（3）设置偏移距离，默认为"输入数值的方式设置偏移距离"，可在选项中选择"通过点"，指定偏移曲线的通过点。

2. 偏移曲面上的曲线

将曲面上的一条曲线沿着曲面以等距离偏移复制（图 4-83、图 4-84）。

图 4-83　曲面上的曲线

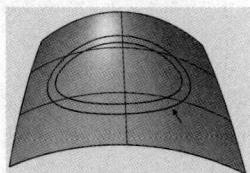

图 4-84　偏移曲面上的曲线

步骤：

（1）选取曲面上的一条曲线；

（2）选取曲线下的基底曲面；

（3）输入偏移距离。

4.4.6 延伸曲线 ○·····

单击"曲线"工具列中"延伸"图标右下角的白色三角形，会弹出"延伸"工具列，修改工具列属性中"工具列按钮外观"为"显示图示与文字"（图 4-85），以便于查看图标具体含义。延长曲线至选取的边界，以指定的长度延长或拖曳曲线端点至新位置（图 4-86、图 4-87）。

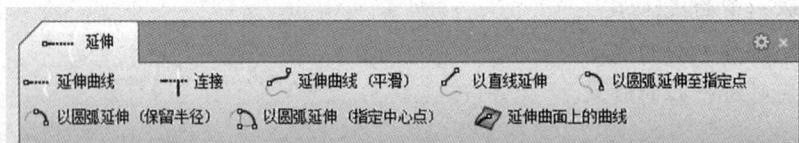

图 4-85 "延伸"工具

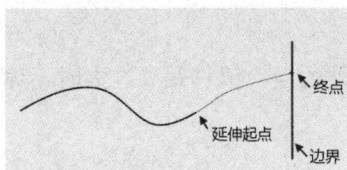

图 4-86 延伸曲线操作示意图

图 4-87 延伸曲线后

4.4.7 从两个视图的曲线 ✏

从两条位于不同工作平面上的平面曲线建立一条 3D 曲线，此 3D 曲线在不同视图中的形状会与原来的两条平面曲线吻合。当知道模型的一条轮廓线在两个不同方向看起来的样子时可以使用这种方法建立曲线。此命令类似于分别将两个视图中的曲线（图 4-88）使用"挤出封闭的平面曲线"挤出，如图 4-90 所示，挤出后两曲面的交线就是从两个视图的曲线（图 4-89）。

图 4-88 位于两个视图中的
曲线

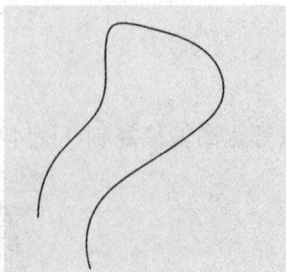

图 4-89 应用"从两个视图的曲线"
形成的 3D 曲线效果

图 4-90 两条曲线分别使用"挤出封
闭的平面曲线"挤出后相交

4.4.8　对齐轮廓线

"对齐轮廓线"（AlignProfiles）以曲线的边框方块为依据，调整一条曲线的长度使其对齐另一条曲线（图 4-91、图 4-92）。参与工作的所有曲线必须是平面曲线，且它们所在的平面必须和世界工作平面平行。

图 4-91　对齐前　　　　　　　　　　　　　图 4-92　对齐后

4.4.9　从断面轮廓线建立曲线

建立通过数条轮廓线的断面线。在建立数条断面曲线后，可使用"放样"或其他命令以这些断面线建立曲面。

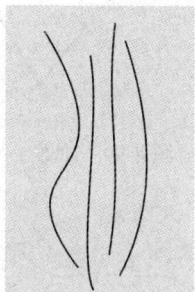

图 4-93　轮廓线

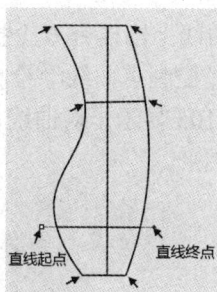

直线起点　　　直线终点

图 4-94　直线

图 4-95　断面线

步骤：

（1）使用任何建立曲线的命令画出数条轮廓线（图 4-93）；

（2）执行命令后按顺序选取数条轮廓曲线；

（3）指定用来定义断面平面的直线起点（图 4-94），此断面平面会与使用中的工作平面垂直，打开正交或锁定格点会比较方便；

（4）指定断面平面的终点（图 4-94），建立通过每一个断面平面与轮廓线交点的曲线；

（5）按 Enter 键完成命令（图 4-95）。

注意：定义断面平面的直线必须跨越所有被选取的轮廓曲线，建立分布平均的断面线会有比较好的断面线效果。

4.4.10　重建曲线

"重建曲线"命令以指定的阶数和控制点数重建选取的曲线，重建后的曲线或曲面的节点分布会比较平均。

可一次重建一条或数条曲线，所有的曲线都会以指定的阶数和控制点数重建。图 4-96

原曲线点数为 10，重建曲线后阶数保持不变，图 4-97 点数为 12，图 4-98 点数为 8。

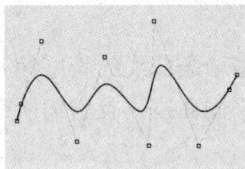

图 4-96　原曲线（点数 10）　　　图 4-97　重建曲线（点数 12）　　　图 4-98　重建曲线（点数 8）

4.5　曲线阶数与连续性

曲线的质量对建立曲面有极为重大的影响，因为曲面是由参考曲线建立的，所以曲线的质量会影响到由这些曲线所建立的曲面的质量。

4.5.1　曲线的阶数

曲线的阶数关系到一个控制点对一条曲线的影响范围，越高阶数的曲线的控制点对曲线形状的影响力越弱，但影响范围越广。

在图 4-99～图 4-102 中，4 条曲线上同样有 6 个控制点，并且控制点位置相同，只是在使用"控制点曲线"绘制曲线时选择了不同的阶数；图 4-103～图 4-105 显示了对曲线使用"打开曲率图形"后显示的曲线的曲率图形。

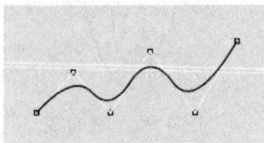

图 4-99　阶数 1

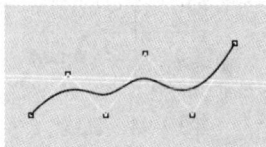

图 4-100　阶数 2　　　　　　图 4-101　阶数 3　　　　　　图 4-102　阶数 4

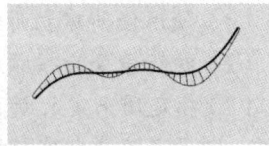

图 4-103　阶数 2　　　　　　图 4-104　阶数 3　　　　　　图 4-105　阶数 4

4.5.2　曲线的连续性

大部分曲面是通过参考曲线建立的，必须有高质量的曲线才能建立高质量的曲面。多花些时间了解曲线与曲线之间连续性的概念对建立曲面会有非常大的帮助。

按照常见的曲线建立的要求来讲，可以将连续性分为以下 4 个等级。

1. 不连续

两条曲线的端点未相接，所以物体之间并没有连续性可言，也不能组合在一起。

2．位置连续（G0）

两条曲线端点相接形成锐角。

位置连续是指两条曲线在相接的共享点处形成一个锐角。在 Rhino 里，可以将这两条曲线组合成为一条多重曲线，在这条多重曲线上会有一个锐角点，而且这条多重曲线仍然可以被炸开成为两条单独的曲线。

3．相切连续（G1）

两条曲线在相接端点的切线方向一致，在两条曲线之间没有锐角。

两条曲线是否形成相切连续是由两条曲线端点的切线方向决定。形成相切连续时，两条曲线在端点的切线方向是一致的。或者说，当两条曲线在相接点的切线是同一直线时，这两条曲线会被视为以相切连续相接。曲线端点的切线方向是由曲线端点的前两个控制点所控制，这两个控制点之间的连接（直线）就是曲线端点的切线方向（图 4-106、图 4-107）。

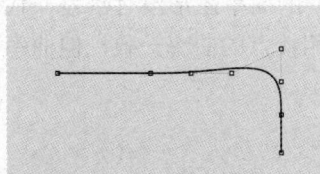

图 4-106　相切连续

图 4-107　相切连续曲率分析效果

4．曲率连续（G2）

两条曲线的相接端点除了切线方向一致以外，曲率圆半径大小也一致。

曲率连续除了必须符合 G0 与 G1 的条件以外，还要达到两条曲线相接端点的曲率圆半径大小一致的要求（图 4-108、图 4-109）。曲率连续是可以控制的最平滑的状态，但两条曲线以比曲率连续更平滑的连续性相接的可能性是存在的。

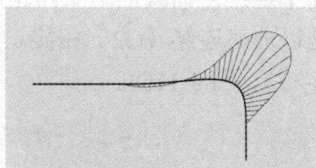

图 4-108　曲率连续

图 4-109　曲率连续曲率分析效果

4.6　曲线分析

1．显示方向 ⊞

显示物体的方向，选取物体后箭头会指出法线方向，将光标移动到物体上时会显示动态的方向箭头。也可以改变物体的方向，单击可以反转法线方向（图 4-110、图 4-111）。

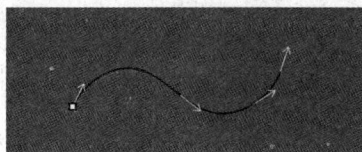

图 4-110　方向向右　　　　　　图 4-111　方向向左

2. 测量曲率 ⬚R（右击）

分析曲线或曲面上某一点的曲率。

选取一条曲线后，鼠标沿曲线移动时，状态列会显示曲线上鼠标所在位置的曲率半径，同时会显示一个黑色的圆（曲率圆）及一条白色的直线（相切线），黑色的圆与白色的直线在鼠标所在的位置与曲线相切（图 4-112）。

图 4-112　测量曲率

3. 开启曲率图形 ⬚

（1）相切连续：即使曲线的两个跨距之间的连续性为相切，曲率图形在节点处也可能会有落差（图 4-113、图 4-114）。

图 4-113　相切曲线　　　　　　图 4-114　相切曲率分析效果

（2）曲率连续：曲线上两个跨距的相接点（节点）的曲率图形没有落差，代表曲线的两个跨距是以曲率连续（G2）相接。虽然两个跨距在相接点的曲率一致，但曲率变化率不一致（图 4-115、图 4-116）。

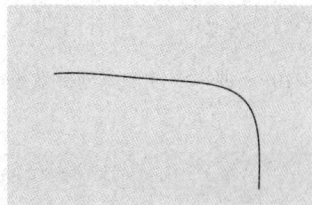

图 4-115　曲率连续　　　　　　图 4-116　曲率连续曲率分析效果

除了直线以外，曲线上的任何一点都会有一个最近似的圆（曲率圆），这个圆与曲线上该点的切线方向一致。曲率图形指示线长度为这个圆的半径的倒数（1/半径），但可以在曲率图形对话框中设置指示线的缩放比。如果曲率图形平顺地变化，代表曲线较"平滑"或"平整"。曲率线图形出现落差，代表曲线的曲率有不连续的变化。

4．关闭曲率图形 ⟋⟍ （右击）

右击"打开曲率图形"工具图标，可关闭曲线或曲面的曲率图形。

4.7　本章小结

曲线是建立曲面的基础，只有好的曲线，才能创建优质的曲面。在掌握直线、曲线的常用命令后，结合曲线编辑工具进行各种曲线的练习。曲线分析在提高曲线质量上具有重要的作用，必须掌握各种曲线的分析方法。

第5章

创建曲面、编辑与分析曲面

5.1 曲面的创建

Rhino 提供了非常丰富的创建曲面的工具，使用这些工具可以满足各种建模的需求。一个曲面通常有多种创建方法，一般根据个人的习惯和经验来选择恰当的曲面建模工具。图 5-1 所示为曲面工具面板，下面结合实例详细介绍常用的创建曲面工具的使用方法和技巧。

图 5-1 "建立曲面"工具面板

5.1.1 指定三或四个角建立曲面

"指定三或四个角建立曲面"工具可以通过指定 3 个或 4 个角来创建平面，指定的 4 个角不一定完全位于一个平面内，在指定角时也可以跨越到其他工作视窗。

5.1.2 以平面曲线建立曲面

"以平面曲线建立曲面"工具可将一个或多个同一平面内的闭合曲线创建为平面，并且创建的面是剪切曲面，图 5-2、图 5-3 所示为以平面曲线建立的曲面。

图 5-2 平面曲线

图 5-3 平面

如果曲线有部分重叠，每条曲线都会建立一个平面（图 5-4～图 5-6）。

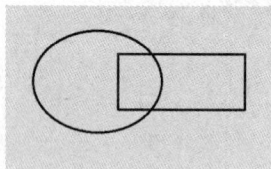

图 5-4 部分重叠曲线

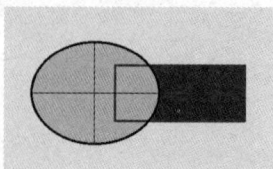

图 5-5 形成两个曲面

图 5-6 曲面移动后效果

如果一条曲线完全位于另一条曲线内部，该曲线会被当成洞的边界，如图 5-7、图 5-8 所示。

图 5-7　一条曲线位于另一曲线内部

图 5-8　洞

5.1.3　以网线建立曲面

"以网线建立曲面"命令建立曲面的条件为：所有在同一方向的曲线必须和另一方向上所有的曲线交错，不能和同一方向上的曲线交错。两个方向上的曲线数目没有限制（图 5-9、图 5-10）。

图 5-9　两个方向网线

图 5-10　以网线建立曲面

"以网线建立曲面"可以使用现有曲面的边界作为曲线，并可以控制新建立曲面与原曲面的连续性，如图 5-12 所示箭头所指处的曲线和原曲面结构线相切，图 5-13 所示为在现有曲面上使用"以网线建立曲面"，以曲面边缘为网线，创建消失面的效果。

图 5-11　修剪曲面

图 5-12　绘制曲线端点处相切

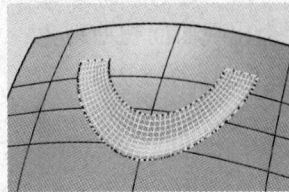

图 5-13　以网线建立曲面

在使用"以网线建立曲面"时，可以通过框选的方式一次选择所有创建曲面的网线，如系统能自动识别出线的方向，将出现选项对话框；如系统不能识别出曲面的方向，需要重新确定第一方向的曲线后，再确定第二方向的曲线才能进行下一步的操作。

"以网线建立曲面"实例：

（1）绘制如图 5-14 所示曲线 1，注意曲线互相连接。

（2）绘制如图 5-15 所示曲线 2，曲线 2 与曲线 1 共享中间的曲线。

（3）使用"以网线建立曲面"工具将曲线 1 建立曲面 1，注意按方向分别选择曲线，如图 5-16、图 5-17 所示。

（4）继续使用"以网线建立曲面"工具将曲线 2 和曲面 1 的边界建立曲面，在选项中勾选相交处的连续性为"曲率"，最终曲面如图 5-18 所示，其渲染模式如图 5-19 所示。

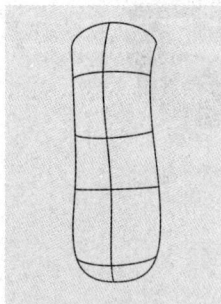

图 5-14　曲线 1

图 5-15　曲线 2

图 5-16　以网线建立曲面 1

图 5-17　曲线 2 和曲面 1

图 5-18　以网线建立曲面 2

图 5-19　渲染模式

5.1.4　放样

利用"放样"（Loft）工具可建立一个通过多条断面曲线的曲面。

依序选取曲面要通过的断面曲线，如使用多条开放的断面曲线需要点选于同一侧，否则会出现曲面扭曲现象；如将数条封闭的断面曲线进行放样，可以调整曲线接缝的位置（图 5-20、图 5-21）。

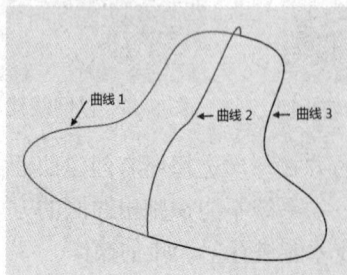

图 5-20　曲线

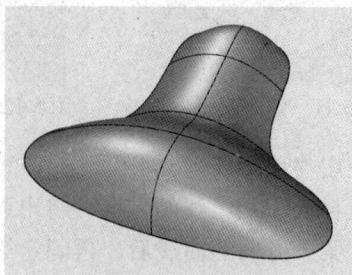

图 5-21　放样曲面

5.1.5 以二、三或四个边缘曲线建立曲面

"以二、三或四个边缘曲线建立曲面"工具可以使用 2～4 条曲线或曲面边缘来建立曲面，该命令所形成曲面的优点是曲面结构线简单，通常用来建立大块简单的曲面，图 5-22 和图 5-23 所示为使用 4 条首尾相连的曲线创建曲面。

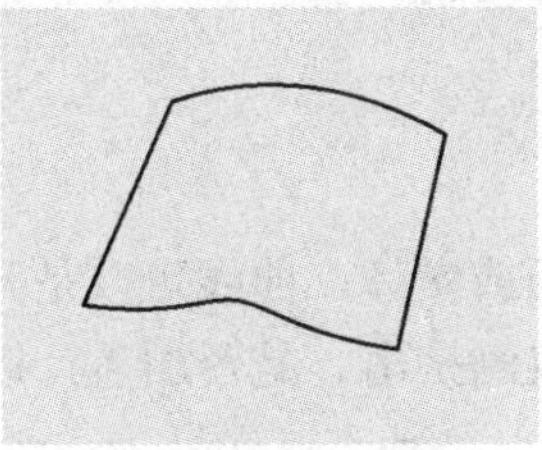

图 5-22 曲线首尾相连    图 5-23 以二、三或四个边缘曲线建立曲面

即使曲线端点不相连，也可以使用该命令形成曲面，但是这时生成的曲面边缘会与原始曲线有偏差，不容易得到预期的曲面，如图 5-24 和图 5-25 所示。

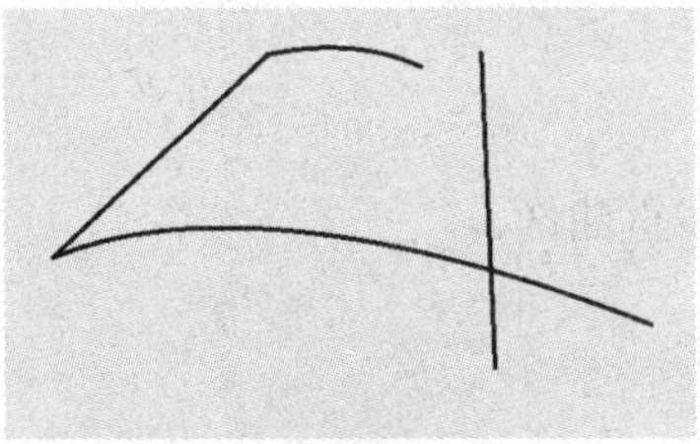

图 5-24 曲线端点不相连 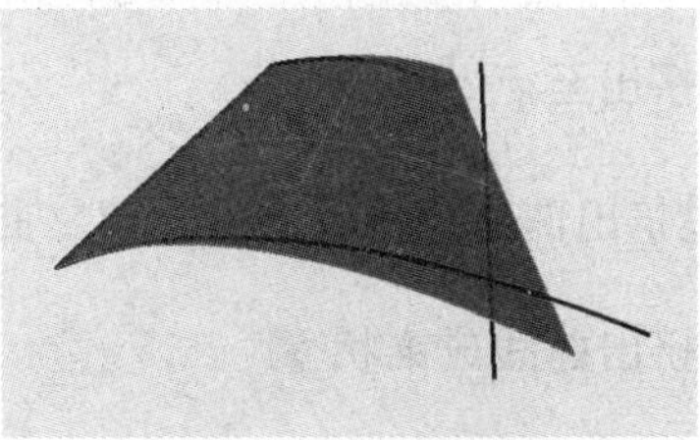   图 5-25 非预期曲面

使用 2 条或 3 条曲线建立的曲面会产生三边面（图 5-26、图 5-27），应尽量避免这种情况的出现。

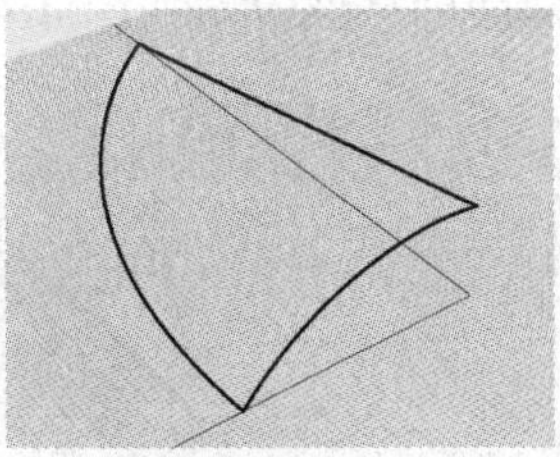

图 5-26 3 条曲线 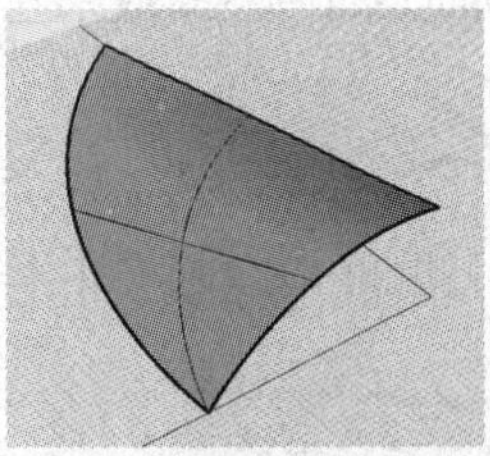   图 5-27 三边面

5.1.6 矩形平面

"矩形平面"命令可以通过角对角、两个相邻的角和距离、与工作平面垂直、从中心点等不同的方式创建 NURBS 矩形平面。

5.1.7 挤出

Rhino 提供了多种挤出曲线创建曲面的方法，单击工具箱中的 ■ 按钮数秒后，可弹出

如图 5-28 所示的"挤出"工具组；或选择菜单命令"曲面"|"挤出曲线"，可显示同样的工具组。

图 5-28 "挤出"工具组

1. 直线挤出

将曲线向与工作平面垂直的方向笔直地挤出建立曲面或实体，曲线可以是开放的也可以是封闭的。选取一条曲线后，可设置挤出方向、是否双侧挤出、是否加盖，以及是否删除输入物体（挤出的曲线），再确定挤出距离。

2. 沿曲线挤出

沿着一条路径曲线挤出截面曲线。

3. 挤出至点

通过挤出曲线至一点的方式建立曲面、实体或多重曲面。

4. 挤出曲线成锥状

挤出曲线建立锥状的曲面、实体或多重曲面。

5. 沿曲面法线方向挤出曲线

挤出曲面上的边界曲线来建立曲面，挤出方向为曲面的法线方向（图 5-29～图 5-31）。

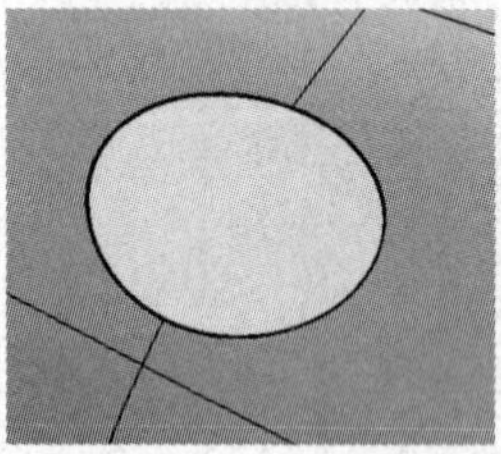

图 5-29 修剪曲面 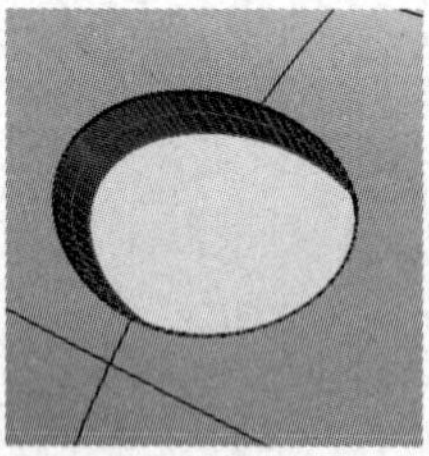　　　　图 5-30 曲面法向挤出 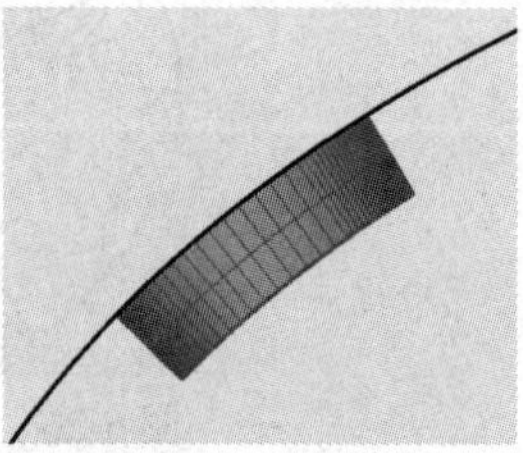　　　　图 5-31 法向挤出方向

使用"直线挤出"命令对修剪后的曲面边缘（图 5-32）挤出，挤出效果如图 5-33 和图 5-34 所示，可明显看出挤出方向的区别。

从图 5-35 和图 5-36 中可明显看出沿曲面法线方向挤出后圆角效果明显好于直线挤出后圆角效果，直线挤出在制作产品分模线时会在局部产生比较大的缝隙。

5.1.8 单轨扫掠

"单轨扫掠"（Sweep1）命令可将沿着一条路径，扫掠通过数条定义曲面形状的断面曲

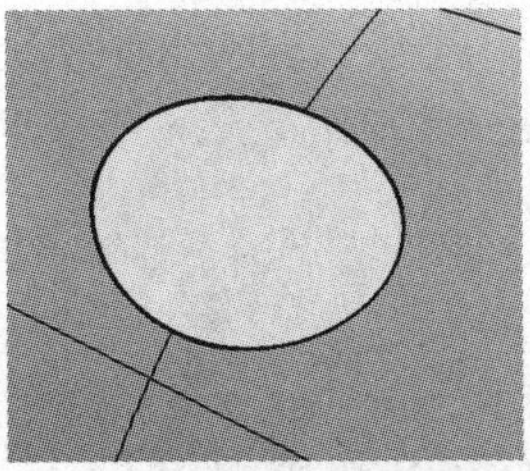

图 5-32　修剪曲面 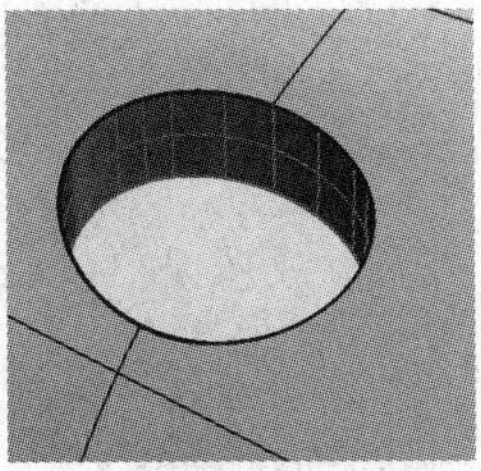　　　　　　　　图 5-33　直线挤出 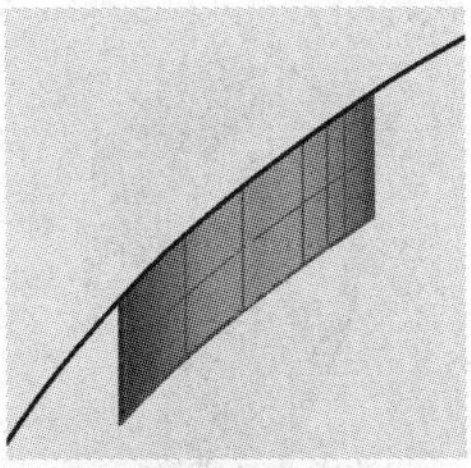　　　　　　图 5-34　直线挤出方向

图 5-35　沿曲面法向方向挤出后圆角 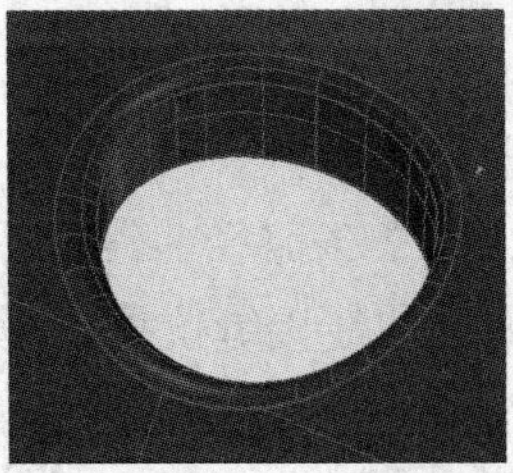　　　　　　图 5-36　直线挤出后圆角效果

线建立曲面。

　　执行命令后首先选择一条曲线作为路径曲线，然后依照曲面通过的顺序选取数条断面曲线，如断面曲线为封闭曲线，可根据需要调整曲线接缝位置，即可完成单轨扫掠曲面的创建（图 5-37、图 5-38）。

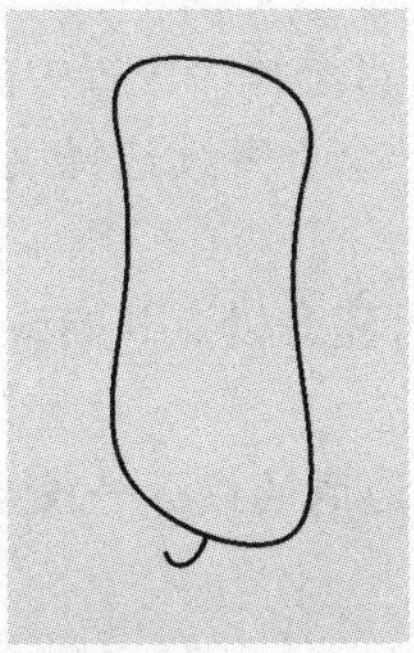

图 5-37　曲线 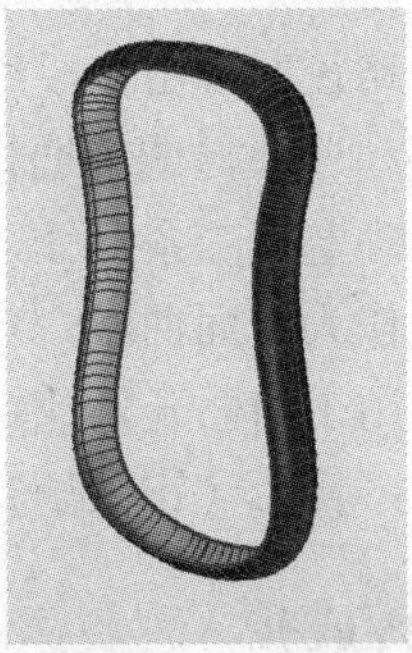　　　　　　　　　　　图 5-38　单轨扫掠

使用单轨扫掠的曲线需要满足以下条件：

（1）断面曲线和路径曲线在空间上交错，但截面曲面之间不能交错；

（2）断面曲线的数量没有限制；

（3）路径曲线只能有 1 条。

使用单轨扫掠创建剃须刀头部的修剪用曲面如图 5-39～图 5-41 所示。

5.1.9　双轨扫掠

　　"双轨扫掠"（Sweep2）命令通过数条定义曲面形状的断面曲线沿着 2 条路径扫掠建立曲面。

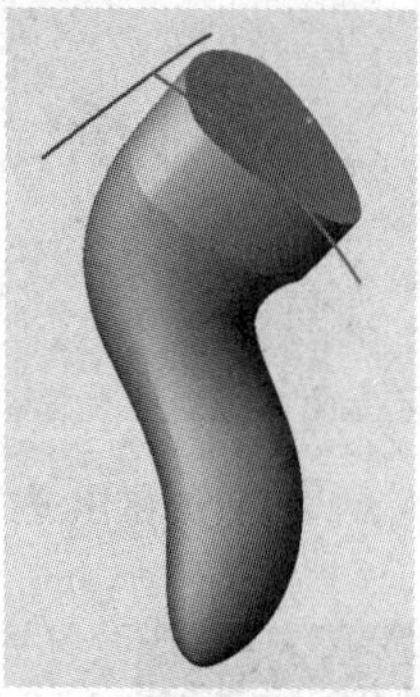

图 5-39　曲线 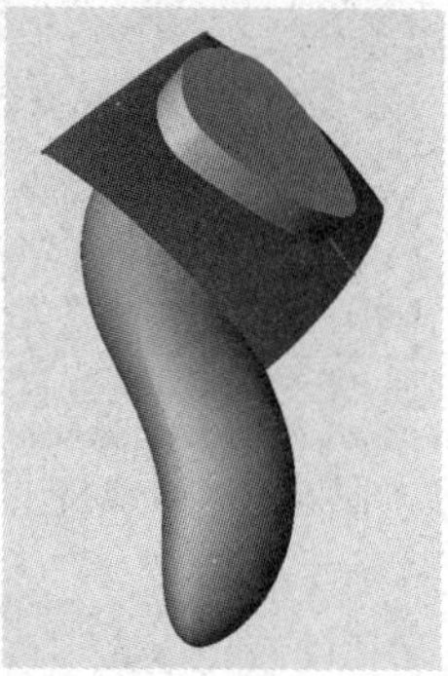　　　　　　　图 5-40　单轨扫掠面 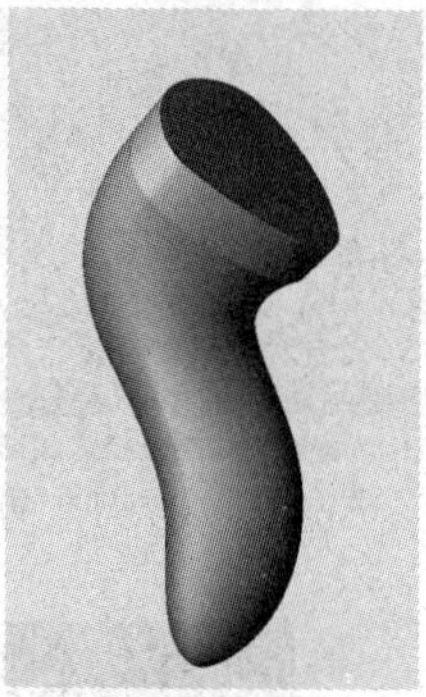　　　　　　图 5-41　修剪曲面

首先选择 2 条路径曲线，然后依照曲面通过的顺序选取数条断面曲线，如断面为封闭时，可以调整曲线接缝位置，最后调整选项，完成曲面的创建，如图 5-42、图 5-43 所示。

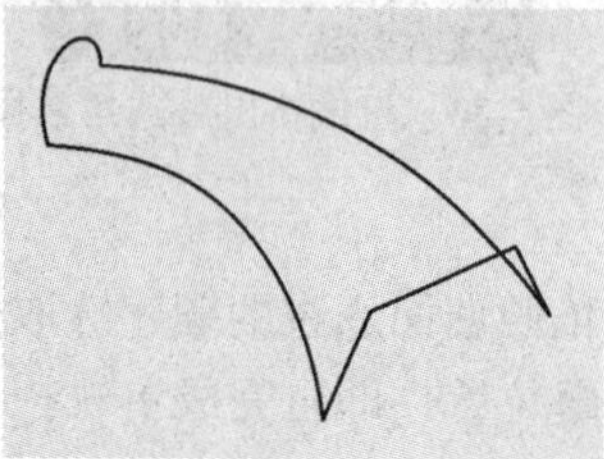

图 5-42　曲线 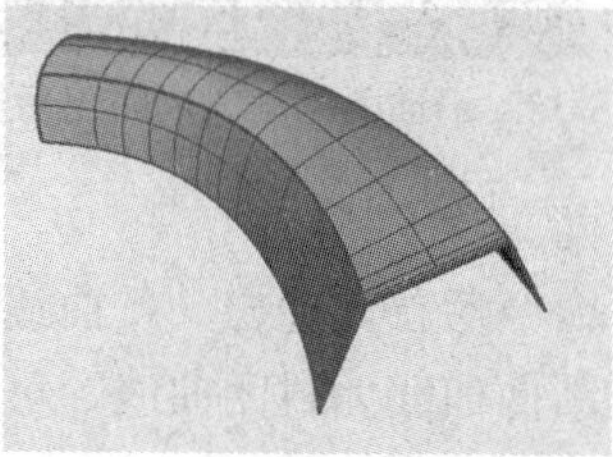　　　　　　　　　　图 5-43　双轨扫掠曲面

如果每条路径曲线由多段线相接组成，在选择路径时，可选择命令行中的"连锁边缘"选项，设置自动连锁，或者选择路径的一段后，使用"下一个"继续选择该路径的下一段曲线，然后再确定第二条路径，最后确定断面曲线。

也可将点作为断面曲线，在命令行中选择"点"后，可建立以点开始或结束的曲面，这一选项只能用于曲面开始或结束的位置。

技巧提示：按住 Ctrl+鼠标左键可以取消选取自动连锁选取的最后一段曲线。

5.1.10　旋转成形

1. "旋转成形"

"旋转成形"（Revolve）以一条轮廓曲线绕着旋转轴旋转建立曲面。只要选取曲线，指定旋转轴的起点和终点，再选择旋转选项即可完成旋转面的创建（图 5-44、图 5-45）。

在旋转的命令行中主要有删除输入物件、可塑形的、360 度、设置起始角度和分割正切点等选项。

技巧提示：如轮廓曲线为封闭曲线，且其旋转轴与轮廓线部分重叠，必须将轮廓曲线炸开，删除与旋转轴重叠的曲线，才能不产生多余的曲面。

2. "沿路径旋转"（右击）

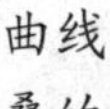

"沿路径旋转"（RailRevolve），绕旋转轴并沿路径曲线旋转一条轮廓曲线建立曲面。首

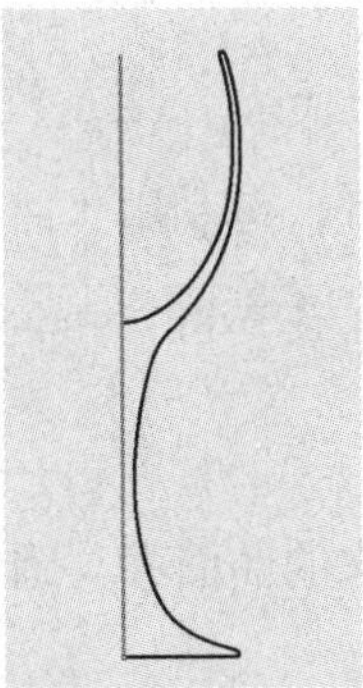

图 5-44　曲线

图 5-45　旋转成形

先选取一条轮廓曲线，然后选取路径曲线，指定旋转轴的起点和终点，根据需要设置选项，即可完成"沿路径旋转"曲面的创建，如图 5-46、图 5-47 所示。

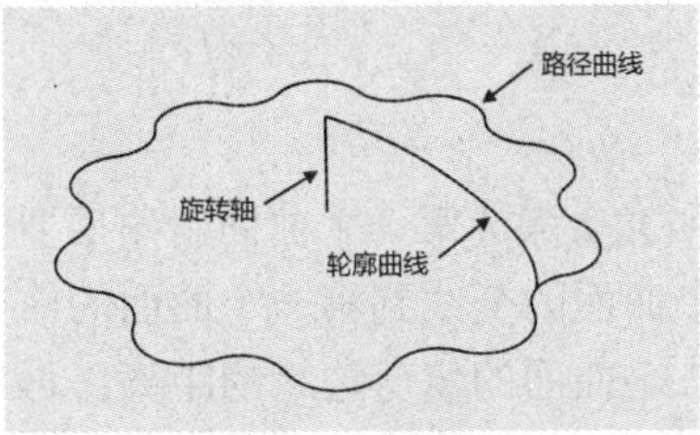

图 5-46　曲线

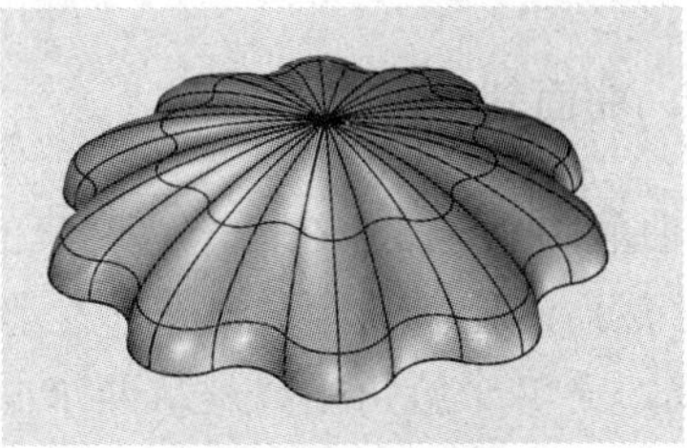

图 5-47　沿路径旋转

5.2　曲面的编辑

　　Rhino 提供了多种曲面编辑工具对创建的曲面进行编辑，以得到复杂的曲面效果，曲面的编辑过程是对造型的补充和细化。在工具箱中单击 图标右下角的三角形，会弹出"曲面"工具箱，如图 5-48 所示。

图 5-48　"曲面"编辑工具箱

5.2.1　延伸曲面

　　"延伸曲面"命令以指定的方式延伸未修剪的曲面边缘。延伸方式有直线和平滑两种，选取一个边缘后，可输入数值或指定两个点来设置延伸系数以确定延伸的距离。

5.2.2　曲面圆角/曲面斜角/曲面混接

在产品建模过程中需要对产品的锐边进行圆角或直角处理，可利用"曲面圆角"、"曲面斜角"工具完成，曲面之间的连续性为 G1（相切）或 G0（位置）。

1. 曲面圆角

在两个曲面之间建立单一半径的相切圆角曲面，修剪原来的曲面并与圆角曲面组合在一起。

"曲面圆角"命令就像是以一个指定半径的球体沿着曲面的边缘滚动，如果曲面转角的半径小于这个球体的半径，就会造成圆角工作失败。因此曲面圆角的半径值必须合适，过大或过小将使圆角失败。如执行命令后，未出现圆角效果，可查看命令行中的提示，修改圆角半径值。

2. 曲面斜角

"曲面斜角"命令在两个有交集的曲面之间建立斜角。点选第一个曲面斜角后要保留的一侧；然后确定斜角距离，第一个斜角距离是从两个曲面的交线到第一个曲面的修剪边缘的距离，第二个斜角距离是从两个曲面的交线到第二个曲面的修剪边缘的距离；再单击选取第二个曲面斜角完成后要保留的一侧。

5.2.3　混接曲面

"混接曲面"工具在两个曲面之间建立平滑的混接曲面，在选项中可设置与原曲面形成 G0（位置）、G1（相切）、G2（曲率）或 G3、G4 的连续。其操作步骤为：选取一个曲面边缘，或继续选取与该边相连的曲面边缘，按 Enter 键结束第一个边缘的选取；再选取与其混接的边缘，或继续选取相邻的混接边缘，按 Enter 键结束第二个边缘的选取；再调整断面控制点，即完成曲面的构建（图 5-49、图 5-50）。

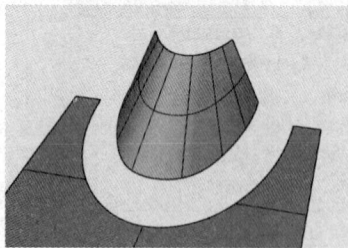

图 5-49　混接前　　　　　　　　　　　　　图 5-50　混接后

"混接曲面"的主要选项如下：

（1）自动连锁：选取曲面边缘时，会自动选取所有与它以"连锁连续性"选项设置的连续性相接的线段，"连锁连续性"选项有 G0、G1 和 G2 连续。

选取两个混接边缘后，按 Enter 键会出现"调整曲面混接"对话框（图 5-51），主要有调整混接转折、连续性、平面断面、加入断面、相同高度等选项。

（2）调整混接转折对话框：可以改变混接曲面转折大小，图标为锁定时，混接曲面两
侧转折通过滑动条（图 5-51）可以作对称性的调整；图标
为开锁时，可分别调整混接曲面两侧转折大小的滑动条。

（3）连续性：设置混接曲面的连续性，可为位置
（G0）、相切（G1）、曲率（G2）、G3 或 G4。

（4）平面断面：强迫混接曲面的所有断面为平面并与
指定的方向平行。

（5）加入断面：加入额外的断面控制混接曲面的形
状。当混接曲面过于扭曲时，可以使用这个功能控制混接
曲面更多位置的形状（图 5-52～图 5-54）。

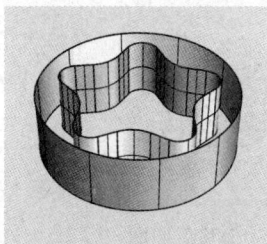

图 5-51 "调整曲面混接"对话框

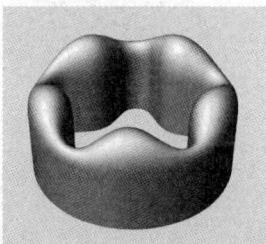

图 5-52 两个曲面　　　　　图 5-53 未加入断面　　　　　图 5-54 加入 4 个断面

（6）相同高度：当混接的两个曲面边缘之间的距离有变化时，这个选项可以让混接曲
面的高度维持不变。图 5-56 为混接曲面时未选中"相同高度"的混接曲面效果，图 5-57
为选中了"相同高度"时的曲面效果。

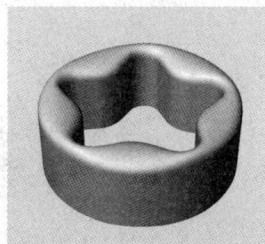

图 5-55 曲面　　　　　图 5-56 未选中"相同高度"　　　　　图 5-57 选中"相同高度"

5.2.4 偏移曲面

1. 偏移曲面

"偏移曲面"以等距离偏移复制曲面。

在选项中可输入偏移距离、通过"全部反转"来反转偏移的方向，其曲面上箭头的方
向为正的偏移方向，正数的偏移距离是往箭头的方向偏移，负数是往箭头的反方向偏移。

在选项中也可修改"实体＝是"，将原来的曲面和偏移后的曲面边缘放样并组合成封闭
的实体，如图 5-58～图 5-60 所示；设置"松弛"使偏移后曲面和原曲面的结构相同，也可
同时向两侧偏移。

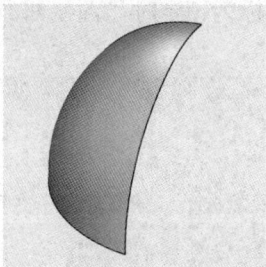

图 5-58　原曲面　　　　　　图 5-59　向内偏移曲面　　　　　图 5-60　偏移成实体

2．不等距偏移曲面

"不等距偏移曲面"工具以不等距离偏移复制一个曲面。先选取一个曲面，再选取并移动控制杆上的点来调整偏移距离。

在命令行选项中使用"反转"设置偏移方向，"设置全部"为等距离偏移，使用"连结控制杆"以同样的比例调整所有控制杆的距离，使用"新增控制杆"来增加控制点（图 5-61～图 5-65）。

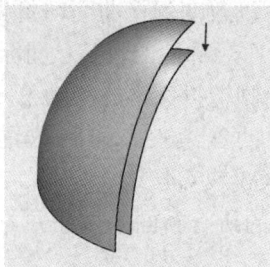

图 5-61　平面　　　　　　图 5-62　执行"不等距偏移曲面"　　　　图 5-63　新增控制杆

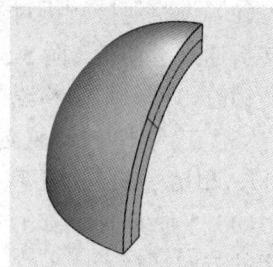

图 5-64　调整新增加的控制点　　　　　　　图 5-65　偏移后曲面

5.2.5　衔接曲面

"衔接曲面"命令可以调整选取曲面的边缘和其他曲面形成位置、相切或曲率连续，只有未修剪过的曲面边缘才能与其他曲面进行衔接，目标曲面则没有修剪的限定。

在执行命令时，首先选择一个未修剪的曲面边缘，然后再选取衔接的目标曲面边缘，选取时注意，单击两个曲面边缘必须位于同一侧，再选择"衔接曲面"选项。

5.2.6　合并曲面

"合并曲面"（MergeSrf）命令可将两个未修剪的且共享边缘、边缘两端端点互相对齐的曲面，合并成为单一曲面，两个曲面的接合处在合并后会变平滑，并去除两个曲面之间的接缝，合并后的曲面可以使用控制点编辑（图 5-66、图 5-68）。图 5-67 为使用"镜射"
工具将图 5-66 中曲面镜像，曲面接合处未发生变化。

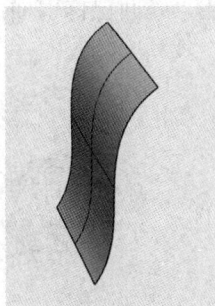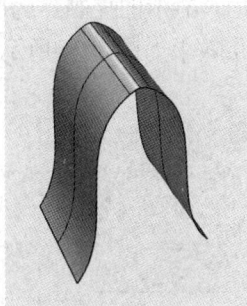

图 5-66　曲面　　　　　　图 5-67　镜像曲面　　　　　　图 5-68　合并曲面

5.2.7　对称

"对称"命令可将曲线或曲面镜像，并使两侧的曲线或曲面相切，当编辑一侧的物件时，
另一侧的物件会做对称性的改变，这个命令的操作方式和"镜像"命令类似。图 5-70 所示
为将图 5-69 曲线对称后的效果，图 5-72 所示为将曲面（图 5-71）对称后的效果。

步骤：
（1）选取一条曲线或一个曲面；
（2）指定对称平面的起点；
（3）指定对称平面的终点。

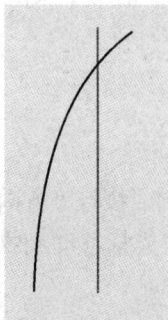

图 5-69　曲线　　　　图 5-70　曲线对称　　　　图 5-71　曲面　　　　图 5-72　曲面对称

曲面对称时，曲面应尽量位于对称轴的一侧，否则两曲面间会出现扭曲。

5.2.8　重建曲面

"重建曲面"命令以指定的阶数和控制点数重建选取的曲面，重建后的曲面的节点分布
比较平均，可分别设置 U 和 V 方向上的点数。

5.2.9　缩回已修剪曲面

使原始曲面的边缘缩回到曲面的修剪边缘附近，以符合曲面修剪边界的大小。缩回曲

面就像是平滑地逆向延伸曲面，曲面缩回后多余的控制点与节点将被删除。

在 Rhino 中，修剪过的曲面由原始曲面与修剪边界曲线定义，如图 5-73、图 5-74 所示修剪曲面，显示的控制点为原始曲面的控制点位置（图 5-75），使用"缩回已修剪曲面"后的控制点效果如图 5-76 所示。

| 图 5-73　修剪前 | 图 5-74　修剪后 | 图 5-75　圆曲面控制点 | 图 5-76　缩回 |

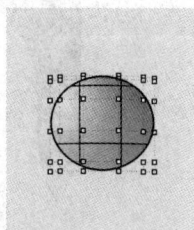

5.3　曲面的检测与分析

Rhino 利用 OpenGL 的显示功能，使用假色检查曲面的曲率和曲面之间的连续性。常用的曲面分析工具有方向分析、曲率分析、斑马纹分析和拔模角度分析等，这些工具位于分析菜单中的曲面子菜单下（图 5-77），下面进行具体说明。

图 5-77　"曲面分析"工具列

5.3.1　方向分析

"方向分析"可以显示曲面或曲线物件的方向，也可以改变物件的方向。执行"方向分析"命令，选取物体，箭头会指出该物体的法向方向，如图 5-79 所示，将光标移动到物件上会显示动态的方向箭头，单击可以反转法线方向，如图 5-80 所示。

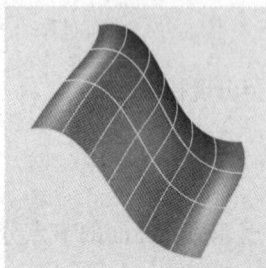

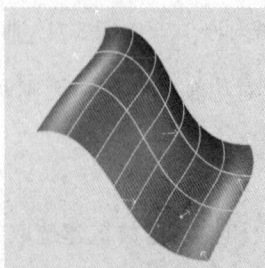

| 图 5-78　原曲面 | 图 5-79　分析方向中 | 图 5-80　反转方向 |

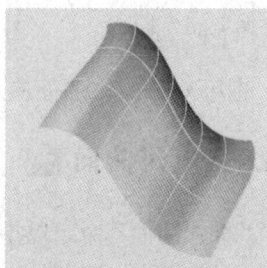

在一些创建曲面命令中，如创建曲面后方向不准确或布尔运算操作不是预期的结果，需要对物体进行方向分析，根据需要反转物体的曲面方向。

5.3.2　曲率分析

"曲率分析"可以分析曲线或曲面的曲率，在曲面上显示曲率分析的假色，可以显示曲面的各种类形的曲率信息，也可以找出曲面形状不正常的位置，如突起、凹洞、平坦、波浪状或曲面的某个部分的曲率大于或小于周围，需要时可以对曲面形状做修正（图 5-81）。

执行"曲率分析"命令，选取要做曲率分析的物件，按 Enter 键，会出现"曲率"对话框（图 5-82）。

图 5-81　曲率分析

图 5-82　"曲率"对话框

"曲率"类型主要有高斯、平均、最大半径和最小半径。

1）高斯

曲面上的每一点都会以设置的曲率范围渐层颜色显示。例如，曲率位于曲率范围中间的曲面会以绿色显示，曲率超出红色范围的会以红色显示，曲率超出蓝色范围的会以蓝色显示。

在下面几个图中，图 5-83 所示曲率分析红色部分的高斯曲率为正数，曲面向外凸，形状类似碗状；图 5-84 所示曲率分析蓝色部分为负数，曲面向内凹；图 5-85 所示分析绿色部分为 0，曲面至少有一个方向是直的，如平面、圆柱体的底面和侧面、圆锥体侧面的高斯曲率都是 0。

图 5-83　曲率为正数

图 5-84　曲率为负数

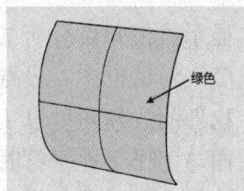

图 5-85　曲率为 0

2）平均

显示平均曲率的绝对值，适用于找出曲面曲率变化较大的部分。

3）最大半径

适用于找出曲面较平坦的部分。将蓝色的数值设得大一点（10 >100 >1000），红色的数值设为接近无限大，曲面上红色的区域为近似平面的部分，曲率几乎等于 0。

4）最小半径

如果想将曲面偏移一个特定距离 r，或使用半径为 r 的球状刀具加工，曲面上任何半径小于 r 的部分将会发生问题。曲面上半径小于偏移距离的部分在曲面偏移后会发生自交，小于加工时使用的球状刀具的半径时，刀具会切除应该被保留的部分。

对图 5-86 所示曲面进行最小半径曲率分析，设置红色半径为 10，蓝色半径为 1.5×10，从图 5-88 可看出，曲面上的红色区域是在偏移或加工时一定会发生问题的部分，蓝色区域为安全的部分，蓝色与红色之间的渐变区域为可能发生问题的部分。

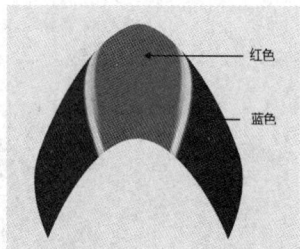

图 5-86　曲面　　　　　图 5-87　最小半径曲率分析　　　　　图 5-88　曲率分析结果

5）自动范围

"曲率分析"命令会将假色以曲率值对应至曲面上。先以自动范围设置曲率范围，再调整曲率范围的两个数值使它比自动范围更能突显分析目的。曲率分析选项会记住上次分析曲面时所使用的设置及曲率范围。如果物件的形状有较大改变或分析不同的物件，记住的设置值可能并不适用。遇到这种情况时，可以使用"自动范围"选项，自动计算曲率范围，得到较好的对应颜色分布。

6）最大范围

使用"最大范围"选项将红色对应到曲面上曲率最大的部分，将蓝色对应到曲面上曲率最小的部分。当曲面的曲率有剧烈的变化时，产生的结果可能没有参考价值。

5.3.3　拔模角度分析

显示拔模角度分析的假色。操作过程比较简单：选取要进行拔模分析的物件，在"拔模角度"对话框中，设置显示颜色的角度（图 5-89）。

物件的拔模角度以工作平面为计算依据，当曲面与工作平面垂直时，拔模角度为 0°；当曲面与工作平面平行时，拔模角度为 90°。

拔模方向是命令启动时使用的工作视窗工作平面的 Z 轴，执行"拔模角度分析"命令前改变工作平面的方向，可任意定义拔模方向。曲面的法线方向和模具的拔模方向是一致的，可以用"分析方向"命令检查。

当拔模角度分析的颜色显示无法看出细节时，可通过选项中的"调整网格"进行设置，以提高分析网格的密度。

如果将最小角度和最大角度设成一样的数值，物件上所有超过该角度值的部分都会显示为红色，如图 5-90 所示。

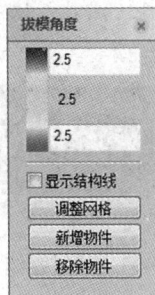

图 5-89　拔模角度设置

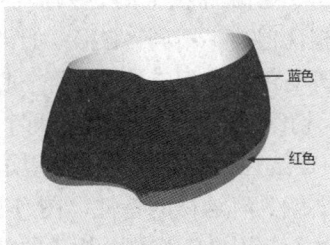

图 5-90　拔模角度分析

5.3.4　环境贴图分析

"环境贴图分析"是许多视觉分析曲面的命令之一。使用 NURBS 曲面评估和渲染技术帮助分析曲面的平滑度、曲率和其他重要的属性。

环境贴图是一种渲染模式，看起来就像打磨得非常光滑的金属反射周围环境（图 5-91、图 5-92）。在某些特殊情况下，使用环境贴图可以看出"斑马纹分析"（Zebra）命令和旋转视图所看不出的曲面缺陷。

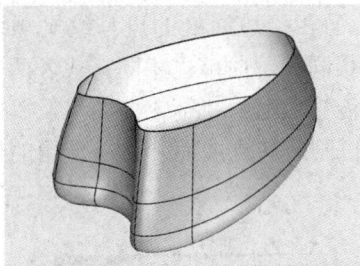

图 5-91　原曲面

图 5-92　环境贴图分析

5.3.5　斑马纹分析

"斑马纹分析"（Zebra）也是视觉分析曲面的命令，在曲面或网格上显示分析条纹（斑马纹）（图 5-93、图 5-94）。

图 5-93　原曲面

图 5-94　斑马纹分析

斑马纹形状的意义如下：

（1）位置连续（G0）：如果两个曲面相接时边缘处的斑马纹相互错开，代表两个曲面以 G0（位置）连续性相接（图 5-95）。

（2）相切但曲率不同（G1）：如果两个曲面相接边缘处的斑马纹相接但有锐角，两个曲面的相接边缘位置相同，切线方向也一样，代表两个曲面以 G1（位置+相切）连续性相接，以"不等距边缘圆角"命令建立的曲面就具有这样的特性，图 5-97 是对圆角曲面（图 5-96）使用"斑马纹分析"的效果，可看出曲面相接处的条纹未错开，但不平顺。

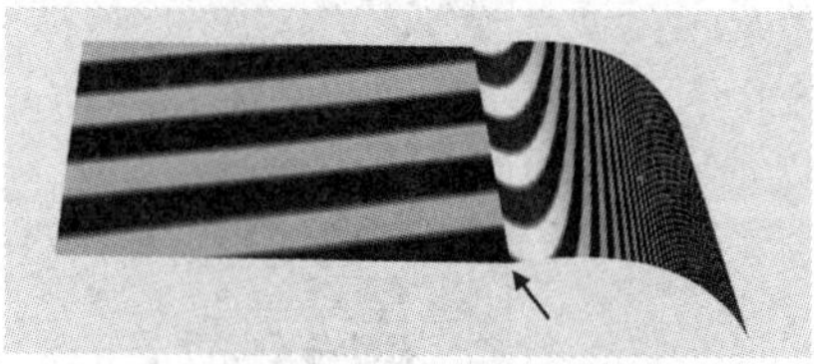

图 5-95　位置连续（G0）

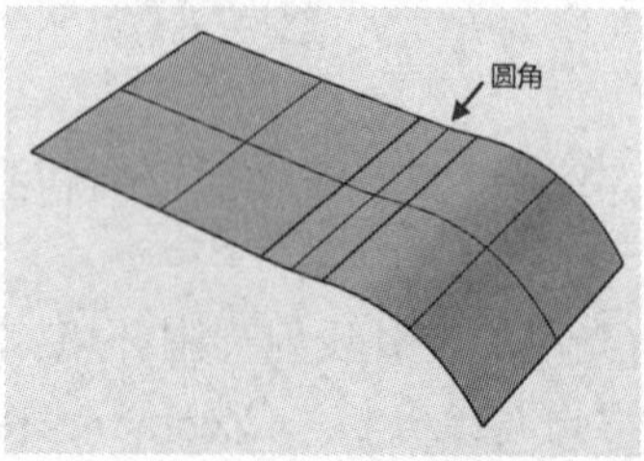

图 5-96　圆角

图 5-97　斑马纹分析

（3）位置、相切、曲率相同（G2）：如果两个曲面相接边缘处的斑马纹平顺地连接（图 5-99），两个曲面的相接边缘除了位置和切线方向相同外，曲率也相同，代表两个曲面以 G2（位置+相切+曲率）连续性相接（图 5-98）。"混接曲面"、"衔接曲面"及"以网线建立曲面"命令可以建立具有这样特性的曲面。当"以网线建立曲面"命令使用的边缘曲线为曲面边缘时，才可以选择 G1 和 G2 连续性。

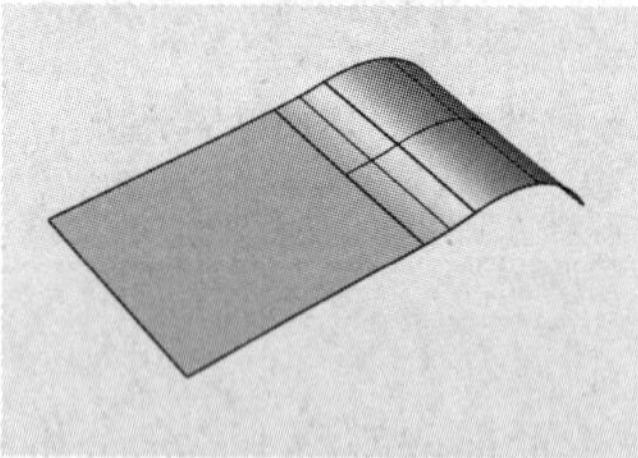

图 5-98　曲率连续的曲面

图 5-99　斑马纹平顺地连接

5.4　Rhino 5.0 曲面新功能

5.4.1　切割用平面

"切割用平面"建立通过物件某一个点的平面，此平面可以切断该物件。建立的切割用平面会和使用中的工作平面垂直，且大于选取的物件，然后使用"修剪"或"分割"工具将物体切断（图 5-100～图 5-103）。

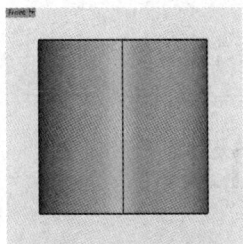

图 5-100 切割物体

图 5-101 起点和终点

图 5-102 自动延伸

图 5-103 切割用平面

5.4.2 图框平面

"图框平面"可打开一个图片文件,建立一个附有该图片文件的矩形平面,并且图框平面的长宽比会保持与图片文件一致,其绘制选项和绘制过程与"平面"基本相同。此功能可快速将参考图以平面物体的方式导入到场景中,可像物体一样放入指定的图层中,进行隐藏或显示等的管理,或使用"变换"等工具进行缩放、移动等操作。

5.5 本章小结

复杂的产品曲面可分解为多个简单的曲面,通过简单曲面的拼接,最终完成复杂的曲面。在掌握了各种曲面创建命令的操作过程后,还需要分析各命令所形成曲面的特点,其适合表现什么曲面,才能熟练应用 Rhino 进行各种造型工作。曲面编辑工具也非常重要,在造型过程中,需要不断对曲面进行编辑才能得到预期的效果,编辑曲面是创建曲面工具的补充。为了得到高质量的曲面,使其具有更好的美观性,符合生产等环节的要求,曲面分析在造型过程中也占有重要的地位,此部分内容也需要熟练掌握。

掌握了曲面创建、曲面编辑和分析的操作后,可完成一般简单曲面的产品造型设计,尤其是完成产品的初步造型设计,部分细节设计还须在后续章节中继续学习才能完成。

第6章

建立实体及实体工具

6.1 建立实体

Rhino 是一款以 NURBS 建模为主要特色的软件，在建模过程中，单纯使用基本体进行操作比较少，一般使用实体为基本形，炸开后使用曲面工具对得到的面继续进行编辑。多个面组成的封闭空间，使用"组合"工具组合后即由面变为体。实体倒角相对"曲面圆角"操作更加方便，将多个面转换成实体后，直接使用体倒角来实现快速倒角的目的。本章主要介绍常用的实体创建方法和技巧。

6.1.1 基本实体的建立

"建立实体"工具面板如图 6-1 所示。

"建立实体"工具的使用方法都比较简单，下面进行简要介绍。

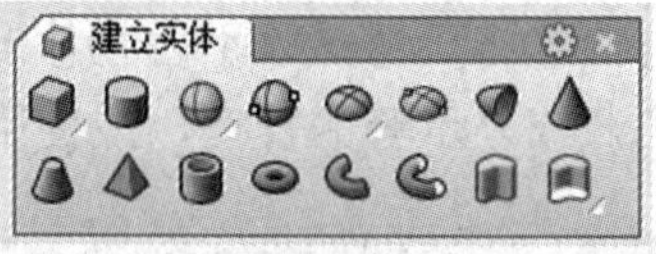

1. 立方体（Box）

图 6-1 "建立实体"工具面板

常用的立方体创建方式有以下几种。

1）立方体：角对角、高度 ▨

按住鼠标左键拖曳出一个矩形框作为立方体的底面，然后向上拉动到一定高度，即可建立一个立方体。

2）立方体：对角线 ▨

先指定第一角的位置，再指定第二角的位置，最后指定角的高度。

3）立方体：三点、高度 ▨

以三点方式确定底面的长方形，再指定立方体的高度。

4）立方体：底面中心点、高度 ▨（右击）

以中心点和另一角或长宽的方式确定底面的长方形，再指定立方体的高度。

5）边框盒子（BoundingBox）▨

以多重曲线或多重曲面的方式建立一个可以容纳被选取物件的立方体。通过此命令可快速获得物体的最大边界。

如果选取的物件是平面的且与建立边框盒子时设定的坐标平面平行，建立的边框盒子为由多重曲线构成的矩形；否则建立的是由多重曲面构成的立方体。图 6-3 所示为椭球体的边框盒子效果。

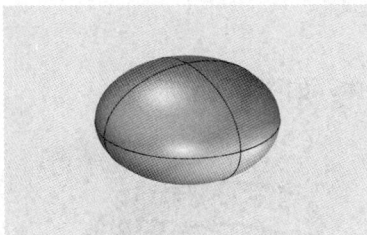

图 6-2 椭球

图 6-3 椭球的边框盒子

2．圆柱体（Cylinder）

首先绘制圆柱底面的圆，绘制方法与曲线工具中的"圆"相同，确定圆后，再指定圆柱体的高度，即可完成圆柱体的创建。

3．球体（Sphere）

应用球体工具可以创建不同大小的球体，创建球体的主要方式有：①中心点/半径；②直径（两点）；③三点；④四点；⑤环绕曲线；⑥相切；⑦配合点等。

4．椭圆体（Ellipsoid）

可通过中心点、直径、焦点、对角、环绕曲线等不同的方式建立椭圆体。

椭圆按钮制作实例：

常见的按钮可以使用"椭圆体"工具创建，具体步骤如下：

（1）在 Top 视图中使用"椭圆体"工具绘制扁椭圆体，如图 6-4、图 6-5 所示。

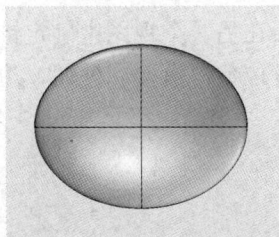

图 6-4 椭圆体 Top 视图

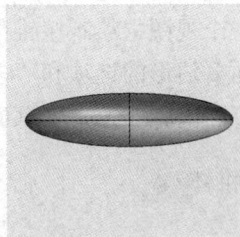

图 6-5 椭圆体 Front 视图

（2）在 Front 视图中绘制如图 6-6 所示直线。

（3）使用"修剪"工具将刚绘制的椭圆体修剪，仅保留上半部分，如图 6-7 所示。

图 6-6 绘制直线

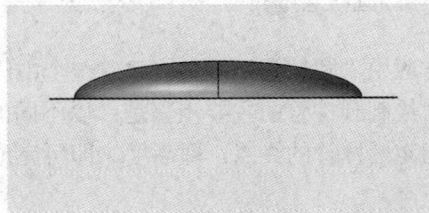

图 6-7 修剪

（4）使用"挤出封闭的平面曲线"将得到的椭圆体边进行挤出，挤出选项中"实体＝否"，确定合适的挤出长度，如图 6-8 所示。

（5）使用"组合"工具将两个曲面合成一个曲面。

（6）使用"偏移曲面"将合并后的曲面偏移成实体，如图 6-9 所示。

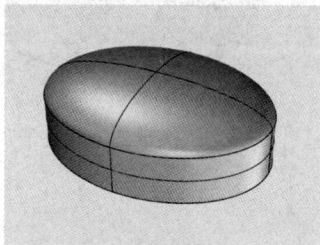

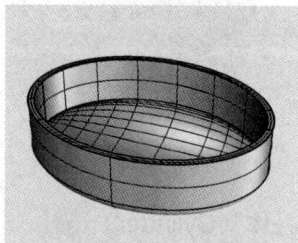

图 6-8　挤出边界　　　　　　　　　图 6-9　偏移成实体

5．抛物面锥体

由焦点或顶点的位置建立抛物面锥体。首先确定焦点的位置，然后确定锥体的方向，再确定锥体端点的位置，即可完成以焦点的方式绘制抛物面锥体。

6．圆锥体（Cone）

首先在一个视图中画出一个圆作为锥体的底部圆形，然后在另一个视图中拉动，以确定锥体的高度。绘制基底圆的方法与"圆"命令一样，主要有中心点/半径、两点、三点、相切、配合点等方式。

7．棱锥体

首先在一个视图中绘制棱锥体底面的多边形，然后在另一个视图中确定锥体的高度。绘制锥体底面多边形的选项和"多边形"命令一致，有边数、内接、外切、边、星形等，还可以设定方向限制如无、垂直或环绕曲线。

8．平顶锥体

应用"平顶锥体"工具可建立一个顶点被一个平面截断的圆锥体，即圆台。

绘制平顶锥体的步骤：首先可通过不同的选项画出基底圆形，再指定平顶锥体顶面的中心点，再指定顶面圆形的半径或直径，即可完成绘制。

9．圆柱管

应用"圆柱管"工具可建立一个中间有圆柱洞的圆柱体。

绘制圆柱管的主要步骤是：以不同的选项画出基底圆形后，指定圆柱管内壁的半径，再指定圆柱管的终点，即高度，即可完成绘制。

10. 环状体

应用"环状体"工具可建立实体的圆环。其绘制过程比较简单，在通过不同的选项画出基底圆形后，再指定环状体的第二半径，即可完成环状体的创建。

6.1.2 特殊实体的创建

1. 圆管

沿着曲线建立一个圆管曲面，根据加盖形式，可分为平头盖和圆头盖。

创建圆管的主要步骤是：选取一条曲线作为圆管的轨迹线（图 6-10），指定圆管的起点半径（图 6-11），再指定圆管的终点半径（图 6-12），最后根据需要在曲线上指定下一个半径（图 6-13），或按 Enter 键结束指令（图 6-14）。如果曲线是封闭的，圆管的起点半径等于终点半径。

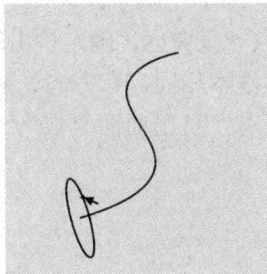

图 6-10 曲线   图 6-11 起点半径   图 6-12 终点半径

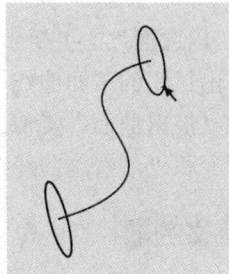

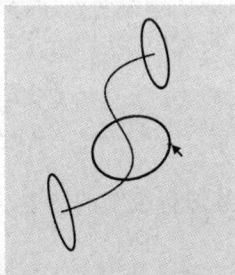

图 6-13 下一个半径   图 6-14 平头盖

"圆管"的命令行选项主要有连锁边缘、加盖、有厚度、渐变形式等。

2. 挤出封闭的平面曲线

将曲线向与工作平面垂直的方向笔直地挤出建立曲面或实体（图 6-15、图 6-16）。

3. 挤出曲面

"挤出曲面"可将曲面笔直地挤出，建立实体（图 6-17、图 6-18）。

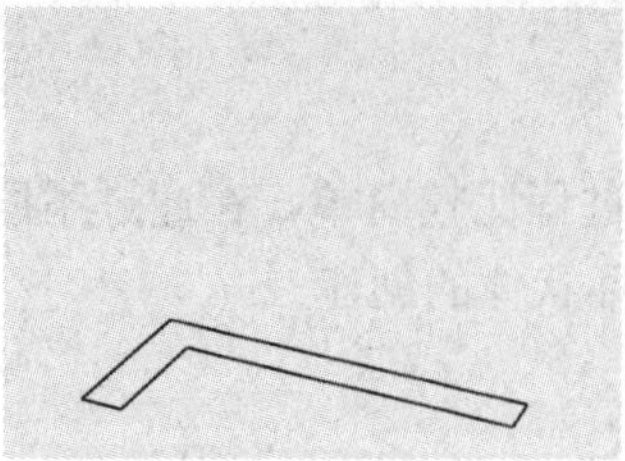

图 6-15　曲线

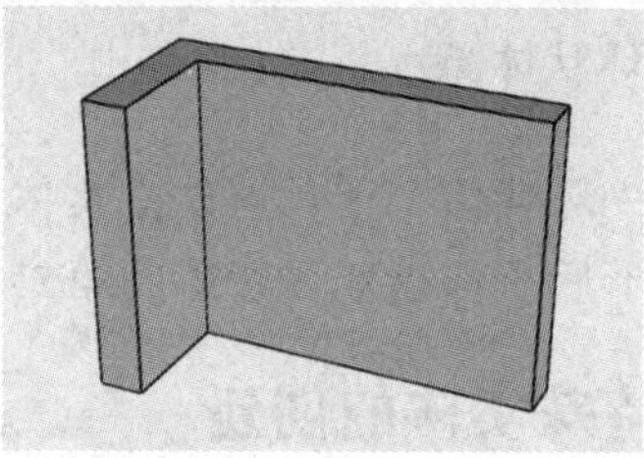

图 6-16　挤出曲线

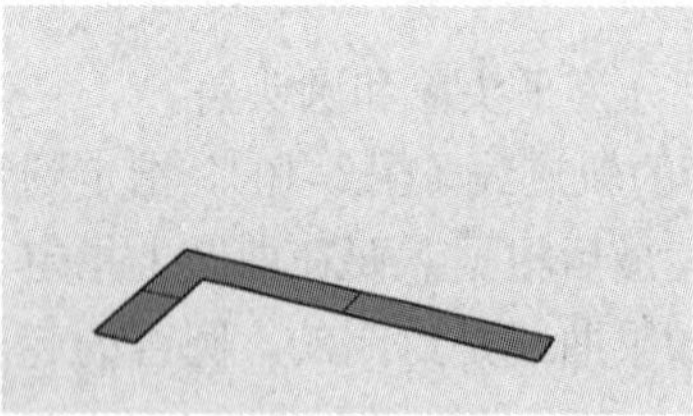

图 6-17　曲面

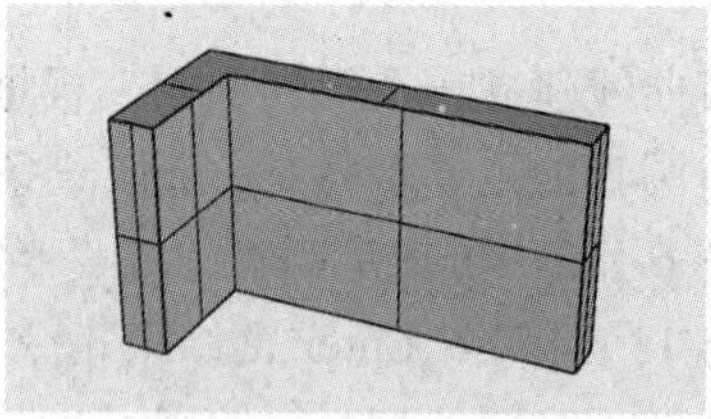

图 6-18　挤出曲面成实体

"挤出曲面"的主要步骤是选取一个曲面，确定挤出的距离，并设置选项，其主要选项与"挤出封闭的平面曲线"的选项基本相同，有方向、两侧、实体和删除输入物件等。

与"挤出曲面"类似的命令还有"挤出曲面至点"、"挤出曲面成锥状"、"沿着曲线挤出曲面"和"沿着副曲线挤出曲面"。

4. 文字 T

"文字"工具以 TrueType 字体建立文字曲线、曲面或多重曲面。执行命令后会出现"文字物件"选项对话框，在对话框中输入文字、确定字体，选择建立文字为曲线、曲面或实体，设置文字的高度和厚度，最后指定文字的放置点。

6.2　实体工具

在创建好实体后，需要使用合适的实体工具对实体继续进行细节的造型，Rhino 的"实体"工具提供了布尔运算、加盖、抽离曲面、圆角、面的变动和洞等实体的操作（图 6-19）。

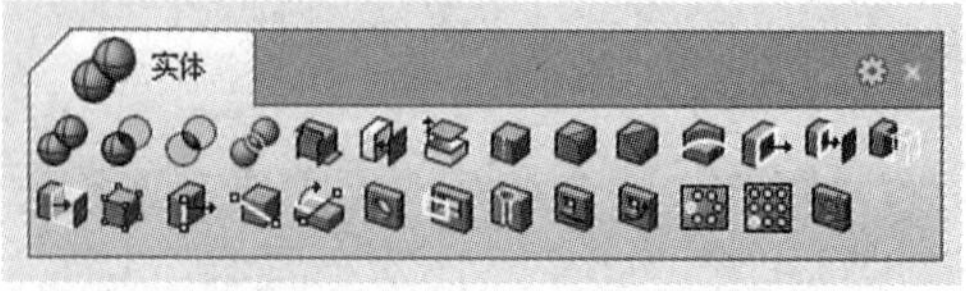

6.2.1　布尔运算

图 6-19　"实体"工具列

NURBS 布尔运算主要包括布尔运算联集、布尔运算差集、布尔运算交集、布尔运算分割和布尔运算两个物件，通过布尔运算可将简单的基本实体变成复杂的实体造型。

1. 布尔运算联集

"布尔运算联集"用于减去两组多重曲面（或曲面）交集的部分，并以未交集的部分组合成为一个多重曲面。

2. 布尔运算差集

"布尔运算差集"用于从一组多重曲面（或曲面）减去与另一组多重曲面（或曲面）交集的部分。

3. 布尔运算交集

"布尔运算交集"用于减去两组多重曲面（或曲面）未交集的部分。

4. 布尔运算分割

"布尔运算分割"可将两组多重曲面（或曲面）交集及未交集的部分分别建立多重曲面。

5. 布尔运算两个物件 （右击）

可以用鼠标单击循环切换布尔运算的结果：并集、交集、差集（A–B 和 B–A）、反向交集。

6.2.2 加盖与抽离曲面

1. 将平面洞加盖

"将平面洞加盖"命令可将物件上的平面洞以新建立曲面的方式封闭（图 6-20、图 6-21）。

图 6-20 加盖前

图 6-21 上下加盖后

2. 抽离曲面

抽离或复制多重曲面中的局部曲面。在操作中，只有选取的曲面会与多重曲面分开，多重曲面中的其他曲面仍然组合在一起（图 6-22～图 6-24）。

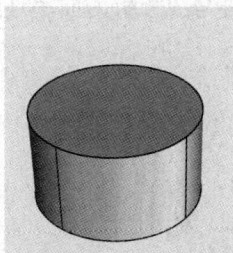

图 6-22 圆柱体

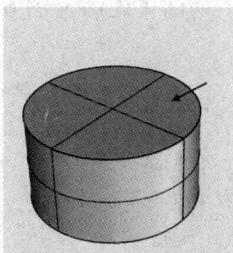

图 6-23 抽离顶部面

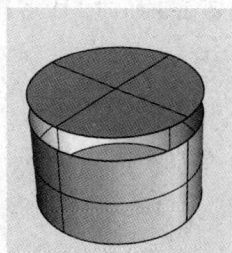

图 6-24 移动面

与"炸开"相比,使用"抽离曲面"命令抽离多重曲面中的特定曲面可以节省时间,而不必炸开整个物件,省去再将曲面组合的操作。

6.2.3 自动建立实体

"自动建立实体"以选取的曲面或多重曲面所包围的封闭空间建立实体(图 6-25、图 6-26)。

图 6-25   3 个开放曲面

图 6-26   自动建立实体

6.2.4   实体边缘圆角/混接/边缘斜角

1. 不等距边缘圆角

在多重曲面的多个边缘建立不等距的圆角曲面,修剪原来的曲面并与圆角曲面组合在一起。不等距边缘圆角与原曲面为 G1(相切)连续(图 6-27~图 6-29)。

图 6-27   实体

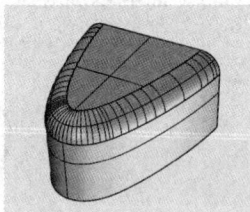

图 6-28   等半径圆角

图 6-29   不等半径圆角

2. 不等距边缘混接 (右击)

在多重曲面的数个边缘建立不等距的曲率连续混接曲面,修剪原来的曲面并与混接曲面组合在一起(图 6-30、图 6-31)。

"不等距边缘混接"相对于"不等距边缘圆角"具有更好的连续性,"不等距边缘圆角"为相切连续,而"不等距边缘混接"为曲率连续,图 6-32 所示的斑马线分析为曲率连续。

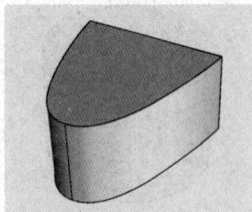

图 6-30   实体

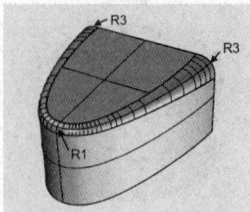

图 6-31   不等半径圆角

图 6-32   斑马纹分析

3. 不等距边缘斜角 🔲

在多重曲面的多个边缘建立不等距的斜角曲面，修剪原来的曲面并与斜角曲面组合在一起。

6.3　Rhino 5.0 实体工具新增功能

6.3.1　打开实体点 🔲

"打开实体点"可以打开实体物体的控制点，然后对指定的点进行编辑。

图 6-33 所示为使用"打开点"工具打开立方体的点，仅显示 3 个点，拖动点后为旋转立方体的操作，如图 6-34 所示。图 6-35 所示为使用"打开实体点"工具打开实体的控制点，显示立方体的 8 个控制点，可对其控制点进行移动等编辑，如图 6-36 所示。

图 6-33　打开点	图 6-34　拖动点效果	图 6-35　打开实体点	图 6-36　拖动点效果

6.3.2　多重曲面薄壳 🔲

"多重曲面薄壳"命令可对多重曲面进行抽壳的操作，命令位于 Rhino 5.0 的新功能卡中（图 6-37~图 6-39）。

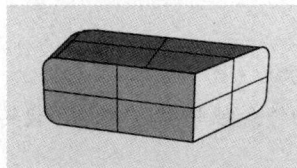

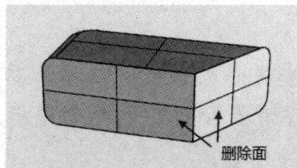

图 6-37　多重曲面	图 6-38　删除的面	图 6-39　薄壳

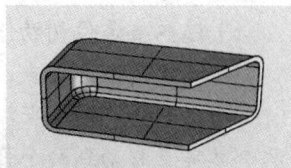

6.4　本章小结

本章主要讲授常用实体创建工具和实体编辑工具的具体操作，熟练掌握实体的相关操作可扩展 Rhino 的曲面建模方法。Rhino 的实体可理解为封闭的多重曲面，将曲面封闭后就可使用实体工具进行布尔运算、加盖、抽离曲面、洞等的操作。Rhino 5.0 新增加的多重曲面薄壳非常实用，可创建相等壁厚的曲面，快速制作壳体效果。

第 7 章

变 动 工 具

在 Rhino 的变动工具中，除了常用的移动、复制、旋转、缩放和镜射外，还有定位、阵列等复杂的变动工具，可进行扭曲、沿曲线流动等特殊的造型操作，"变动"工具列如图 7-1 所示。

图 7-1 "变动"工具列

7.1 定位

7.1.1 定位：两点

"定位：两点"以两个参考点对应到两个目标点将物件做定位。

步骤：

（1）选取要定位的物件；

（2）指定两个参考点，指定参考点的位置会显示点物件的标记（图 7-2）；

（3）指定两个目标点，两个参考点会对齐到两个目标点；物件会被移动、缩放、旋转，将两个参考点移动到两个目标点的位置。

"定位：两点"选项为复制和缩放。

1）复制

复制定位物件。

2）缩放

否：两个目标点为参考点的对齐方向，选取的物件并不会被缩放（图 7-3）。

单轴：物件定位到目标点时会在两个目标点的方向上缩放。

三轴：物件定位到目标点时会做整体缩放（图 7-4）。

7.1.2 定位曲线至边缘

复制曲线并对齐曲线到曲面边缘上。

图 7-2 参考点

图 7-3 目标点 无缩放

图 7-4 三轴缩放

　　如果选取的曲线不位于曲面边缘上，定位后曲线的选取端会与曲面相切并与曲面边缘垂直，如图 7-5、图 7-6 所示。

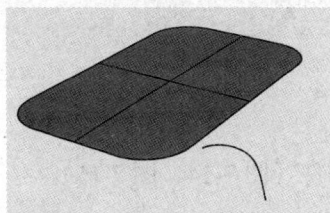

图 7-5 曲线不在曲面边缘上

图 7-6 定位曲线至边缘后

　　如果选取的曲线已经位于曲面边缘上，曲线会沿着曲面边缘复制，复制的曲线相对于曲面的定位会和原来的曲线一样，如图 7-7、图 7-8 所示。

图 7-7 曲线位于曲面边缘上

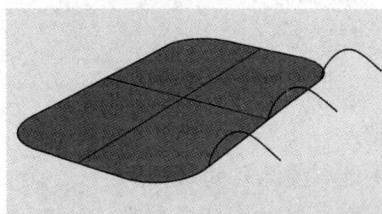

图 7-8 定位曲线至边缘后

　　如果曲线选取端的切线方向和使用中工作视窗的工作平面 Z 轴平行，定位后的曲线会与曲面垂直，如图 7-9、图 7-10 所示。

图 7-9 曲线与 Z 轴平行

图 7-10 定位曲线至边缘后

7.1.3 垂直定位至曲线

依照曲线的方向将物件定位到曲线上（图 7-11～图 7-13）。

图 7-11 定位前   图 7-12 垂直定位至曲线   图 7-13 定位后（透视图效果）

7.2 阵列

7.2.1 矩形阵列

"矩形阵列"命令以指定的排数和列数放置复制物件（图 7-14、图 7-15）。

图 7-14 要阵列的物件   图 7-15 矩形阵列后

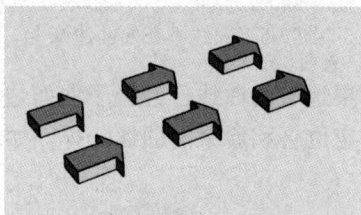

步骤：

（1）选取要阵列的物件；

（2）输入 X 方向的复制数，按 Enter 键。阵列的方向是使用中工作视窗工作平面的 X、Y、Z 轴的方向；

（3）输入 Y 方向的复制数；

（4）输入 Z 方向的复制数；

（5）指定一个矩形的两个对角定义单位方块的大小（X 和 Y 方向的间距）；

（6）指定单位方块的高度，按 Enter 键使用宽度间距，或输入 X 间距、Y 间距和 Z 间距的距离；

（7）预览阵列的结果，按 Enter 键接受，或改变阵列选项。

7.2.2 环形阵列

"环形阵列"命令以指定的数目绕着中心点放置复制物件（图 7-16、图 7-17）。

"环形阵列"步骤：

（1）选取要阵列的物件；

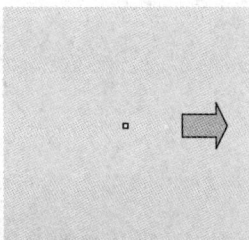

图 7-16　要阵列的物件　　　　　　　图 7-17　环形阵列后

（2）指定环形阵列的中心点，环形阵列的旋转轴是通过旋转中心点且与使用中工作平面垂直的直线;

（3）输入项目数，按 Enter 键，输入数值必须大于等于 2;

（4）输入旋转角度总和，复制的物件会绕着由中心点定义的旋转轴排列。

7.2.3　单方向阵列

"单方向阵列"是 Rhino 5.0 新增加的功能，可将物体沿指定的方向进行阵列（图 7-18～图 7-20）。

图 7-18　单方向阵列物体　　　图 7-19　指定距离　　　　图 7-20　阵列后

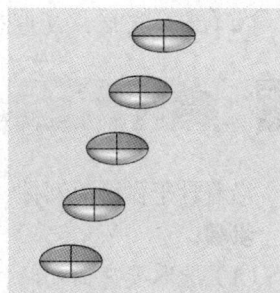

7.3　设置点

"设置点"命令可移动物件（尤其是点和控制点），使物件对齐 X、Y、Z 轴上的某一点。这个命令通常用于需要将多个物件精确地移动到某个位置的情况，可一次将多条曲线挤压到同一个平面上（图 7-21～图 7-23）。

图 7-21　选取部分点　　　图 7-22　"设置点"对话框　　　图 7-23　设置点后

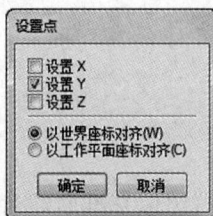

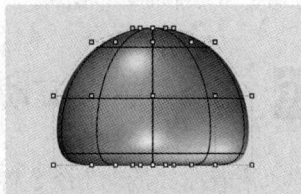

7.4 扭转

绕着一个轴扭转物件（图 7-24、图 7-25）。

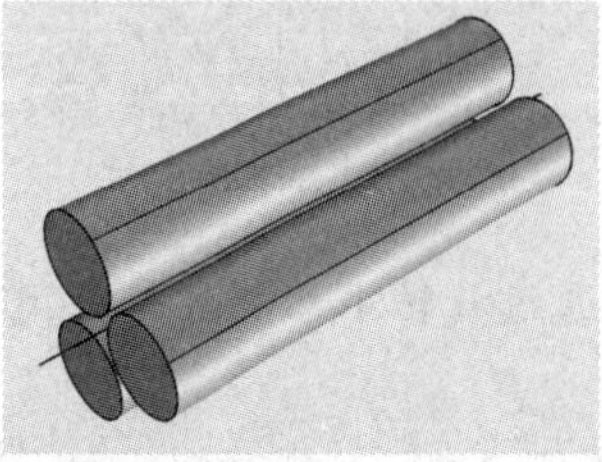

图 7-24 扭转前

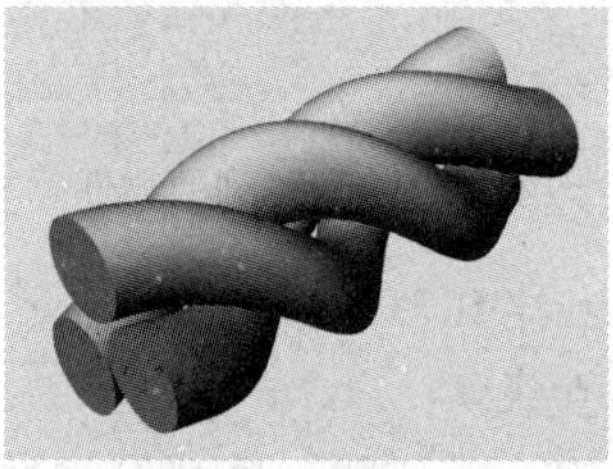

图 7-25 扭转后

"扭转"操作步骤：

（1）选取要扭转的物件；

（2）指定扭转轴的起点，物件靠近这个点的部分会完全扭转，离这个点最远的部分会维持原来的形状；

（3）指定扭转轴的终点；

（4）输入角度，或指定两个参考点定义扭转角度。

7.5 弯曲

沿着骨干做圆弧弯曲（图 7-26～图 7-28）。

步骤：

（1）选取要弯曲的物件；

（2）指定骨干直线的起点，作为物件弯曲的原点；

（3）指定骨干直线的终点；

（4）指定骨干弯曲后的通过点。

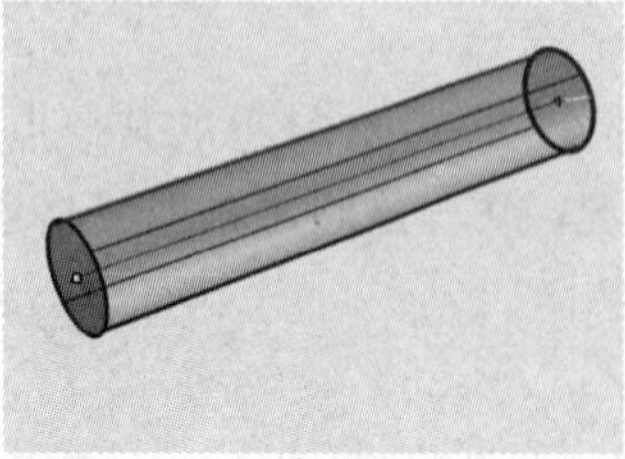

图 7-26 弯曲起点和终点

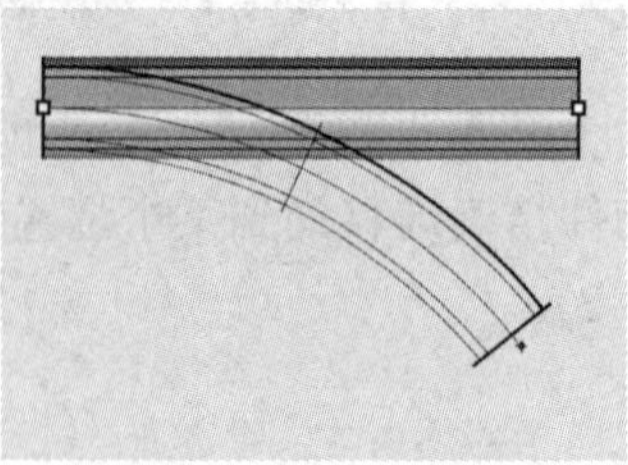

图 7-27 通过点

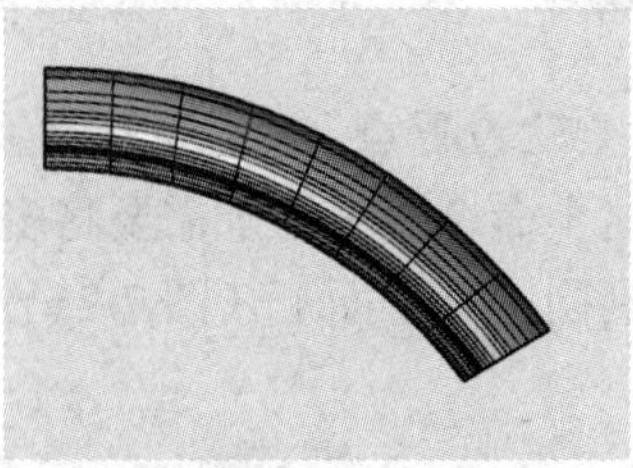

图 7-28 弯曲后

7.6 沿着曲线流动

"沿着曲线流动"命令将物件或群组以基准曲线对应到目标曲线，可将物件以直线变形对应到曲线上（图 7-29～图 7-31），因为建立平直的物件总是比沿着曲线建立物件容易。

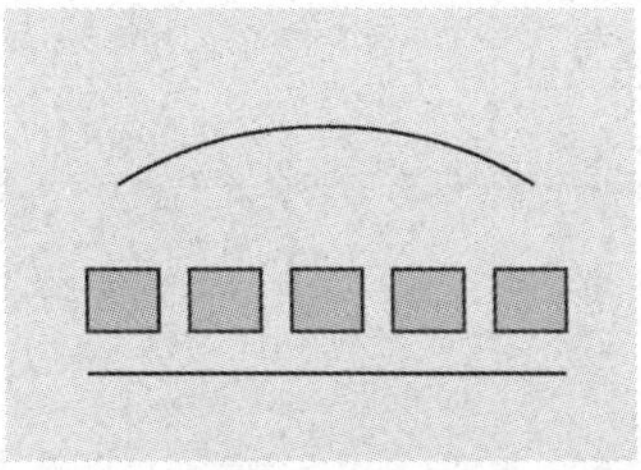

| 图 7-29　选取物体 | 图 7-30　基准曲线和目标曲线 | 图 7-31　沿着曲线流动后 |

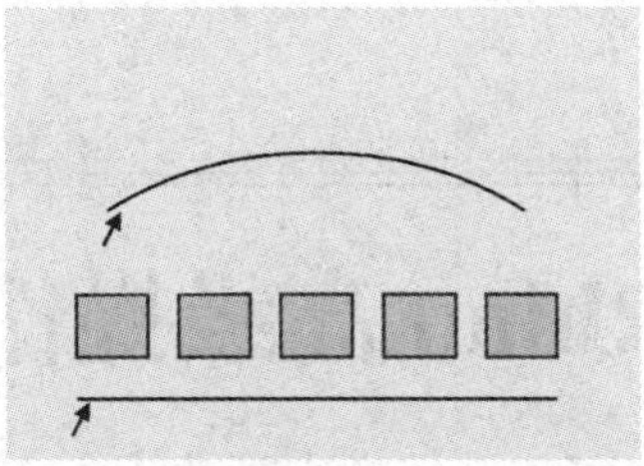

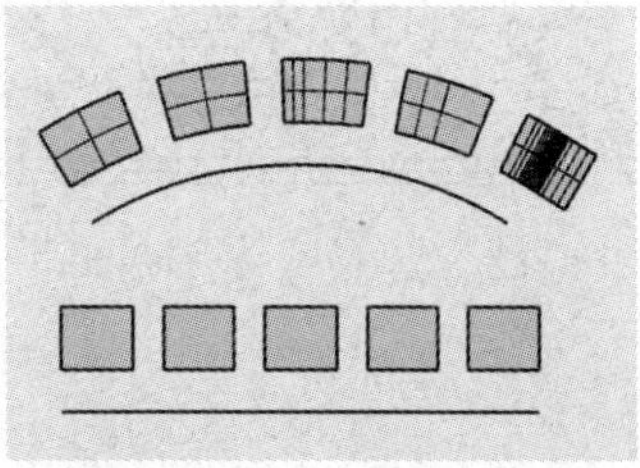

7.7　重新对应至工作平面

重新定位选取的物件到其他工作平面，可作为一种快速旋转物体的方法。

步骤：

（1）选取物件（一般不在透视图中选择物体）；

（2）点选另一个工作视窗，选取的物件会重新定位到这个工作视窗的工作平面；物件会以原来的工作平面一样的相对位置对应到其他工作平面。

7.8　本章小结

本章主要对 Rhino 的变动工具进行了详细的讲解，Rhino 变动工具与点、曲线、曲面和实体的操作经常交叉使用，除基本的复制、移动功能外，还提供了弯曲、扭转、锥状化、沿着曲线流动等工具，可对曲线、曲面或实体进行变形的操作，丰富了 Rhino 建模的方法，是对曲面及实体建模方法的补充。

第8章

Rhino 高级操作

8.1 导入参照图片

对于比较复杂的模型，一般需要使用实物图片或概念设计草图作为建模的参考，以提高建模的准确性和速度。

在 Rhino 中导入参考图片前需要选择合适的图片，尽量以正视图为主，为了便于后续的操作，一般需使用图像处理软件对图片进行处理。

在 Rhino 中导入参考图片主要有三种方法：使用"背景图"工具导入图片、使用物体材质属性的贴图来显示图片，以及用 Rhino 5.0 新功能"图框平面"来导入图片。

8.1.1 使用背景图工具导入图片

使用"背景图"工具可以在工作视图中放置和调整背景图，以作为描绘和设计分析的参考，作为建模辅助的物体，背景图不会出现在渲染图像中。其缺点为一个工作窗口只能放置一个背景图，当放置第二个背景图时，先前放置的背景图会被删除。

背景图通常会和工作平面的 X 轴对齐，如果需要与其他轴对齐，必须在图像编辑软件中编辑该背景图，也可以旋转工作平面，使工作平面对齐背景图。

8.1.2 使用材质导入图片

在 Rhino 的基本材质属性中，可设置渲染时显示于物体上的位图，利用这一功能可在平面物体上显示背景图片，以作为绘图的参考。此方法的优点是可在一个视图中放置不同方向的平面物体，像物体一样进行管理，如放置在指定的图层中、锁定、隐藏等。

平面物体的尺寸必须与参考图片长宽比例一致，若不一致，导入的图片会变形，图片长宽比例将按照平面物体的比例关系发生变化。

8.1.3 使用图框平面导入图片

"图框平面"是 Rhino 5.0 新增的功能，可快速导入参考图片。

在边栏 1 中的"建立曲面"工具列中单击"图框平面" 图标，弹出"打开"对话框，选择需要的图片，则建立一个附有该图片文件的矩形平面，图框平面的长宽比例与图片文件一致。

具体操作步骤：

（1）执行图框平面命令，在打开的图片对话框中选取图片文件；

（2）指定图框平面的一个角点，可借助物体锁点工具进行捕捉或正交模式来确定方向；

（3）指定另一个角点或输入长度。

将图框平面进行缩放、移动、旋转等操作，并放入指定的图层，锁定该图层，以防止在绘图中误选择图框平面。

8.2　建模方法

Rhino 建模过程遵循从点到线、从线到面、从面到体、从整体到细节的过程。对于形态复杂的曲面，在建模前需要花一定的时间考虑建模思路和建模方法，采用合适的方法能提高建模的速度与质量。

8.2.1　实体布尔运算法

布尔运算法主要是指通过对 Rhino 的"实体"进行布尔运算的一系列操作，将简单实体组合成复杂实体的过程。其实体不仅指 Rhino 中的立方体等基本实体，更多的是指由多个曲面构成的封闭复合曲面而形成的实体。对实体应用布尔运算联集、交集、差集、分割来进行增加或减少的操作。

图 8-1 所示模型是由大椭球体和圆柱体布尔运算交集后形成曲面 1，曲面 1 和小椭球体布尔运算联集形成曲面 2，然后对曲面 2 使用小圆柱体和立方体进行布尔运算差集，形成中间的圆孔和边上的缺口。

实体布尔运算法主要用来创建比较简单的物体，或者将复杂物体还原为不同的基本体，由基本体组合成复杂的物体。在 Rhino 建模过程中，向由复合曲面组成的封闭面上增加细节时，也常使用布尔运算方法。

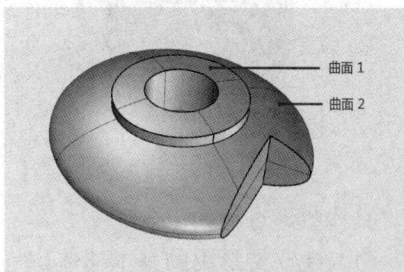

图 8-1　基本体布尔运算

8.2.2　曲面缝合法

在产品设计中，大多数形体不是由一个或两个面组成的，越是复杂的物体，组成物体的曲面越多。如何将曲面划分成面进行建模是 Rhino 建模的关键。划分后的分片可通过 Rhino 的曲面工具缝合成复杂的面。

划分曲面的一般原则为要符合 NURBS 曲面的 4 边特征，尽量避免 2 边、3 边；曲面划分不宜过于零碎，以免增加制作过程，在划分曲面的同时要考虑制作的方法。在分析一个曲面的分片时，从整体入手，先忽略曲面上的分模线、按键、倒角等细节，这样可以得到一个模型的雏形，再对这个雏形进行面片的划分。

曲面缝合过程中一般将多个面连接到一起，对面进行修剪以符合连接的需要，类似于缝衣服的过程。在曲面与曲面的缝合过程中，曲面之间的连接关系非常重要，可形成位置连接、相切连接或曲率连接。在缝合时，两曲面间不一定要拥有共同的边界，可使用 Rhino 的"混接曲面" 🎣 等工具在不相连的曲面间创建过渡面，以与两曲面分别连接。

8.2.3 塑形法

在建模时必须事先决定模型的哪一部分应该以什么方法建立。Rhino 建模基本分为两种方式：自由造型建模与精确尺寸建模。因为有些模型在实际生产时需要精确的尺寸或是模型的各部分需要紧密的结合，所以建模时必须着重于模型的精确尺寸。有些时候，模型的造型比尺寸还要重要，就必须使用自由造型的方式建模。这两种建模技巧可以混合使用，建立尺寸精确的自由造型物件。

可先建立一个大概的曲面形状，再以各种变形、分析工具在 3D 空间中以创造性与直接的方法将曲面塑形。目前 Rhino 提供的主要变形工具有变形控制器、弯曲、流动、锥状化、扭转等，使用塑形法建模更多的是指对曲线、曲面、体的控制点进行编辑，得到复杂的自由造型曲面。

下面主要以编辑控制点的方式展示塑形的方法及过程，本实例中对基本球体（图 8-2）进行一系列的编辑控制点，最终得到如图 8-3 所示的曲面。

图 8-2 球体

图 8-3 球体塑形后效果

具体塑形过程如下：

（1）建立塑形用的基本球体。

（2）对球体使用"重建曲面"命令重建成可塑形的球体，如图 8-4 所示。设置 UV 点数为 8，更多的控制点对球体的形状有更大的控制能力，3 阶曲面比原来的球体更能平滑地变形（图 8-5）。

图 8-4 重建曲面

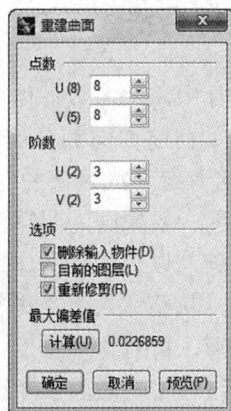

图 8-5 "重建曲面"对话框

（3）打开曲面的控制点，在 Front 视图中，使用框选方式选择图 8-6 中矩形框内的控制点，使用"设置点"（变动菜单：设置点）▓将矩形框内的控制点在 Z 轴方向对齐（图 8-7）。

图 8-6　选择控制点

图 8-7　"设置点"对话框

（4）移动控制点，在 Front 视图中，选择如图 8-8 所示矩形框内的控制点，直接拖动控制点向左移动。

图 8-8　移动节点

（5）缩放控制点，在 Top 视图中使用框选方式选择如图 8-9 所示的控制点，使用"单轴缩放"▓工具进行缩放，缩放后效果如图 8-10 所示。

图 8-9　缩放前

图 8-10　缩放后

（6）继续变动点，在 Front 视图中，选择如图 8-11 所示矩形框内的控制点，使用"设置点"▓将选定的控制点在 Z 轴方向对齐。

（7）继续使用"设置点"变动矩形框内的控制点，最终结果如图 8-12 所示。

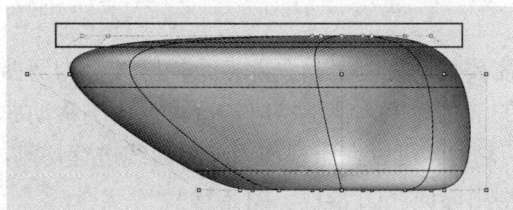

图 8-11　变动点

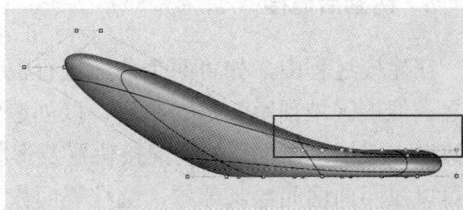

图 8-12　继续变动点

除了使用 Rhino 中常用的命令对物体进行塑形，还可以使用 Rhino 的网格建模插件 T-Splines 进行塑形。T-Splines 具有非常强大的节点、边、面的编辑功能，可对控制点进行推拉、旋转、缩放等操作，完成复杂有机形体的创建，并与 Rhino 的 NURBS 具有完好的兼容性，具体使用方法及过程详见第 9 章关于 T-Splines 网格建模插件的内容。

在具体的产品建模过程中，每一个复杂物体的建模基本上为多种建模方法的综合应用。

8.3 不同混接实例

"混接曲面" 🔧工具在两个曲面之间建立平滑的混接曲面，一般要求两个面之间具有一定的距离，且两个面的截面大小最好不相同。混接可分为以下不同的类型。

1. 混接两个截面

混接两个截面为"混接曲面"的最基本操作，在两个面间创建连续的曲面（图 8-13、图 8-14）。

图 8-13　混接前

图 8-14　混接后

2. 混接成内部孔

通过混接可将两曲面间的封闭圆孔进行混接，可控制内部孔与曲面间的连续性（图 8-15、图 8-16）。

图 8-15　混接前

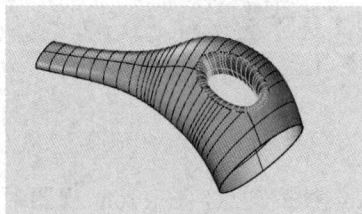

图 8-16　混接后形成内部孔

3. 切割后混接

在建模过程中，如将两个曲面进行混接，需要使用切割工具去除多余的区域，为两曲面之间混接区域预留一定的距离，以创造良好的混接效果，在混接时，可根据情况移动曲线接缝点或增加断面，控制混接位置及形状。切割时，可以在正视图中使用曲线进行切割，也可以在两曲面间绘制球体、圆柱等面作为切割用曲面（图 8-17～图 8-19）。

图 8-17　切割前 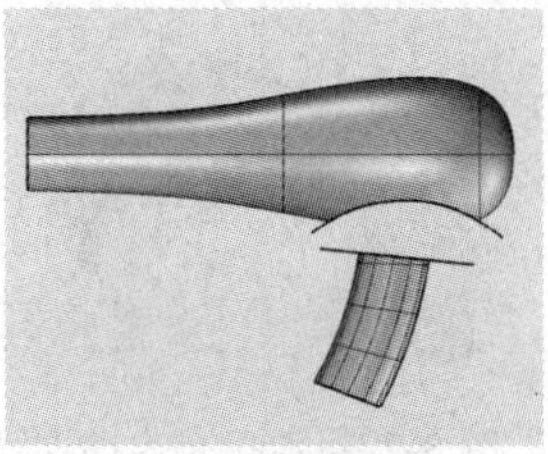　　　　　　图 8-18　切割后 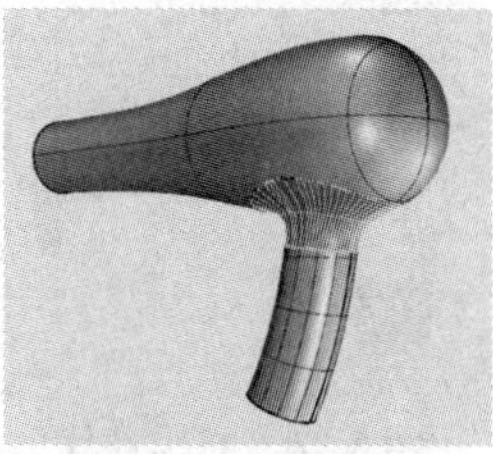　　　　　　图 8-19　混接后

4. 混接外部边界

混接两曲面的外部边界，可形成光滑的边缘效果，常用来创建物体的侧面效果，侧面与两曲面可曲率等光滑连接（图 8-20、图 8-21）。

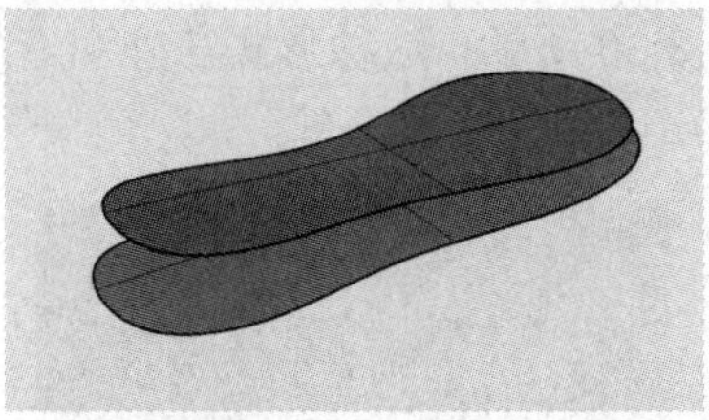

图 8-20　混接前 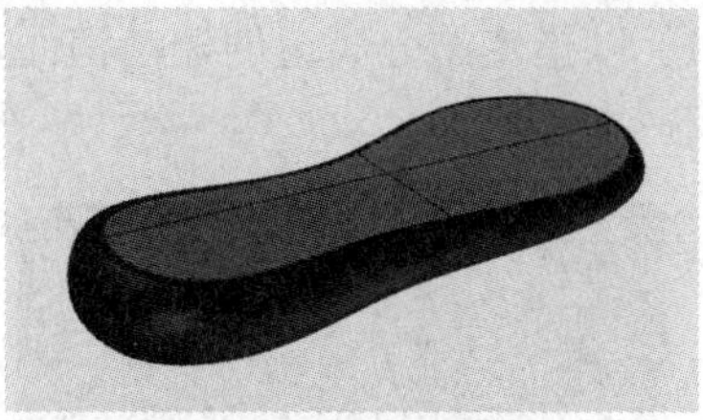　　　　　　　　　　　　　图 8-21　混接后

5. 利用混接创建圆角

使用 Rhino 的"不等距边缘圆角" 或"曲面圆角" 工具可创建相切连续的曲面圆角，如果需要曲率连续的曲面，可首先使用圆角工具在实体或曲面上进行圆角操作，炸开实体后将圆角删除，再利用混接工具将两曲面进行混接，设置连接为曲率连接，并根据需要添加断面及调整混接形状，即可创建光滑的、可调节混接截面形状的曲面效果。此操作过程类似于"不等距边缘混接"的操作效果（图 8-22～图 8-24）。

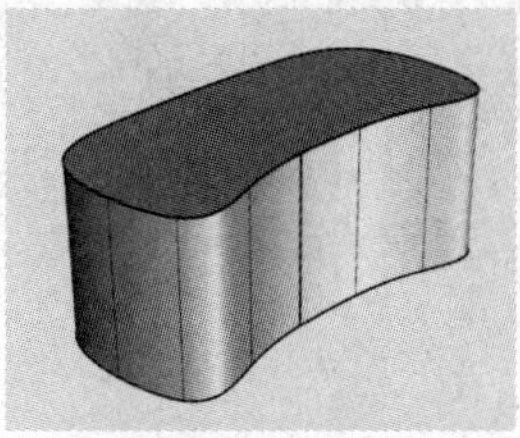

图 8-22　实体 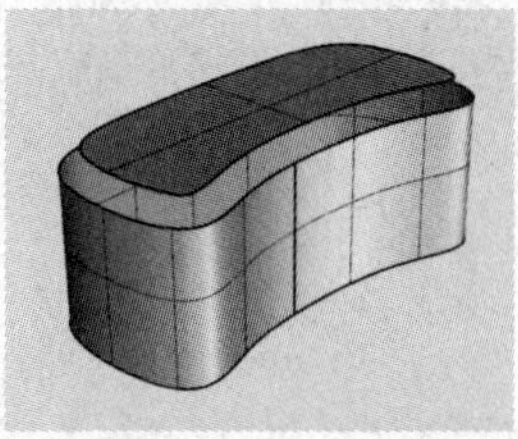　　　　　　图 8-23　圆角后删除圆角 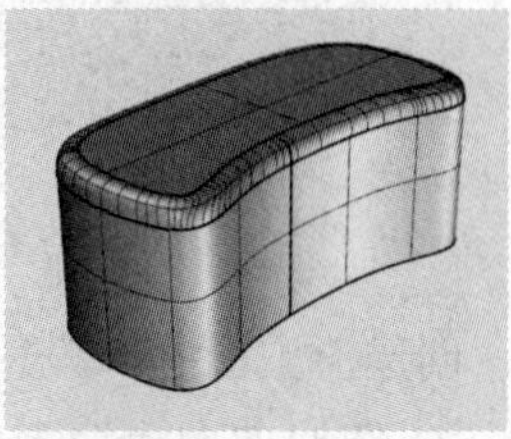　　　　　　图 8-24　混接

6. 利用辅助物体混接两曲线

因"混接曲面"工具只能在两曲面间混接，如对曲线进行混接操作，必须将曲线挤出为面作为辅助物体，对挤出曲面进行混接曲面操作，混接后删除挤出的曲面，可继续进行混接等其他操作（图 8-25～图 8-28）。

图 8-25　曲线

图 8-26　挤出曲线　　　　　　图 8-27　混接挤出曲面　　　　　图 8-28　继续混接曲面

8.4　渐消面

渐消面，也称消失面，是指曲面造型沿主体曲面走势延伸至某处自然消失，是产品造型设计中常用的一种美观表现手法，常用的渐消面主要有以下几种形式。

（1）以指定的分离边创建渐消面，如图 8-29、图 8-30 所示，这种形式在外观造型中最为常用。

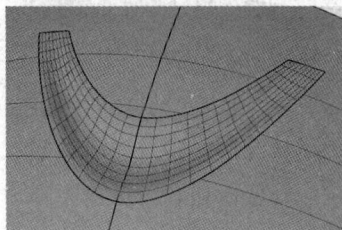

图 8-29　网格模式

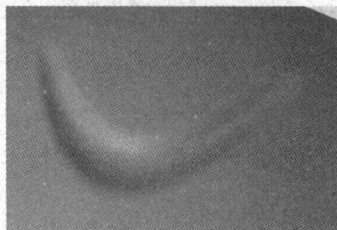

图 8-30　渲染模式

（2）从圆角过渡到无圆角的渐消面，如图 8-31、图 8-32 所示。

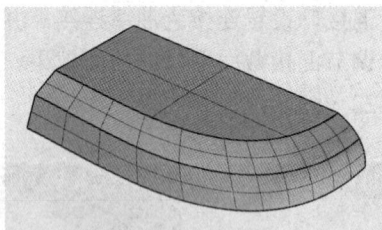

图 8-31　着色模式

图 8-32　渲染模式

创建消失面的一般思路：

① 在原曲面上切割出小的曲面。

② 切割后的小曲面使用"缩回已修剪曲面" 工具将控制点缩回。

③ 对小曲面进行微量的变形，注意不要影响小曲面和原曲面接触部位的形状。可以移动控制点、缩放控制点，可使用"弯曲" 、"变形控制器" ，甚至可根据需要再做出一个新的面来。微量变形中可手动添加一些断面线改变控制点的影响区域，在视图中对两端的两组控制点进行单轴缩放，使曲面往内缩一点，缩得越多将来做出的渐消面越深，然后移动部分控制点得到"渐消"的效果，如果移动全部控制点，小曲面与原曲面边界可能发生变化，达不到渐消面的效果。

④ 使用"混接曲面"工具将小曲面和原曲面进行混接。

1. 渐消面实例：曲面切割后仍为一个曲面（1）

（1）绘制如图 8-33 所示的曲面和曲线，并将曲线投影到曲面上，以便准确分割。

（2）使用"分割" ⊥ 工具将大曲面进行分割，如图 8-34 所示。

（3）使用"缩回已修剪曲面" ⊡ 工具将分割后的小曲面控制点缩回，以便编辑控制点，如图 8-35 所示。

（4）使用"插入节点" ✗ 在小曲面上插入一行控制点，因目前小曲面为 3 阶曲面，目前共有三行控制点、两行曲面，如调整第二行控制点，将直接影响到第三行控制点，为了能保证在调节第二行控制点时第三行控制点保持不变，可在第二行和第三行控制点间加入一行控制点，以维持大曲面和小曲面的连接边缘的连续性。加入一行控制点后如图 8-36 所示。

图 8-33　投影曲线

图 8-34　分割

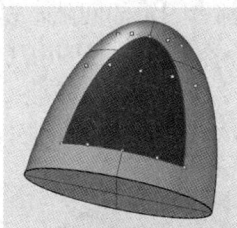

图 8-35　缩回控制点

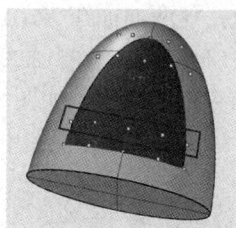

图 8-36　加入控制点

（5）使用"单轴缩放" ▯ 工具对第一行和第二行控制点进行缩放，使曲面往内缩一点，如图 8-37 所示。

（6）使用"移动" ◪ 工具对第一行和第二行控制点分别向下及向回移动，使两曲面修剪边缘存在一定的距离，如图 8-38 所示。

（7）使用"混接曲面"工具将原曲面和变形后的修剪曲面进行混接，形成的渐消面效果如图 8-39 所示。

图 8-37　缩放控制点

图 8-38　移动控制点

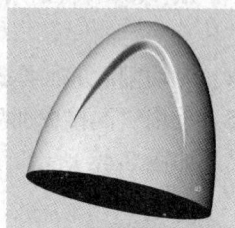

图 8-39　最终效果

2. 渐消面实例：曲面切割后仍为一个曲面（2）

对原曲面进行切割后，仍为一个曲面，仅切割出 4 条边的缺口，绘制中间的截面曲线后，使用"从网线建立曲面" ▧ 工具建立消失面。

（1）使用曲线在正视图中对原曲面进行修剪，如图 8-40 所示。

（2）使用"抽离结构线" 工具抽离结构线，然后使用"内插点" 曲线在结构线间绘制曲线，使用起点和终点相切选项，并调整曲线控制点，如图 8-41 所示。

（3）使用"以网线建立曲面" 工具，依次选择 4 个边界及刚绘制的曲线，设置曲率连续，形成消失面效果，如图 8-42 所示。

图 8-40　修剪出缺口　　　　　图 8-41　绘制相切线　　　　　图 8-42　以网线建立曲面

3．渐消面实例：分割后两面无共同边界

此实例演示将曲面分割、切除后，两部分曲面没有共同的边界，只要将一个曲面进行缩放，使两曲面在 X、Y 和 Z 方向都有一定的间隙，以创建光滑的混接效果。

（1）使用"挤出曲线成锥状"命令将 Top 视图中（图 8-43）曲线挤出，并使用"嵌面" 命令形成圆顶，如图 8-44 所示。

（2）在 Front 视图中使用曲线 1 将曲面进行分割，如图 8-45 所示。

曲线 1
曲线 2

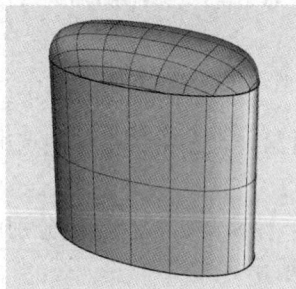

图 8-43　曲线　　　　　　　图 8-44　挤出曲线成锥状　　　　　图 8-45　分割

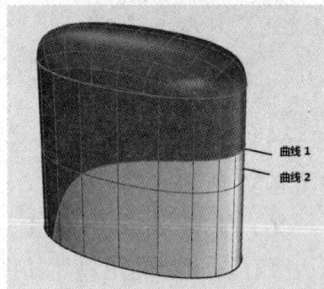

（3）在 Front 视图中使用曲线 2 将分割后曲面的下部曲面进行切除，使切除后曲面与原曲面具有一定的间隙，如图 8-46 所示。

（4）对切割后的曲面沿箭头方向分别进行缩放，如图 8-47 所示。

（5）使用"混接曲面" 工具将缩放后的切割曲面与上部分曲面进行混接，形成消失面效果，如图 8-48 所示。

图 8-46　使用曲线 2 切除后　　　图 8-47　沿箭头方向缩放曲面　　　图 8-48　混接曲面效果

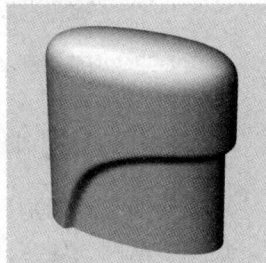

4．渐消面实例：分离后两曲面以点相连

如对曲面修剪后，两曲面之间以点相连，这种情况下建立渐消面比较简单，只要能保证两曲面开口处具有足够的间距即可。

（1）使用曲线 1 和曲线 4 对原曲面进行分割，分割后两曲面以点连接，如图 8-50 所示。

（2）使用曲线 2 和曲线 3 对分割后的小曲面进行切除，如图 8-51 所示。

图 8-49　原曲面　　　　图 8-50　分割曲面　　　　图 8-51　切除曲面

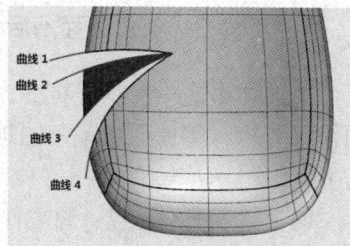

（3）以曲面交点为缩放基点，单轴缩放修剪后的小曲面，如图 8-52 所示。

（4）使用"混接曲面"工具分别将两曲面上边缘和下边缘进行混接，如图 8-53、图 8-54 所示。

图 8-52　单轴缩放曲面　　　　图 8-53　混接效果　　　　图 8-54　混接效果渲染模式

5．渐消面实例：从圆角过渡到锐角的渐消面

通常需要建立渐消面的情形是两个曲面在相接边缘的一端为某个角度，在另一端变化为相切以上连续，即由锐角过渡到圆角的渐消面，使用 Rhino 的"双轨扫掠"可完成此渐消面。

（1）绘制如图 8-55 所示曲线，左侧和右侧曲线分别为直线和圆弧。

（2）使用 Rhino 的"双轨扫掠"工具，完成由锐角到圆弧曲面的渐消面的创建，如图 8-56、图 8-57 所示。

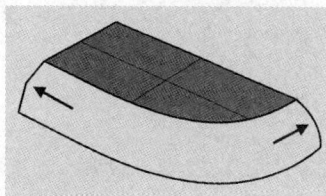

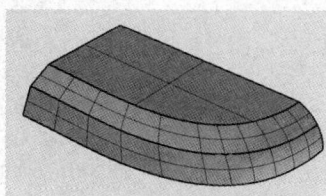

图 8-55　曲线　　　　图 8-56　双轨扫掠曲面　　　　图 8-57　渲染模式

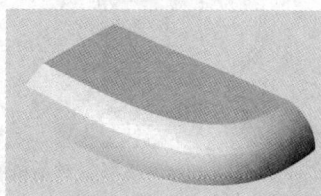

8.5 三边面处理

曲面造型过程中，经常遇到三边面。在 Rhino 的 NURBS 曲面中尽量少使用三边面，如必须使用三边面，可采用合适的拆面方法将三边面拆分为四边面，在本节中，将介绍两种拆分三边面的方法。

1. 双轨扫掠创建大面，后切小面

大面切小面指的是先将 3 条边界使用"双轨扫掠" 命令构建出整体曲面，然后对曲面进行分析，将曲面质量差的地方切除，也就是所谓的"切小面"，曲面切减后形成 4 条边界。

（1）打开配书光盘：源文件\第 8 章 Rhino 高级操作\三边面 1.3dm，外形一共由 3 条曲线连接而成，如图 8-58 所示。使用"双轨扫掠" 命令，分别选取第一和第二条轨迹，再选取断面曲线，右击或按 Enter 键后单击"确定"按钮完成三边面的构建，如图 8-59 所示。

图 8-58　3 条曲线　　　　　　　　　　图 8-59　双轨扫掠

（2）使用"分析方向" 工具分析面的方向，如方向不正确可使用"反转方向" 工具反转法线方向，否则使用曲率分析不能正确显示出分析结果。执行"曲率分析" 命令对曲面进行分析，选择要分析的曲面，在"造型"下拉条中选择"高斯"（图 8-60），可发现在曲面尖角处有一尖端收敛现象，如图 8-61 所示。

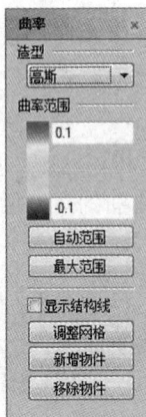

图 8-60　"曲率"对话框　　　　　图 8-61　曲面曲率分析及放大显示效果

曲面中有尖端收敛现象存在，曲面不能满足设计要求，在曲面加厚过程中可能会出现问题，遇到这种情况须对尖角处曲面进行切减并形成一个四边曲面，然后重新创建曲面。

（3）在 TOP 视图窗口中使用"多重直线" ∧ 命令绘制如图 8-62 所示直线，注意尽量让直线分别垂直原有的两条路径曲线。

（4）在 TOP 视图窗口中使用"修剪" ⊿ 命令，将曲面尖角处切掉。先选取多重直线为切割用物件，按 Enter 键后再选取曲面要修剪掉的部分，完成修剪后效果如图 8-64 所示。

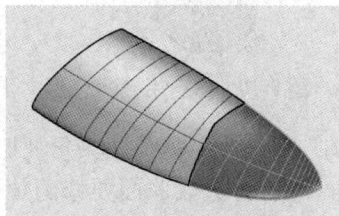

图 8-62　修剪用曲线　　　　　图 8-63　修剪曲面中　　　　　图 8-64　修剪后

（5）使用"从网线建立曲面" ⊠ 命令依次选择修剪后形成的两条边和原有的两条路径曲线，构建曲面效果如图 8-65 所示。

（6）使用"组合" ⧉ 命令将两曲面组合到一起，此步骤不影响曲面分析操作。

（7）再次执行"曲率分析" ◪ 命令对曲面进行分析，分析结果如图 8-67 所示。最大、最小高斯曲率之间相差很小，仔细查看尖角处，收敛现象已经不存在，曲面质量已经得到很大改善。

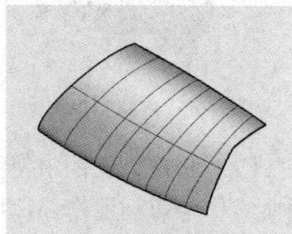

图 8-65　从网线建立曲面　　　　图 8-66　渲染模式　　　　图 8-67　较好的曲面分析效果

2．使用单轨扫掠创建大面，将大面切除形成四边面

本方法采用单轨扫掠方式，使用单轨扫掠创建外形大面，然后将大面切除与曲线形成一个四边面。完成单轨扫掠曲面创建后需对其切减，切减曲面时需注意，切减截面位置、大小决定了后期曲面形状走势和质量，截面具体尺寸应根据外形而确定，原则是截面尽量安排在整个外形的中间位置。

1）单轨扫掠方式构建外形大面

打开配书光盘：源文件\第 8 章 Rhino 高级操作\三边面2.3dm，外形一共由 3 条曲线连接而成，如图 8-68 所示。执行"单轨扫掠" ⊿ 命令，选取曲线 2 为路径，曲线 1 为截面，形成的曲面效果如图 8-69 所示。

2）切减曲面

（1）在 Top 视图窗口中，以曲线 1 中点为椭圆中心绘制

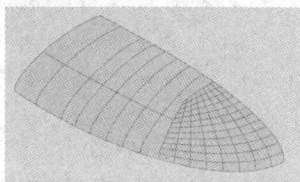

图 8-68　曲线

修剪用椭圆，如图 8-70 所示，使用"投影至曲面" 命令将椭圆投影到单轨扫掠曲面上，如图 8-71 所示。

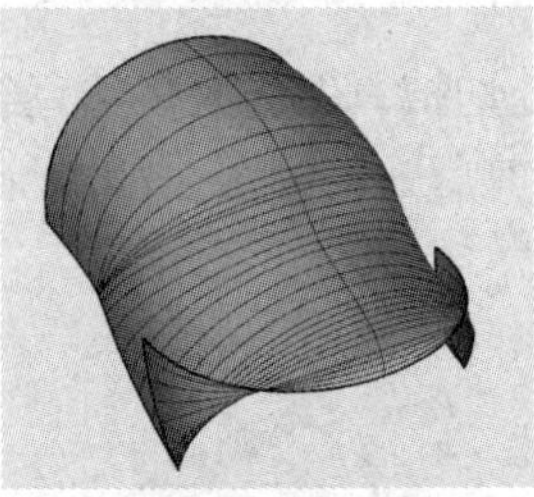

| 图 8-69　单轨扫掠曲面 | 图 8-70　修剪用椭圆 | 图 8-71　椭圆投影到单轨扫掠面 |

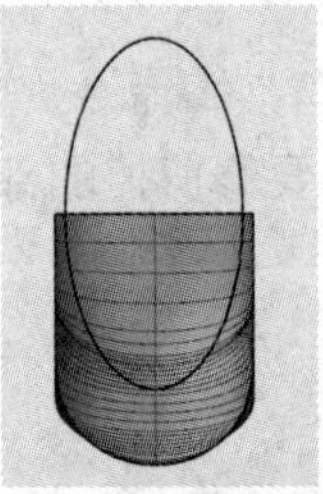

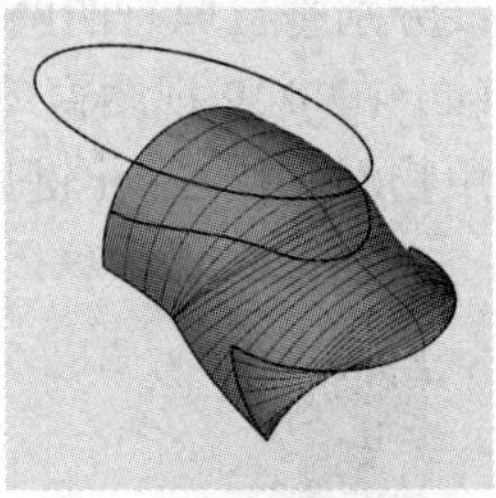

（2）在 TOP 视图中使用"修剪" 命令，将曲面尖角处切掉。先选取椭圆或者投影后的曲线作为切割用物件，按 Enter 键后再选取曲面要修剪掉的部分，完成修剪后效果如图 8-72 所示。

（3）利用投影到曲面的曲线或者在 TOP 视图窗口中使用椭圆将曲线 1 和曲线 2 进行修剪，为了便于观察，选择修剪后的曲面，单击"隐藏物体" 图标进行隐藏，修剪后效果如图 8-73 所示，右击"隐藏物体" 图标取消物体隐藏。

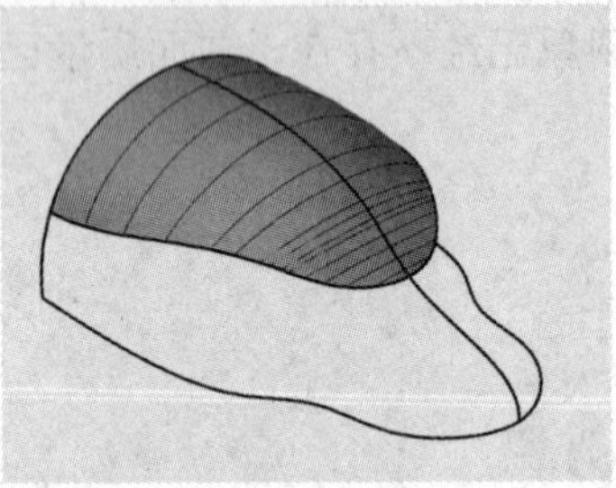

| 图 8-72　曲面修剪后效果 | 图 8-73　修剪曲线 |

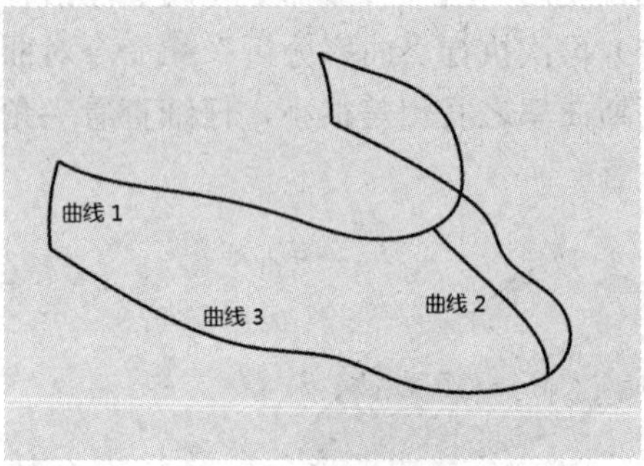

3）构建四边面

（1）使用"以网线建立曲面" 命令依次选择单轨扫掠曲面修剪后形成的边、曲线 1 修剪后形成的两段曲线和修剪后的曲线 2，设置 A 处为曲率连续（图 8-75），构建曲面效果如图 8-76 所示。

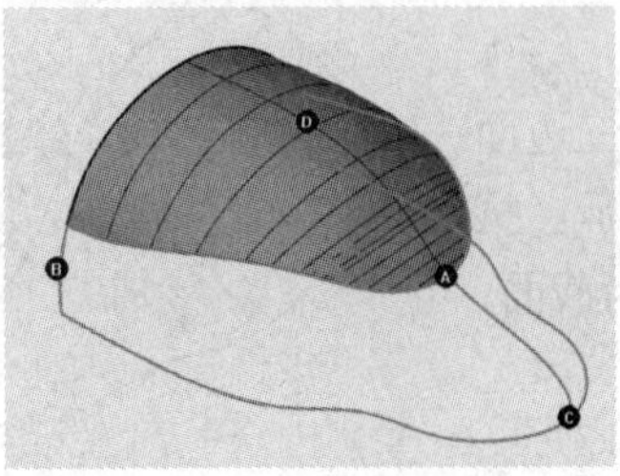

| 图 8-74　以网线建立曲面中 | 图 8-75　"以网线建立曲面"对话框 |

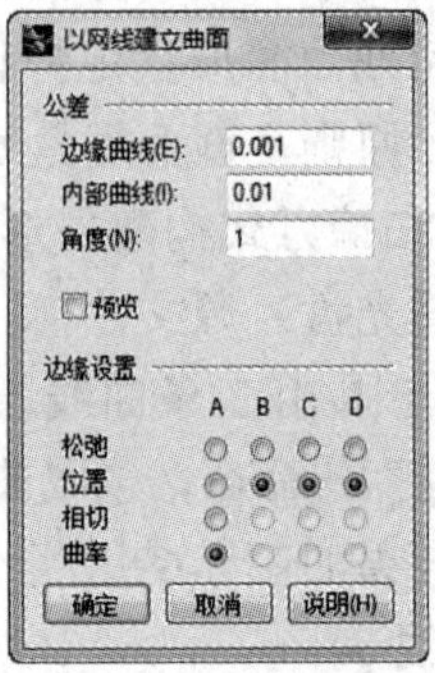

（2）使用"组合" 命令将两曲面组合到一起。

（3）执行"曲率分析" 命令对曲面进行分析，分析结果如图 8-77 所示。最大、最小高斯曲率之间相差很小，仔细查看尖角处，收敛现象已经不存在，曲面质量已经得到很大改善。

图 8-76　以网线建立曲面

图 8-77　曲率分析

构建四边面也可使用"双轨扫掠" 工具进行，主要步骤为：使用"双轨扫掠" 命令，分别选取曲线 3 为第一路径，修剪后形成的边界为第二条路径，再依次选取修剪后的曲线 1、曲线 2 和曲线 1 作为截面曲线，在双轨扫掠选项中设置 A 处为"曲率"（图 8-79），右击或按 Enter 键后单击"确定"按钮完成四边面的构建，如图 8-80 所示。

图 8-78　"双轨扫掠"中

图 8-79　"双轨扫掠选项"对话框

为了更好地控制曲面，可在"双轨扫掠" 选项中增加"加入控制断面"选项，可参照图 8-81 所示曲线 4 和曲线 5 作为断面位置，加入控制断面后曲面效果如图 8-82 所示，此面结构线明显好于不加入控制断面的曲面效果。

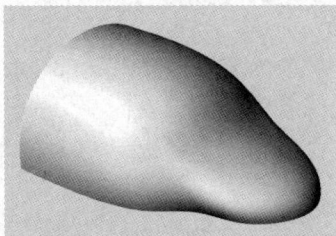

图 8-80　双轨扫掠面渲染效果

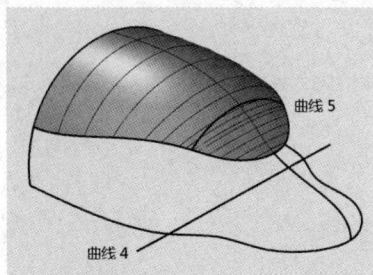

图 8-81　控制断面参考位置

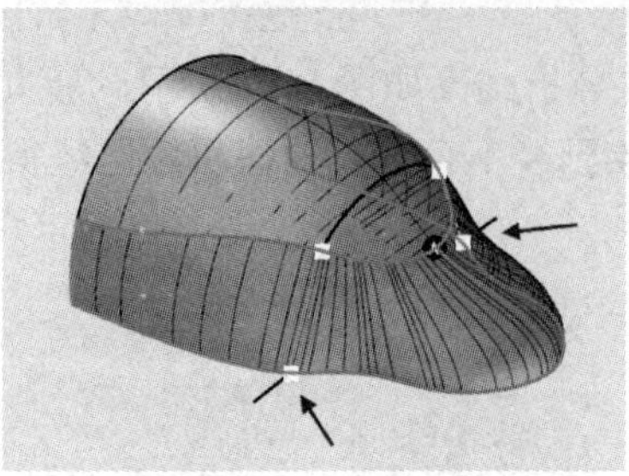

图 8-82　加入控制断面

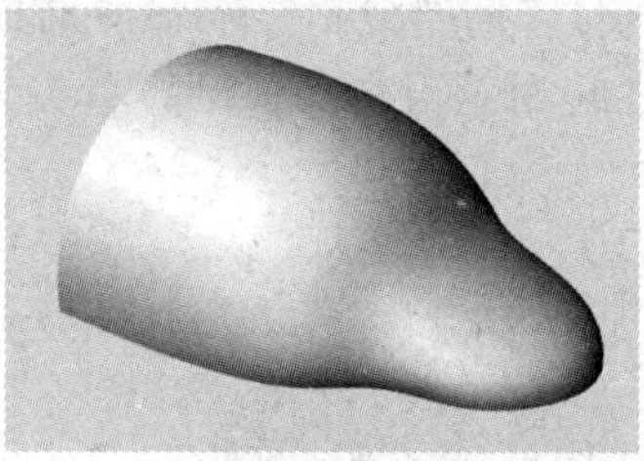

图 8-83　加入控制断面的双轨扫掠曲面

8.6　本章小结

　　本章主要介绍了在 Rhino 中导入参考图片的不同方法、常用的建模方法、不同的曲面混接实例及三边面和渐消面的处理。在导入参考图片的方法中，根据个人爱好可选择一种最方便的导入参考图片方法；Rhino 的建模方法非常重要，需要在不断的练习中积累造型经验，针对不同的造型选择不同的建模方法；掌握混接的技巧可扩展建模的思路，掌握三边面的处理，可提高建模的规范性，提高建模的质量；渐消面可增加曲面的细节，提高造型的表现力。

第 9 章

T-Splines 网格建模插件

9.1 T-Splines 简介

    T-Splines 是由 Autodesk 公司领导开发的一种具有革命性的崭新建模技术，它结合了 NURBS 和细分表面建模技术的特点，虽然和 NURBS 很相似，但它极大地减少了模型表面的控制点数目，可以进行局部细分和合并两个 NURBS 面片等操作，建模操作速度得到提升。

    T-Splines 是 NURBS 和细分曲面的扩展，填补了流行的多边形建模功能和传统 NURBS 建模之间的空白，是首款真正意义上可以替代基于 NURBS 建模的软件。

    T-Splines for Rhino 帮助设计师轻松创建和编辑用于设计和制造的有机曲面。目前该插件与 Rhino 5.0 紧密集成，新增一套表面处理工具，帮助设计师缩短其设计时间，完成那些以 Rhino 处理起来十分枯燥或困难的任务，并且可以在细分表面建模程序与 Rhino 之间切换。

9.2 T-Splines 安装

    T-Splines 安装比较简单，只要按照提示安装即可完成，如使用试用版，可保存 25 次文件，进入 T-Splines 编辑模式下，在 Rhino 窗口中的视图名称附近会提示使用次数。如购买注册许可后，在 T-Splines 菜单中 Utilities | tsActivateLicense 的对话框中输入注册号，单击 Activate 按钮获得注册的使用权；或者在 Rhino 的命令行中输入 tsActivateLicense，也可打开注册对话框，如图 9-1 所示。

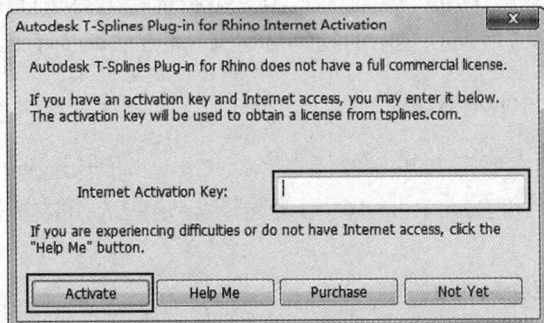

图 9-1　T-Splines 注册对话框

9.3 T-Splines 操作界面

因 T-Splines 操作界面为英文，为了便于记忆，对出现的命令同时提供了中英文，一般命令的方式为：在目录中使用英文命令（中文翻译）的方式，便于掌握目录结构；在正文中使用"英文命令"（中文翻译）的形式，便于对命令的记忆，而对于命令中的具体选项则采用了英文（中文翻译）的方式，遵循命令的英文操作界面，便于具体的操作。本书中 Rhino 的命令为"中文命令"，可通过此方式快速了解所使用的命令是 Rhino 命令还是 T-Splines 命令。

9.3.1 T-Splines 工具列和选项

1. 工具列

当 T-Splines for Rhino 安装成功后，会出现 T-Splines 工具列，工具列与 Rhino 工具列一样，可以停靠在 Rhino 的其他工具列旁，按住右下角带白色三角的按钮，将出现附加按钮。如果工具列消失，可以使用 Rhino 的命令恢复工具列。"工具"|"工具列配置"，选择"工具列集文件"中的"TSplines_tb"，选中需要的工具列（图 9-2）。如"工具列集文件"中没有"TSplines_tb"，可打开 C:\ProgramData\TSplines\Rhino 中的 TSplines_tb.rui 配置文件。

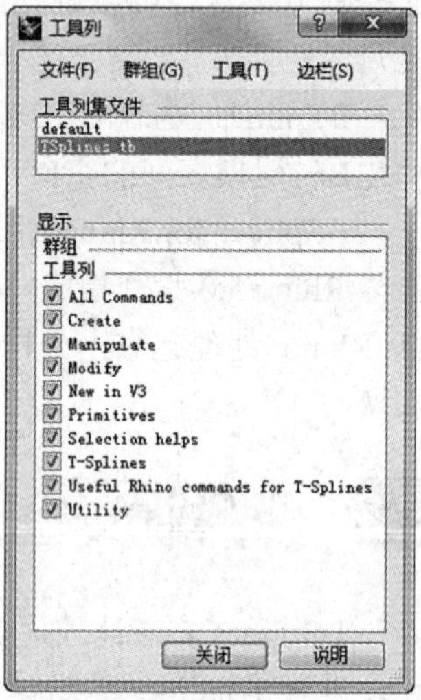

2. T-Splines 选项

T-Splines 选项完全集成到 Rhino 选项中，T-Splines 也拥有独立的 T-Splines 选项卡，主要为 T-Splines（显示、快捷键和转换选项）和 T-Splines UI 选项。可通过 Rhino 的"文件属性"或 T-Splines 选项图标快速访问 T-Splines 选项。

图 9-2　T-Splines 工具列配置

9.3.2 选择（Selection）

1. 高亮显示选择（Selection highlighting）

在编辑模型时，所有的 T-Splines 面、边、节点等特征在鼠标指针经过会高亮显示（Rhino 为选择后高亮显示），单击后高亮显示的物体被选择，此方法减少了选择时鼠标操作的次数。

2. 选择类型（Selection type）

T-Splines 选择类型主要有 Paint（绘画选择）、Grow（增长选择）、Shrink（收缩选择）、Edge Loop（边链选择）和 Edge Ring（环形边选择），这些选择类型在编辑模式中加速了手柄的操控。

1）环形边选择（Edge Ring）

菜单：T-Splines | Selection | Ring

当选择一个边时，再单击 Edge Ring（环形边选择）图标，会选择沿着这个环形边的所有边（图 9-3）。当同时选择多个边时，Edge Ring（环形边选择）会自动选择沿着多个边所形成的环形边（图 9-4）。

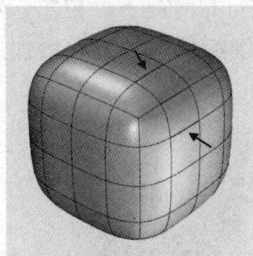

图 9-3　单一边的环形边选择　　　　　　　　图 9-4　多个边的环形边选择

2）增长边选择（Ring Grow）

菜单：T-Splines | Selection | Grow Ring

当一个或多个边被选择时，Ring Grow（增长边选择）将添加所有相邻的边到当前选择中（图 9-5～图 9-7）。

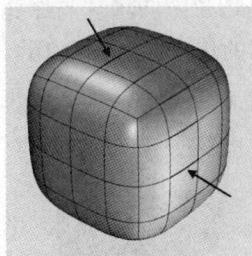

图 9-5　初始选择的边　　　　图 9-6　选择增长后的边　　　　图 9-7　再次选择增长后的边

3）收缩边选择（Ring Shrink）（右击）

菜单：T-Splines | Selection | Shirnk Ring

当一个或多个边被选择时，Ring Shrink（收缩边选择）将从当前选择中去除所有相邻的边（图 9-8～图 9-10）。此选择方式与 Ring Grow（增长边选择）正好相反。

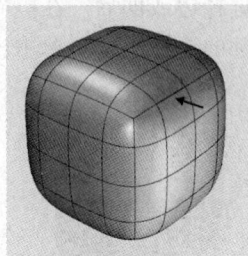

图 9-8　初始选择的边　　　　图 9-9　选择收缩后的边　　　　图 9-10　再次选择收缩后的边

4）边链选择（Edge Loop）

菜单：T-Splines | Selection | Loop

当一个边被选择时，Edge loop select（边链选择）会选择沿着这条边形成的环，直到物体的边界或星点处结束（图 9-11）。

操作过程：选择一个边，然后单击 Edge loop select（边链选择）图标。

（1）选择边：可选择单个边（图 9-11）或多个边（图 9-12），再进行边链选择。

图 9-11　单个边链选择

图 9-12　多个边链选择

操作技巧：双击一个边：会自动选择边链环。

（2）选择点：当两个相邻点被选择时（一个点不可以），Edge Loop（边链选择）会选择边链环上剩余的其他点（图 9-13）。

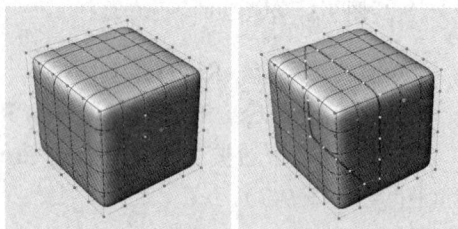

（3）选择面：当两个相邻面被选择时（一个面不可以），Edge Loop（边链选择）会选择环形面上剩余的其他面（图 9-14、图 9-15）。

图 9-13　控制点边链环选择

图 9-14　单一环选择面

图 9-15　多个方向环选择面

5）环选择增长（Loop Grow）

菜单：T-Splines｜Selection｜Grow Loop

选择边或面后，在能确定增长方向的前提下，单击该图标可沿增长方向增选与原边或面相邻的边或面，再单击该图标，可继续沿增长方向增加选择相邻的边或面（图 9-16）。

（a）原始面　　　　　　（b）增长面　　　　　　（c）再次增长面

图 9-16　环增长选择

6）环选择收缩（Loop Shrink）（右击）

菜单：T-Splines｜Selection｜Shrink Loop

环选择收缩操作与环选择增长正好相反,沿收缩方向一次收缩一个边或面的距离(图 9-17)。

图 9-17 环选择收缩

7)绘画选择(Paint Selection)

菜单:T-Splines | Selection | Paint

当使用绘画选择方式时,可单击后按住左键在其他面上拖动鼠标,通过绘画的方式进行选择,而不必通过按 Shift 键逐个加选。

绘画选择非常适合面的选择,当然也可以选择边,此选择方式可随时使用。如单击一个面时出现操控轴,不要在这个面上拖动,要在其他面上按住左键拖动绘画。

单击第一个面,如图 9-18 左图所示,按住鼠标左键,然后在其他面上拖动绘制,鼠标经过的面被选择,如图 9-18 右图所示。

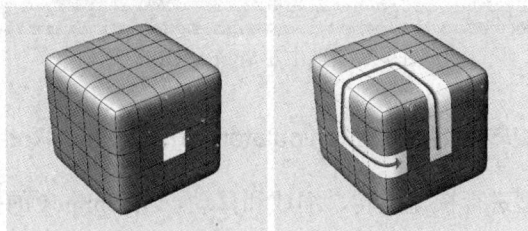

图 9-18 绘画选择

9.3.3 编辑模式(Edit mode)

相对于 NURBS 曲面,T-Splines 对曲面的各部分提供了更多的控制,可在任意处增加控制点、挤出部分曲面等。一般来说,使用 T-Splines 命令创建物体的大致曲面,精细切除(Exact cutout)和修剪等操作在 Rhino 中完成。

在 T-Spline 造型过程中经常对曲面进行推和拉的操作,因此在 Edit mode(编辑模式)中提供了便于推拉曲面的工具(图 9-19)。

1. 打开与关闭编辑模式

通过单击编辑模式图标 或按 Ctrl+Space 键打开 Edit mode,在编辑模式中激活视图的左上角将显示 T-Splines 图

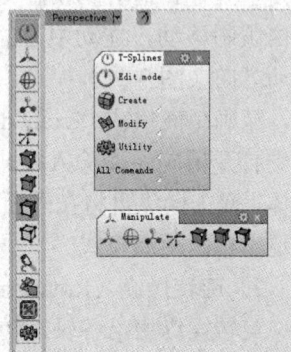

图 9-19 T-Splines 常用工具列

标。再次单击该绿色图标或按 Esc 键可关闭编辑模式，关闭编辑模式 T-Splines 工具列会消失。也可修改"Rhino 选项"│ T-Splines UI 选项，取消选中 Auto-hide docking window 复选框，使该工具列一直显示，如图 9-20 所示。

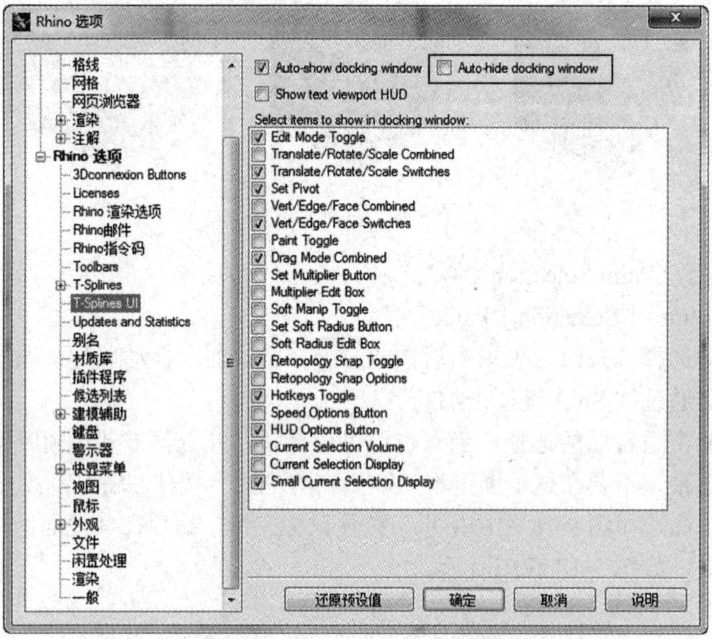

图 9-20　选中 T-Splines UI 选项

2. 操纵：移动、旋转、缩放　(Manipulator：Translate、Rotate、Scale)

"操纵"允许对模型进行快速旋转、缩放和移动，T-Splines 的操纵功能可应用于包括 NURBS 曲面和网格面在内的所有 T-Splines 和 Rhino 物体上，通过单击任一个 ⚑、⊕、♣ 图标打开操纵。

1）移动操纵（Translate manipulator）

使用移动操纵时，首先选择要移动的手柄，然后在预定的方向上拖动，可限制在 X、Y、或 Z 轴方向上移动。鼠标指针经过时会高亮显示操作轴或手柄，以便于区分。拖动操纵盘（灰色圆盘）会在 XY、XZ 或 YZ 平面内限制移动，拖动中心的正方体（默认为蓝色）时将无限制移动方向（图 9-21）。

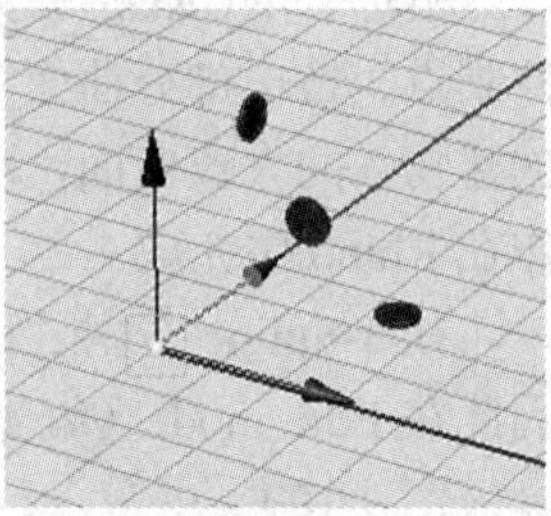

精确距离模式（Exact distance mode）：双击操纵轴将在命令行中打开精确距离输入模式。输入负数将向反方向移动选定的物体，双击操纵盘将在平面各方向上移动输入的距离，通过 Esc 键退出精确距离模式。

图 9-21　移动操纵

2）旋转操纵（Rotate manipulator）

旋转操纵由沿各轴旋转形成的环组成，操纵方式与移动操纵类似，拖动环为手动旋转，双击环后在命令行中输入角度进行精确角度的旋转，Rhino 状态行会给出操纵信息反馈，拖动时按住 Shift 键可限制旋转增量为 5°（图 9-22）。

3）缩放操纵（Scale manipulator）

类似于移动操纵和旋转操纵，缩放操纵拖动一个轴将在一个方向上缩放物体，双击轴可在命令行中输入精确的缩放比例，如放大倍数"2"为放大两倍，"0.5"使物体缩小一半，拖动平面上灰色方向盘可同时在两个方向上缩放，拖动中心的蓝色（默认设置）立方体可在三个方向上缩放（图 9-23）。

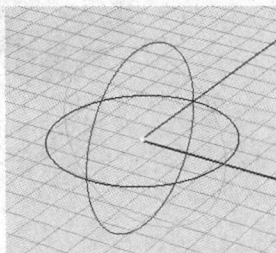

图 9-22 旋转操纵

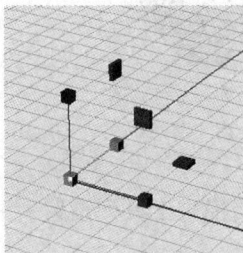

图 9-23 缩放操纵

3. 设置中心点（Set Pivot）

操作中心默认为选择的形心（图 9-24、图 9-25）。通过单击 Set Pivot（设置中心点）图标，可改变变换中心位置，实现以物体的边缘为中心进行选择或缩放物体。利用 Rhino 的捕捉功能，可将中心点精确放置到新的位置上。一般先选择变换、旋转或缩放操纵方式，然后单击"设置中心点"图标，将合适的位置设置为变换的中心点，再进行操纵（图 9-26、图 9-27）。

图 9-24 默认中心

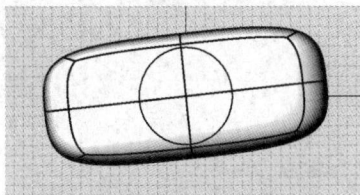

图 9-25 以默认中心旋转

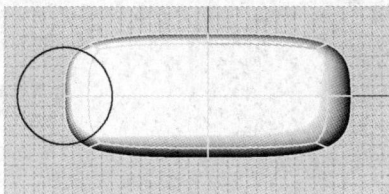

图 9-26 设置中心点

图 9-27 以设置的中心点旋转

4. 面、边和节点（Face,edge,vertex grips）

Rhino 用户应该对节点手柄和控制点比较熟悉，T-Spline 曲面像 NURBS 一样，也可使用手柄调整曲线或曲面形状，除此之外，还可以调整边和面的手柄。实际上，移动边的手柄就是同时移动两个节点的手柄，移动一个面就是同时移动组成这个面的节点的手柄。与操纵点相比，采用操纵面和边的方式，速度更快些（图 9-28～图 9-30）。

T-Spline 节点、面和边在鼠标经过时会高亮显示，在选择前就可以高亮显示，便于识别。

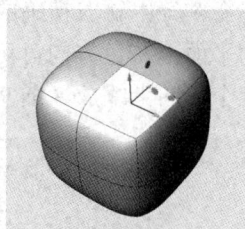

图 9-28　节点　　　　　　　图 9-29　边　　　　　　　图 9-30　面

5. 编辑模式工具列设置

编辑模式工具列可以像 Rhino 工具列一样停靠在屏幕边缘。可根据工具应用情况隐藏或显示不常用的功能，通过单击 Edit mode 工具列中最底部的 HUD Options 图标🌼进行设置，可通过单击"还原预设值"恢复默认的功能配置（图 9-20）。

6. 悬浮显示（heads-up display）

悬浮显示（heads-up display）对编辑的特征，如操纵类型、手柄类型、倍增器、拖动模式、软操纵、快捷键、拓扑捕捉、速度以及当前选择物体等提供了关键的信息，通过单击蓝色文字可进行命令转换或在命令行中输入数值，可快速进行操作（图 9-31）。

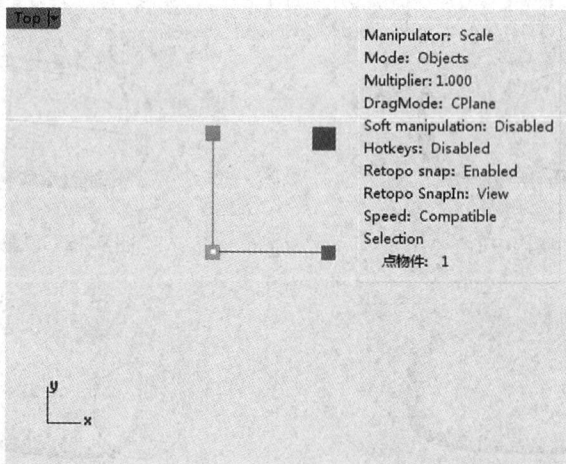

图 9-31　悬浮显示

悬浮显示默认为关闭状态，在"HUD 选项"🌼中的 T-Splines UI 中选中 Show text viewport HUD 复选框即可打开悬浮显示功能（图 9-20）。

9.3.4　认识 T-Spline 曲面

T-Spline 曲面与其他细分曲面一样，包含面、边和节点，可以显示为盒子网格和光滑曲面（图 9-32、图 9-33），作为统一性的面，它可以包含孔、锐边、开放的或封闭的、具有局部细节、规则或不规则，三边或 N 边面。

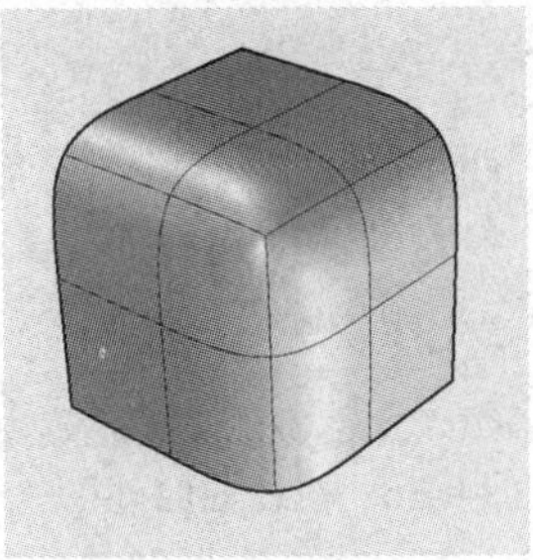

图 9-32　光滑模式

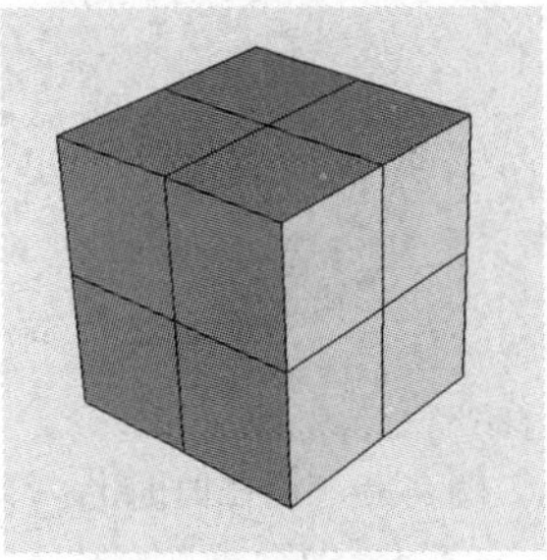

图 9-33　盒子模式

1．节点类型

T-Splines 有 4 种类型的节点（或控制点）：T 点（T-point）、星点 （Star point）、普通控制点（Ordinary control point）和相切操作柄（Tangency handle）。点的类型通过价和光滑度来区分，价即几个边连接到这个点。熟悉这些节点的基本属性有助于提高使用 T-Splines 的成功造型能力（表 9-1）。

表 9-1　T-Splines 节点类型和价、光滑性的关系

节点类型	价：几个边连接到这个点	光滑性
T 点（T-point）	3 或 2	曲率连接 （C2）
星点（Star point）	3, 5, 6, 7, 8, …	相切连接 （G1）
普通控制点	4 （可以是 2, 3, 或在边上的 4）	曲率连接 （C2）
切线操作柄	1, 2, 或 3	控制褶皱或面边缘处的相切性（C0）

可以使用 tsLayout（布局）命令来辨别 T 点和星点，如图 9-34 所示，左图为光滑模式，右图为盒子模式。

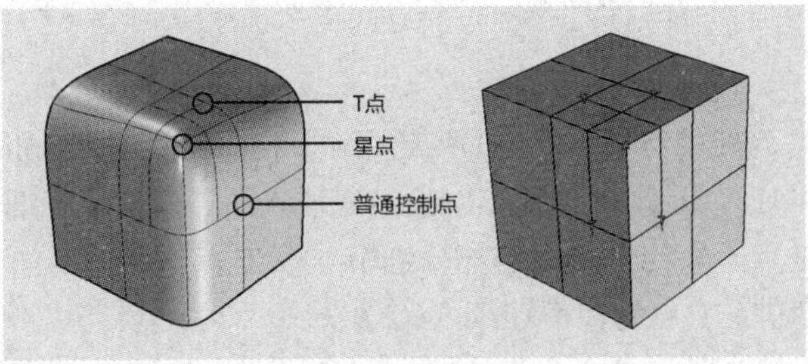

图 9-34　T 点与星点

2．点在曲面上（Points on the surface）

T-Splines 曲面同 NURBS 曲面一样，控制点一般与曲面具有一定的距离，当在 T-Splines 选项中 Display（显示）页的 Display Control Points on Surface 偏好设置时，将在曲面上显示控制点，这样可以在曲面上直接移动控制点，并直接查看修改点的过程及效果（图 9-35、图 9-36）。

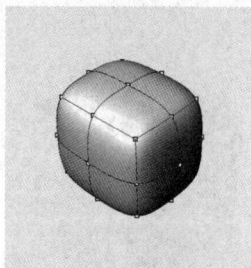

图 9-35　点在曲面上　　　　　　　　　　图 9-36　点在曲面外

3.　切线操作柄（Tangency handles）

切线操作柄一般位于折皱或面边缘处，用于控制褶皱或面边缘处的相切性。切线操作柄共有"显示所有"、"隐藏"和"显示选定"3 种显示方式。在 T-Splines 选项中的 Display 中可设置显示方式。默认值为"显示选定"，只显示被编辑面的切线操作柄，自动隐藏其他面操作柄。

未编辑的隐藏切线操作柄会随着相应控制点的移动进行自动定位。默认的切线控制柄在控制点和相邻点之间将保留 1/3 的距离，如果恢复切线控制柄到默认状态，选择切线控制柄后按 Delete 键，将自动重新定位到默认的位置。当其他切线控制柄被移动时，当前的切线控制柄不能恢复到默认的位置（图 9-37～图 9-39）。

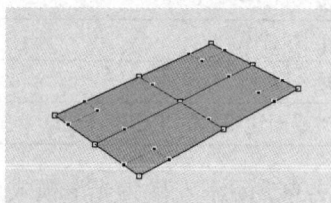

图 9-37　显示切线操作柄　　　图 9-38　移动切线操作柄　　　图 9-39　删除切线操作柄

4.　T 点

T 点（T-points）为线的终点，与 NURBS 不同（图 9-40），T-Splines 可以在 T 点处终止部分行或列（图 9-41），因此命名为 T-Splines。插入边、插入点、细分面、合并、焊接等很多命令可以创建 T 点，来约束曲面的部分细节。在 T 点附近的曲面仍然光滑，不会伸展或打结，从数学角度讲，T 点为曲率连续（C2）。

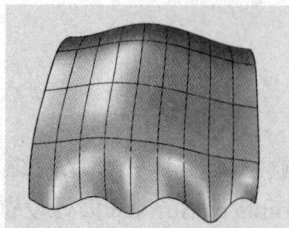

图 9-40　NURBS 曲面，UV 线必须贯穿整个曲面　　　图 9-41　通过 T 点约束 T-Splines 曲面边缘的细节

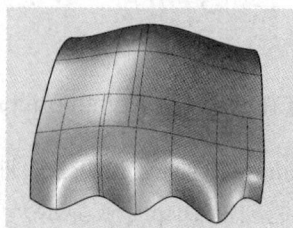

5. 星点：创建不规则曲面

星点可以让 T-Splines 物体不规则，像挤出（extrude）、删除面（delete face）和合并（merge）等命令可产生星点，因在星点附近的形状难以控制，所以只有在必要的时候才使用星点。在曲面的平坦部分放置星点的效果易于预测；在模型的尖部（如锐边）、曲率变化明显处、开放曲面的边界处放置星点，效果不易预测，为不好的星点放置位置。星点也决定了 T-Splines 如何转换为 NURBS，当输出为 NURBS 时，在每个星点处将 T-Splines 曲面分开为多个 NURBS 面片。

如将图 9-42 中 T-Splines 方球转换为 NURBS（图 9-43），因方球 8 个顶点为星点，将自动以星点为曲面分开的边界，从图 9-44 中可查看分开后的曲面效果。

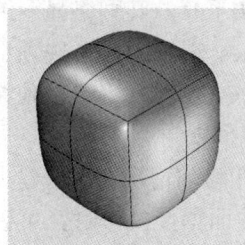

图 9-42　T-Splines 曲面　　　　　图 9-43　NRUBS　　　　　图 9-44　着色

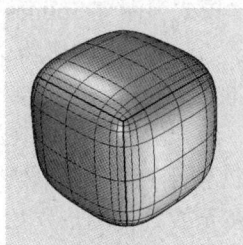

6. 在模型中使用 T 点和星点

为了高效地使用 T-Splines 建模，恰当地使用星点和 T 点是非常重要的，T 点通过单独控制局部曲面来增加局部细节，模型拥有不规则的拓扑结构如非修剪的带孔曲面、封闭的面、Y 形面、带腿的面时，需要使用星点。

放置 T 点和星点的规则是：

（1）星点和 T 点不能距离太近，因为 T 点与 NURBS 有关，要求其周围的曲面是规则的；而星点和细分曲面相关，不需要是规则的。在星点附近，曲面行为类似于细分曲面；在 T 点附近，曲面行为类似于 NURBS。

（2）在星点周围 2 个面以内为非 T 点区（面的深度数基于曲面的阶数，T-Spline 曲面为 3 阶曲面，所以曲面深度数为 2）。在 2 个面以内不可以有 T 点，当移动星点时（图 9-45 中的点 3），此区域将发生变形（图 9-46，移动星点将影响 2 个面内的区域），在此区域外，可以使用 T 点。

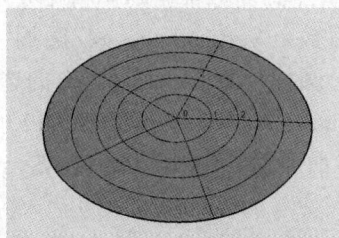

图 9-45　星点的影响区域（2 个面的深度）　　　　　图 9-46　距星点 2 个面内的面受影响

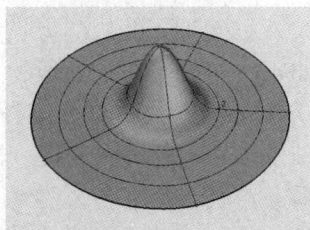

当曲面标准化后星点 2 个面深度内不能有任何 T 点，在 T 点附近放星点的规则，其本质是当移动 T 点时，移动曲面范围内不能包含星点。不知道这个规则也没关系，软件会自动修改曲面以遵守这个规则。在星点区域推拉 T 点时，将自动增加点来限制 T 点影响的区域，为了便于编辑，这些额外的点在使用 tsStandardize（标准化）命令前会自动隐藏。

7. 光滑模式与盒子模式

T-Spline 可以显示为光滑曲面或盒子网格，在复杂的模型中，在盒子模式下操作速度更快些，而光滑模式常用于检查模型的美观性和尺寸。选择物体后，单击 Smooth Toggle（模式切换）图标，在光滑模式和盒子模式间切换，在编辑模式时通过 Tab 键切换场景中所有的 T-Splines 物体显示模式。

Smooth mode（光滑模式）：光滑模式显示 T-Splines 物体的真实形状，其网格显示的运算不使用 Rhino 的网格器，而是源于 T-Splines 网格器。在 T-Splines 选项的显示选项页面中可以改变全体 T-Splines 网格物体的密度或者在物体属性窗口（按 F3 键）修改单独物体的网格显示密度。盒子模式速度快，而光滑网格慢，在速度与质量间要进行权衡。

Box mode（盒子模式）：盒子模式便于查看几何图形增加效果和移动情况，在构建大模型时响应速度快。盒子模式允许存在无效几何图形，如在开始两曲面焊接操作时，可以只有一个点接触。如果在光滑模式下在曲面上增加无效几何图形后，将自动切换到盒子模式，直到几何图形再次有效，才能使用 Smooth Toggle（模式切换）工具转换回光滑模式。

9.4 从基本实体创建 T-Splines 曲面

从基本实体开始造型是一种基本造型方法，通过对基本实体的编辑和合并来创建复杂的造型，T-Splines 提供了 Box（立方体）、Plane（平面）、Sphere（球）、Cylinder（圆柱）、Cone（圆锥）、Torus（圆环）和 Quadball（方球）7 种基本实体（图 9-47）。

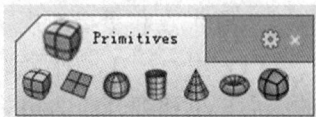

图 9-47　基本实体工具列

9.4.1 基本实体通用属性

在实体的创建过程中，具有通用的设置属性，下面分别进行介绍。

（1）OutputType（输出类型）：设置实体的输出类型为光滑模式或盒子模式。

（2）Faces（面数）：控制创建实体时面的数量，选择恰当的面数以满足初步造型需要的控制点，可继续增加面数以满足细节造型需要的控制点。面数根据几何属性可分为 X 方向面数、Y 方向面数、Z 方向面数，垂直方向面数（VerticalFaces）、圆周方向面数（AroundFaces），垂直方向面数和圆周方向面数是球、圆柱、圆锥、圆环特有的选项。

（3）Symmetry（对称）：对称分为轴对称（Axial）和径向对称（Radial）两种。当 T-Splines 曲面对称时，将以绿色（默认选项）显示对称曲面的结构线，可通过 tsSymmetryOff 取消对称。

图 9-48 所示为将圆环设置为 X 轴对称后，调整对称轴一侧的边形成的效果；图 9-49 所示为将圆环设置为 X 轴和 Y 轴对称后，调整一个边后的曲面效果；图 9-50 所示为将圆

环设置为 X 轴、Y 轴和 Z 轴对称后，调整一个边后的效果。

| 图 9-48　X 轴对称 | 图 9-49　X、Y 轴对称 | 图 9-50　X、Y、Z 轴对称 |

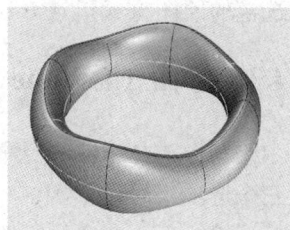

表 9-2 将 T-Splines 中 7 个基本实体的属性进行了对比，在"对称属性"中可直观查看某个实体是否支持轴向对称或径向对称，在"图形属性"中可查看各轴向设置面数的数量，以及垂直方向和圆周方向面数的数量。

表 9-2　实体对称一览表

		tsBox 立方体	tsPlane 平面	tsSphere 球体	tsCylinder 圆柱	tsCone 圆锥	tsTorus 圆环	tsQuadball 方球
对称属性	Axial 轴向	是	是	是	是	是	是	是
	Radial 径向	否	否	是	是	是	是	否
图形属性		X = 2 Y = 2 Z = 2 指定在每个方向上面的数量		VerticalFaces = 4　（垂直方向面 = 4） AroundFaces = 8　（圆周方向面 = 8） 垂直方向面垂直于周长，圆周方向面沿着周长				NumEdge Segments = 2（边的段数 = 2）

9.4.2　立方体（tsBox）

绘制 tsBox 的方式与在 Rhino 中绘制立方体的方式基本相同。T-Splines 中仅增加了输出类型、面数设置和轴对称设置 3 个选项，可设置输出为盒子或光滑模式，分别设置 X、Y、Z 三个方向上的面数，也可设置关于 X、Y、Z 一个轴或多个轴对称（图 9-51、图 9-52）。

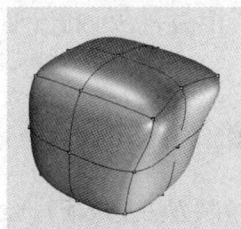

| 图 9-51　立方体 | 图 9-52　X 轴对称 |

执行 tsBox 命令后，在命令行选项中选择欲使用的绘制方式，设置 OutputType（输出

类型），X、Y、Z 方向上的面数，是否 AxialSymmetry（轴对称），关于哪几个轴对称。按照选定的绘图方式指定 Box 的位置和底面大小，最后确定 Height 高度值。

9.4.3 平面（tsPlane）

绘制方式与 Rhino 绘制平面的方式基本相同，仅增加了输出类型、面数设置和对称设置三个选项，可设置 X、Y 方向上的面数，并可设置关于 X 轴、Y 轴或 XY 轴对称。执行 tsPlane 命令后，在命令行选项中选择欲使用的绘制方式，设置 OutputType（输出类型），X、Y 方向上的面数，是否 AxialSymmetry（轴对称），关于哪几个轴对称；然后按照选定的绘制方式指定 tsPlane 的位置及大小。

9.4.4 球（tsSphere）

执行 tsSphere 命令后，首先设置球体的位置及大小，然后在命令行选项中设置面数、对称方式和对称轴等选项（Options），可设置为径向对称或轴向对称，设置垂直方向面数（VerticalFaces）和圆周方向面数（AroundFaces），输出类型（OutputType）为光滑模式或盒子模式。

图 9-53 中球体关于 X 轴对称，使用移动操作对节点向上移动，对称侧节点也会发生变化（图 9-54）。

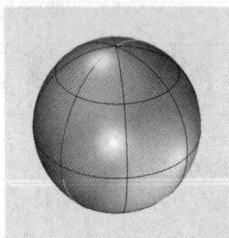

图 9-53　球体关于 X 轴对称　　　　　　　　　　图 9-54　调整后效果

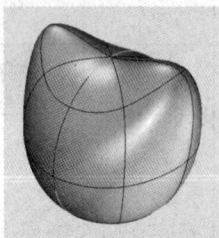

绘制 ts 球体时先确定 ts 球体位置及大小，然后设置属性（Option），结束命令即可完成 ts 球体的绘制。绘制 ts 球体方式与 Rhino 中绘制球体方式相同。

9.4.5 圆柱（tsCylinder）

绘制圆柱时首先确定圆柱底面的绘制方式，确定圆柱底面后，在选项中设置垂直方向面数（VerticalFaces）和圆周方向面数（AroundFaces），设置对称方式和对称轴，最后确定高度值。

9.4.6 圆锥（tsCone）

ts 圆锥绘制方法及选项与 ts 圆柱相同，先确定 ts 圆锥底面，在选项中设置垂直方向面数（VerticalFaces）和圆周方向面数（AroundFaces），设置对称方式和对称轴，最后确定高度值。具体绘制方法可参考 ts 圆柱的绘制过程。

9.4.7　圆环（tsTorus）

ts 圆柱主要包括两个参数：第一半径和第二半径，第一半径用来确定圆的大小，第二半径用来确定圆上环的大小。

圆环绘制方法：首先使用不同的绘制方式确定第一个半径，然后设置 Option 选项（垂直方向面数、圆周方向面数、对称方式和对称轴），最后确定第二个半径，即完成圆环的绘制。

图 9-55 中圆环关于 X 轴和 Y 轴对称，选择一个面后（图 9-56），使用移动操纵向上移动选择面，形成的曲面效果如图 9-57 所示。

图 9-55　圆环 X 轴和 Y 轴对称　　　图 9-56　选择面　　　图 9-57　向上移动面效果

9.4.8　方球（tsQuadball）

绘制 ts 方球时，先确定 ts 方球位置及大小，然后设置属性（Option），结束命令即可完成 ts 方球的绘制。ts 方球绘制方式与 ts 球体的绘制方式完全相同，具体绘制方式可查看 ts 球体的绘制方式。

ts 方球的选项主要有：输出类型（OutputType）为光滑或盒子方式，边段数（NumEdgeSegments）设置方球的每个方向上的面数，设置关于 X 轴、Y 轴或 Z 轴对称。图 9-58 中方球的边段数（NumEdgeSegments）设置为 2，图 9-59 中方球的边段数为 3，图 9-60 中边段数设置为 3 后，再设置关于 X 轴对称时，因边段数为奇数，将环形边作为对称轴。

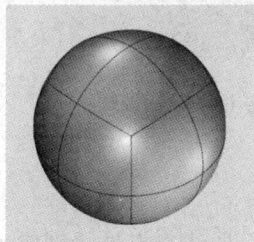

图 9-58　边段数为 2　　　图 9-59　边段数为 3　　　图 9-60　关于 X 轴对称

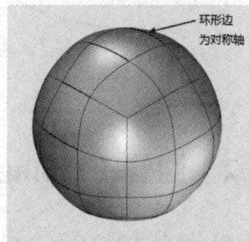

9.5　从线创建 T-Splines 曲面

T-Splines 提供了多种建模方式，除了以基本形体为基础编辑面外，还可通过对曲线进行挤出等操作方式来创建基础体，然后再对基础体进行变形。

9.5.1 挤出曲线（Extrude curve）

方法一：通过菜单命令 T-Splines | From Curves | Extrude 挤出曲线。

在 T-Splines 中，可以挤出曲线，只要选择曲线执行 tsExtrude（挤出）命令即进入编辑模式，通过移动操纵进行挤出高度和方向的控制（图 9-61～图 9-63）。

| 图 9-61 曲线 | 图 9-62 执行挤出命令后 | 图 9-63 移动操纵器调整挤出高度 |

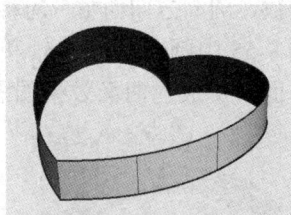

方法二：通过操纵柄挤出曲线。

在编辑模式中选择物体（曲线、面或边）按住 Alt 键拖动操纵柄来进行移动挤出（图 9-64、图 9-65）、缩放挤出（图 9-66）或旋转挤出（图 9-67～图 9-69）。

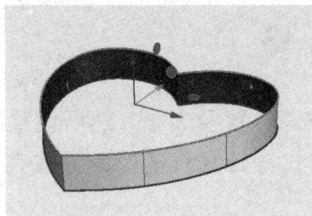

| 图 9-64 曲线 | 图 9-65 移动挤出 | 图 9-66 缩放挤出 |

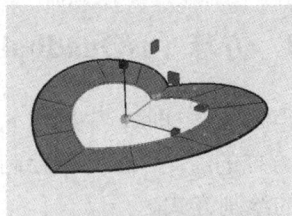

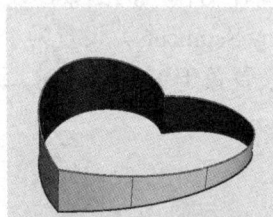

| 图 9-67 曲线 | 图 9-68 旋转挤出 | 图 9-69 再次旋转挤出 |

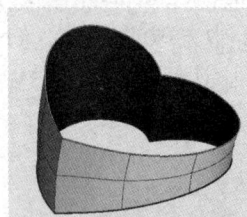

9.5.2 圆管（Piping）

Pipe（圆管）命令以曲线网格或线为基础创建管状面，在每个曲线交点处将创建光滑的关节。在完成圆管后，选择圆管物体，再次执行 Pipe 命令进行圆管的编辑，会自动保留设置好的参数，可根据需要进行下一步的调节（图 9-70～图 9-72）。

选择曲线后执行 Pipe（圆管）命令，需要选择合适的选项进行设置。

操作技巧：Pipe（圆管）命令可以结合 Rhino 的历史记录功能，在使用圆管命令前打开 Rhino 的历史记录，创建圆管后，可以通过调整曲线或曲线控制点的方式修改圆管曲面，可以重建输入曲线修改控制点的数量，甚至分离或重新合并曲线，T-Spline 曲面会

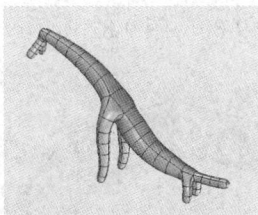

图 9-70　曲线　　　　　图 9-71　圆管（光滑模式）　　　　图 9-72　圆管（盒子模式）

自动更新，当移动周围的曲线时，关节会自动更新，采用更合适的关节类型（如 T 关节或 Y 关节）。

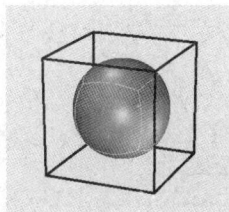

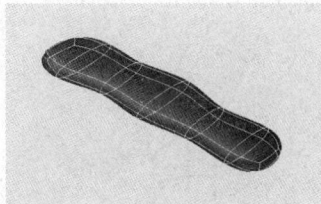

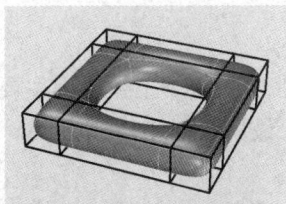

9.5.3　从基本线创建曲面（TsFromLines）

TsFromLines（从基本线创建曲面）命令使造型非常简单。它提供了一种可预测结果的创建复杂曲面的方法，一般用来创建与最终造型比较接近的自定义实体，可产生开放或封闭的曲面、规则或不规则的曲面、孔、褶皱或者不同的拓扑结构的面。

1．TsFromLines（从基本线创建曲面）曲面展示

（1）封闭曲面 1：如图 9-73、图 9-74 所示。

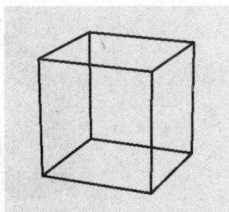

图 9-73　原始的多边形控制线　　　　　　图 9-74　从基本线创建曲面

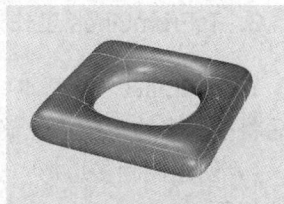

（2）封闭曲面 2：如图 9-75、图 9-76 所示。

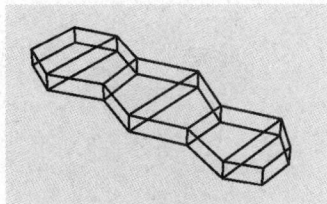

图 9-75　原始的多边形控制线　　　　　　图 9-76　从基本线创建曲面

（3）带孔的封闭曲面：如图 9-77～图 9-79 所示。

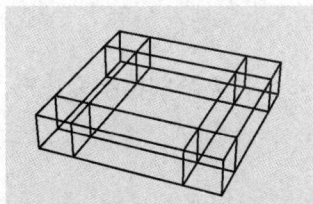

图 9-77　原始的多边形控制线　　　图 9-78　从基本线创建曲面　　　图 9-79　隐藏控制后的曲面效果

（4）规则的开放平曲面：如图 9-80～图 9-82 所示。

图 9-80 原始的多边形控制线　　图 9-81 从基本线创建曲面　　图 9-82 隐藏控制线的曲面效果

（5）不规则的开放平曲面：如图 9-83～图 9-85 所示。

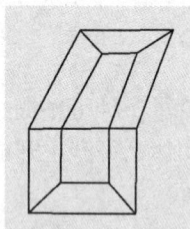

图 9-83 原始的多边形控制　　图 9-84 从基本线创建曲面　　图 9-85 隐藏控制线的曲面效果

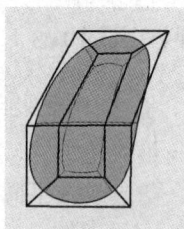

（6）带孔的开放曲面：如图 9-86～图 9-88 所示。

图 9-86 原始的多边形控制　　图 9-87 从基本线创建曲面　　图 9-88 隐藏控制线的曲面效果

（7）Y 形曲面：如图 9-89、图 9-90 所示。

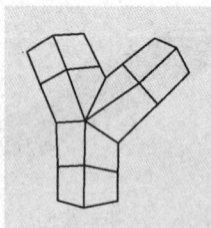

图 9-89 原始的多边形控制　　　　图 9-90 从基本线创建曲面

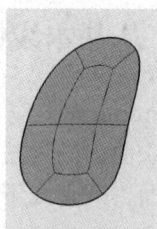

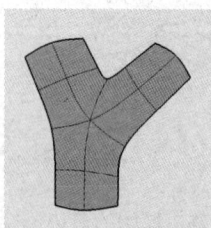

2. TsFromLines 工作流程

TsFromLines（从基本线创建曲面）命令工作流程主要有 3 步：首先绘制控制多边形，然后将控制多边形的边正确连接，最后执行 TsFromLines 命令。

1）创建控制多边形

使用 TsFromLines 命令，首先必须创建构建模型的线段网格，线段将成为模型的控制

"盒"。对线段合理布局是流程中最重要的部分，可利用各种 Rhino 工具来创建线段（如直线、多义线等）。

控制 T-Spline 曲面就像通过曲线控制多边形，如果点距离比较近，曲率会收缩（图 9-91 为控制点距离与曲率的关系）。

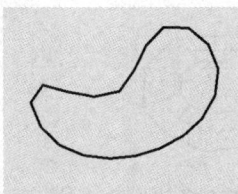

图 9-91　控制点距离与曲率的关系

典型曲面的控制多边形主要有两种类型：边界控制多边形和内部连接控制多边形。

（1）边界控制多边形：通常为模型结构的首要部分，它决定了造型后曲面的主要轮廓，因每个控制点需要连接成线，所以应使用尽可能少的控制点，以减少后期连接控制点的麻烦。

绘制曲线后（图 9-92），使用 Rhino "重建" 命令重建曲线，设置阶数为 1，并设置合适的控制点数量，得到边界控制多边形（图 9-93）。

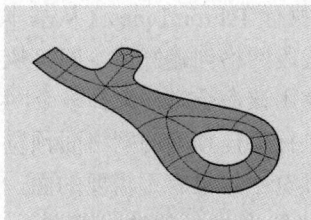

图 9-92　原始曲线

图 9-93　重建曲线（阶数 1，点数 20）

（2）内部连接控制多边形：图 9-94 为一个开放曲面的内部控制多边形的示意图，灰色的内部连接线决定了曲面输出的拓扑结构，使用该控制多边形创建的曲面如图 9-95 所示。

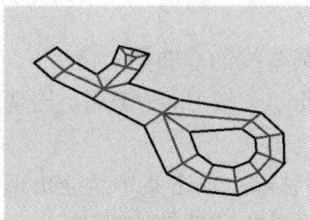

图 9-94　内部控制多边形（灰色部分）

图 9-95　从基本线创建曲面

理解如何布置正确的控制点以得到光滑的曲面是非常重要的，一般每个面的边数为 4 个，只有少数为 3 个。

2）正确连接控制多边形的边

在 Rhino 中布局好的曲线是非常重要的，在 TsFromLines（从基本线创建曲面）中布局好的控制多边形也是同样重要。在创建控制多边形时，每个区域的线段数量、每个节点处相交线段的数量、由线段定义的每个 "面" 的边数都对 T-Splines 曲面质量有重大影响。

经验原则为在细节丰富处使用较多的线，因为每个线的交点将产生一个控制点

（图 9-96、图 9-97）。

图 9-96　在细节丰富处使用较多的线

图 9-97　最终曲面

将线段布局成矩形区域是比较理想的方式，具有 3、5 或更多边的区域在执行命令时会自动细分，控制光滑性比较困难。

图 9-98 所示为由三条边组成的 T-Splines 曲面效果，在三边面处曲面将细分，在中心处放置了一个星点，如图 9-99 所示。

同样，在每个节点处只有 4 条边相交，也是比较理想的布局方式，在节点处可以有超过 4 条线相交，但很难保持曲面的光滑性，图 9-100 所示为在部分节点处，有超过 4 条线相交而形成的星点。

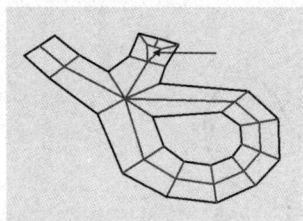

图 9-98　内部连接控制多边形含三边面

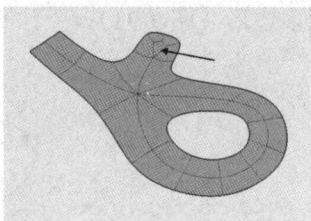

图 9-99　细分三边面后增加了星点

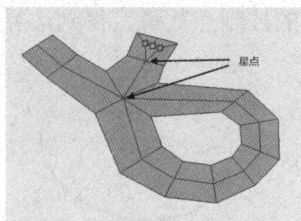

图 9-100　在超过 5 个边的交点处放置了星点

完成控制多边形正确的布局后，选择所有曲线，使用 TsSplitCurves（分割曲线）命令在所有曲线交点处自动将曲线分割。

3）执行 TsFromLines（从基本线创建曲面）命令

当线段网格创建好后，即可执行 TsFromLines（从基本线创建曲面）命令。

在使用该命令时，选择多个网格线或多段线（polylines）按 Enter 键后，出现根据曲线的布局进行最佳预测的网格面预览。

在预览中如果有不需要的面，可单击该面从预览中移除；单击某个边会出现与该边相连的、可能形成面的盒子菜单，在盒子菜单中选择需要的面后可在预览中增加面，在 MaxManualFace 选项中设置拥有一定边数的面才能显示在盒子菜单中。

与任何面不相连的边会高亮显示为红色，不规则（non-manifold）网格的节点也高亮显示为红色，不规则节点可自动修复，但不一定是预期的结果。

3. TsFromLines 命令选项

在 TsFromLines 命令选项中允许选择物体拓扑结构和输入必要的信息来创建面，选项主要有：线捕捉（LineSnapping）、自动最大面（MaxAutoFace）、手动最大面（MaxManualFace）和输出类型（OutputType）。

1）线捕捉（LineSnapping）

LineSnapping（线捕捉）：在容差范围内的线段端点将自动捕捉在一起，以彩色点的方式显示每个交点处容差范围内相交线的数量，如图 9-101 所示，标号为"1"表示该曲线未分割，标号为"2"表示该交点处有 2 条线段相交（图 9-102）。

UseFileTolerance：采用系统文件的容差设置。

Tolerance：容差大小，在容差范围内的端点将捕捉到一起。

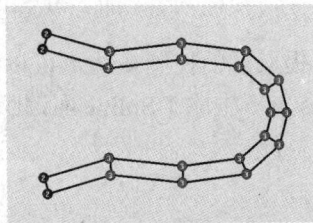

图 9-101　标号 1 处曲线未分割　　　　图 9-102　左边两个黑色圆点数为 2，其他绿色圆点数为 3

技巧提示：TsFromLines 只计算在端点处的相交情况，如果线的端点在另一条线的其他部分（如中点），这些相交情况不能识别，要使用 TsFromLines（分割曲线）进行分割。

2）自动最大面（MaxAutoFace）

该选项控制拥有少于特定边数的面才可以自动生成，设置的值指每个面有多少个边，默认值为 4，意味着不超过 4 条边的面将自动创建，如果控制多边形中有 5 或 6 边组成的面，须将该设置值设置大些。如设为 0 将停用自动面的生成。

3）手动最大面（MaxManualFace）

修改面时，单击一个红色边会出现该边可能形成面的选择盒子菜单，可在 MaxManualFace 选项中缩短盒子菜单的长度，如只想查看少于 6 条边的面，将值设为 6。

4）输出类型（OutputType）

设置输出类型为光滑模式或盒子模式。

4．分割曲线（Split curves）

菜单：T-Splines | Utilities | Split curves

Split Curves（分割曲线）命令可将曲线网格快速地分割为曲线段，也可用来检查曲线在容差范围内的相交情况。SplitCurves 使用 Rhino 文件的默认容差来查找相交情况，如果曲线相交点距离不在容差范围内，可改变容差值来获得更多的相交。

为了便于识别，相交情况以彩色显示，数字值为每个点上相交的曲线数（图 9-103）。

在使用 TsFromLines 或 tsSkin 命令前，一般使用 Split curves 来分割曲线网格。

5．提取控制多边形（Extract control polygon）（右击）

Extract control polygon（提取控制多边形）命令从 T-Spline 物体中以线段形式提取

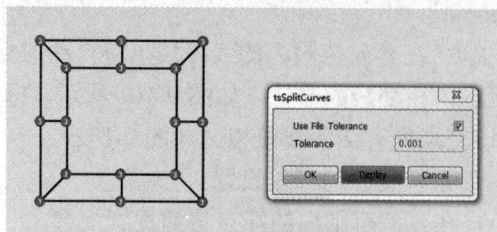

图 9-103　显示相交情况

控制多边形，提取后的控制多边形可以进行修改、与其他物体焊接、局部删除，然后通过 TsFromLines 重新生成 T-Spline 面，此命令可用于在复杂形体上增加孔的操作（图 9-104、图 9-105）。

图 9-104　T-Spline 曲面

图 9-105　提取控制多边形

9.5.4　放样曲线（tsLoft）

因 T-Spline 具有部分行控制点的功能，Loft T-spline surface（放样）可以创建具有细节造型的曲面，不需要控制点的地方可以不使用控制点以便于编辑，放样曲面的控制点数量由每条曲线决定。图 9-107 为使用 Rhino "放样"命令将曲线（图 9-106）进行放样，图 9-108 为使用 T-Splines Loft（放样）命令将曲线（图 9-106）进行放样，可明显看出两曲面的区别。

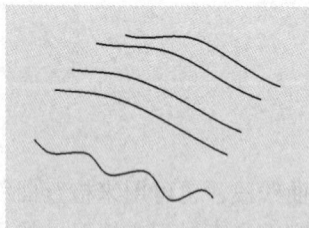

图 9-106　曲线

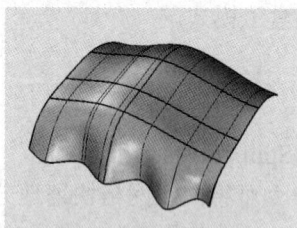

图 9-107　Rhino 放样

图 9-108　T-Splines 放样

执行 Loft（放样）命令，按次序选择组成曲面的曲线，按 Enter 键后，会显示放样选项，满意后再次按 Enter 键完成放样操作。

9.5.5　皮肤（Fit t-spinles to curves）

使用 tsSkin（皮肤）命令可以一次完成包含孔、附加物等细节的光滑、有机模型的创建。tsSkin 使创建的曲面通过所有输入曲线，类似于 Rhino 的"以网线建立曲面"命令，工作流程与 T-spline from Lines 类似：采用线段的方式，从控制多边形来创建曲面。因 tsSkin 有时难于控制，不推荐初学者使用，熟练掌握后 tsSkin 可成为强大的曲面创建工具。

1．tsSkin（皮肤）曲面类型主要有如下几种

1）带孔的非修剪曲面（图 9-109、图 9-110）

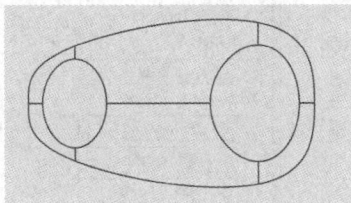

图 9-109　曲线

图 9-110　tsSkin（皮肤）曲面

2）非规则曲面（图 9-111、图 9-112）

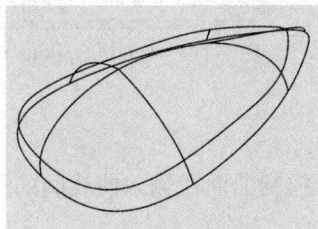

图 9-111　曲线

图 9-112　tsSkin（皮肤）曲面

3）"Y"分支曲面（图 9-113、图 9-114）

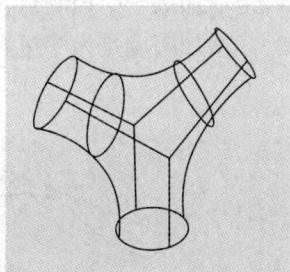

图 9-113　曲线

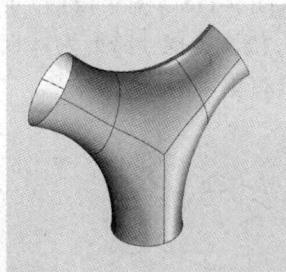

图 9-114　tsSkin（皮肤）曲面

4）带孔的封闭曲面（图 9-115、图 9-116）

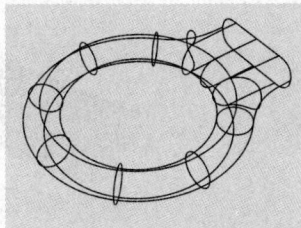

图 9-115　曲线

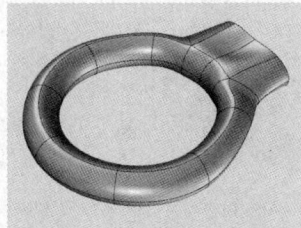

图 9-116　tsSkin（皮肤）曲面

2. tsSkin 选项

构建好曲线网格后，执行 tsSkin 命令，会弹出 tsSkin Options 对话框，主要可分为曲线交点（Curve Intersection）、拓扑（Topology）和拟合参数（Fit Parameters）等选项（图 9-117）。

1）曲线交点（Curve Intersection）

在创建曲面过程中检测曲线相交情况是十分重要的，如果两曲线端点距离在 Rhino 的系统文件容差设置的范围内，将定义这两条曲线为相交，交点处红色圆圈中的文字表示在当前的容差范围内有多少条曲线相交，为了检测所有相交的曲线，必要时可增加容差值。

2）拓扑（Topology）

在模型中通过 Face Layout 打开或关闭面、使用 Add Creases 指定为锐边或使用 Mark T-points 作为 T 点平滑区，tsSkin 的拓扑选项和 T-spline from Lines 命令选项相同。

图 9-117　tsSkin Options 对话框

3）拟合参数（Fit Parameters）

在此步骤可以控制曲面与曲线的拟合程度，也可以控制曲面在输入曲线间的行为。拟合参数主要选项是跨度（Spans）和弦长（Chord length）。

（1）跨度（Spans）：跨度选项通过插入控制点的方式来影响曲面与曲线的拟合程度，默认跨度为 1，意味着在每个交点处产生一个控制点；增加跨度为 2，在曲线中将插入额外的控制点（图 9-118、图 9-121）；增加跨度为 3，将在曲线上增加另一个控制点（图 9-119、图 9-122）；依次类推（跨度为 4 时见图 9-120、图 9-123）。增加跨度是为了更好地拟合，使曲面上具有更多的控制点。

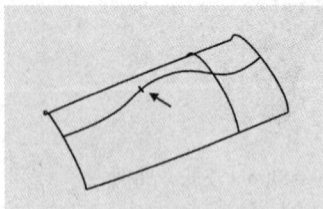

图 9-118　跨度为 2　　　　图 9-119　增加跨度为 3　　　　图 9-120　增加跨度为 4

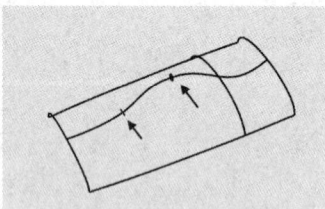

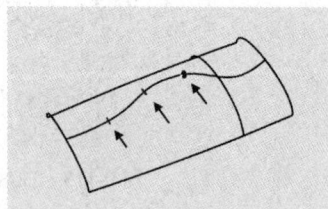

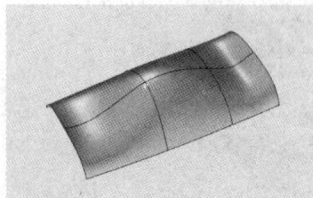

图 9-121　跨度为 2 曲面　　　图 9-122　跨度为 3 曲面　　　图 9-123　跨度为 4 曲面

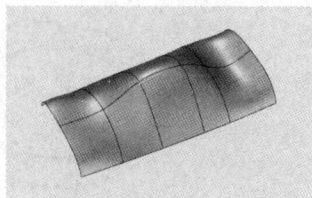

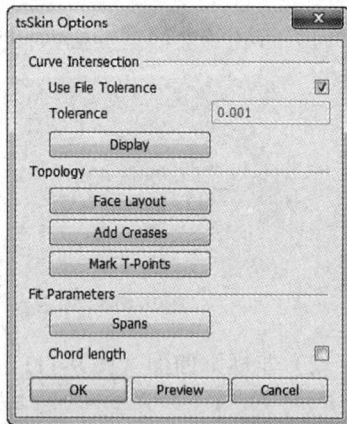

（2）Chord length（弦长）：该选项在曲面的长曲线方向产生较好的曲面，图 9-125 所示

为 Chord length（弦长）选项关闭的效果，而图 9-126 所示为 Chord length（弦长）选项开启的效果，在长曲线方向的曲面相对比较平缓。

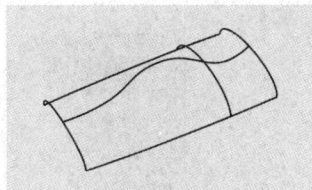

图 9-124　输入曲线　　　　　　图 9-125　弦长关闭　　　　　　图 9-126　弦长开启

9.6　从输入曲面创建 T-Splines 曲面

将未修剪的 NURBS 曲面、Rhino 网格面，或者 .obj 网格文件转换为 T-Spline 面。T-Splines 可将 Maya、3dsMax 等其他软件创建的曲面转换为光滑的曲面，将 Rhino 中的 NURBS 曲面转换为 T-Spline 面，转换后可通过推拉的方式来编辑曲面。此功能对扩展 Rhino 的造型能力具有重要的作用。

9.6.1　NURBS 曲面转换为 T-Splines 面

所有的 T-Spline 曲面均为 3 阶曲面，任何未修剪的、3 阶 NURBS 曲面可直接转换为 T-Spline 面，4 阶以上的曲面在转换中会自动重建为 3 阶曲面，1 阶或 2 阶曲面也可转换为 T-Spline 面。在 T-Splines 选项中，当转换 3 阶以下的 NURBS 面时有一个 Rebuild when increasing degree 复选框，当选中该复选框时，曲面重建后将发生微小的变化；不选中该复选框，曲面阶数直接升高，形状不发生变化，但可能出现锐边使曲面难以光滑操作，建议保持选中该复选框（图 9-127）。

图 9-127　T-Splines 选项中的曲面转换设置

9.6.2　NURBS 曲面转换为 T-Spline 面的建议

将 Rhino 中创建的 NURBS 曲面转换为 T-Spline 曲面，有如下建议。

（1）使用最少控制点来描述形状，必要时重建曲面，转换的目的是为了编辑曲面，而少的控制点便于编辑（图 9-128～图 9-131）。

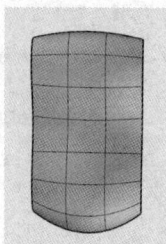

图 9-128　曲线　　图 9-129　单轨扫掠曲面　　图 9-130　重建曲面（U：10，　图 9-131　转换为 T-Spline 曲
　　　　　　　　　　　　　　（U：36，V：5）　　　　　　V：6，总共点数：　　　　　　面（U：10，V：6）
　　　　　　　　　　　　　　　　　　　　　　　　　　　72）

（2）如果将 NURBS 曲面和已有的 T-Spline 曲面合并，首先应考虑将 NURBS 曲面重建，使其合并边上的 U 或 V 数设置比 T-Splines 可见节点数量高 2 个，图 9-132～图 9-134 显示了控制点数和曲面控制点数的关系，每幅图的上半部分是 T-Spline 曲面，下半部分是 NURBS 曲面。

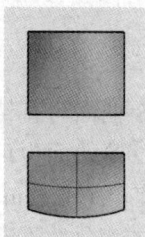 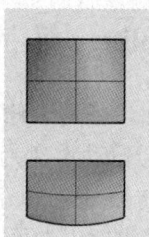 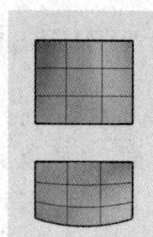

图 9-132　（U：4，V：4）　　　　图 9-133　（U：5，V：5）　　　　图 9-134　（U：6，V：6）

（3）如果转换未修剪面的多重曲面，尽可能使结构线通过面的边界。T-Splines 可以和结构线不相连的曲面进行合并，但如果具有流畅、完整的结构线，最终曲面将更便于编辑（图 9-135、图 9-136）。

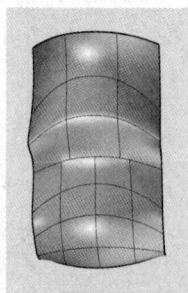 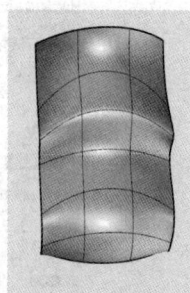

图 9-135　不规则曲面结构线　　　　　　　　图 9-136　规则曲面结构线

（4）修剪过的 NURBS 曲面转换为 T-Splines 将恢复到修建前的曲面。许多 Rhino 多重面或最终模型包含修剪的 NURBS 曲面，将已完成的 Rhino 模型转换为 T-Splines 进行进一步的编辑不是一个可行的方法。

9.7　增加曲面

在传统的 NURBS 建模中，通过分段的方式对曲面进行修剪和合并来构建复杂的曲面，但 T-Splines 曲面所采用的创建方式不同，主要是通过推/拉曲面、增加细节、合并和焊接形状来创建有机曲面。增加曲面细节的命令主要有挤出曲面、挤出边、添加面、填充孔等。

9.7.1　挤出曲面（Extrude face）

选择单个或多个面，执行 tsExtrude（挤出）命令，在原始曲面附近会增加一列与原始曲面相连的新曲面，再使用操作柄移动面。

选择面（图 9-137），单击 图标执行挤出命令，会出现挤出曲面（图 9-138），然后直接拖动操作轴即可对挤出的面进行移动，如连续两次单击挤出图标，系统默认为第一次挤出距离为 0（图 9-139），然后再执行第二次挤出。

图 9-137　选择要挤出的面　　　图 9-138　单击挤出图标后　　　图 9-139　再次单击挤出图标后

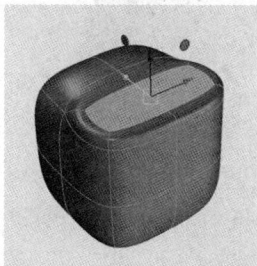

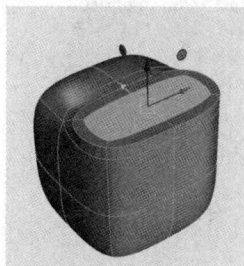

对称挤出：如果挤出通过对称轴的面，要同时选择对称轴两侧的面（图 9-140～图 9-142下部分所示），如果仅选择对称轴一侧的面，将分别进行挤出，挤出后两个面之间有缝隙（图 9-140～图 9-142 上部分所示）。

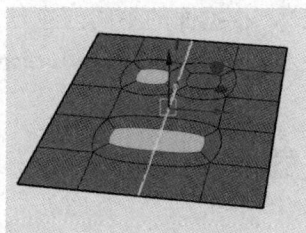

图 9-140　选择面　　　　　图 9-141　挤出面　　　　　图 9-142　移动面

9.7.2　挤出边（Extrude edge）

tsExtrude 命令可将模型的边界进行挤出。使用该命令时，选择欲挤出的一个或多个边，然后执行 tsExtrude 命令，该命令只能在曲面的边界处进行挤出操作（图 9-143、图 9-144）。

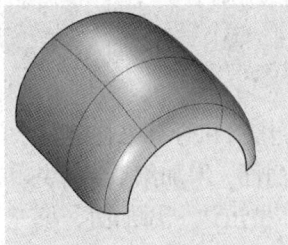

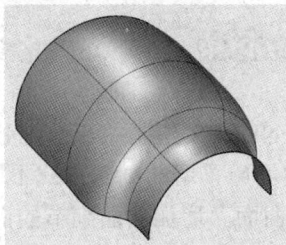

图 9-143　选择边　　　　　　　　　　图 9-144　执行 tsExtrude 命令并移动边

9.7.3　添加面（Append）

tsAppend（添加面）命令用于在 T-Splines 中增加新的面，类似于挤出边和填充孔的综合操作，也可创建与任何面互不相连的面（图 9-145～图 9-147）。

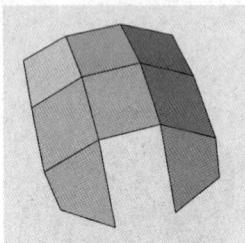

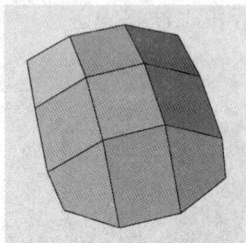

图 9-145　原曲面　　　　　　图 9-146　添加面（盒子模式）　　　　　图 9-147　光滑模式

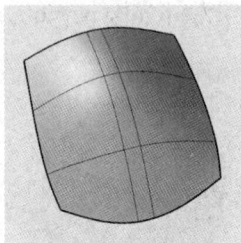

建议使用 Rhino 的捕捉功能来选择模型边上的点作为添加面的起点，在物体上单击点定义添加面的点。

使用 tsAppend（添加面）命令也可创建与任何面未连接的面，只要依次单击 4 个点形成封闭的区域，即可创建面。

tsAppend（添加面）命令选项主要有创建面的模式、打开或关闭拓扑捕捉和自动创建四边面。最主要的是创建面的模式，根据面的不同创建方式，绘图过程会有细微区别。

添加面 Mode（模式）选项主要有 Simple（简单）、FromEdge（从边）和 Chain（从链）3 种。

9.7.4　填充孔（Fill hole）

填充 T-Splines 曲面中的孔，只要单击孔的边即可完成，填充后的曲面仍是一个简单的可编辑曲面，如果有多个孔，先选择多个孔的边缘，再选择 Fill hole（填充孔）命令，可一次填充多个孔（图 9-148、图 9-149）。

9.7.5　复制曲面（Duplicate faces）

使用 tsDuplicateFaces（复制曲面）命令可复制 T-Splines 面，主要通过复制控制点的位置进行。在盒子模式下，类似于精确复制；在光滑模式下，如果复制开放的区域，复制的边界和原曲面边的曲率会有差别（图 9-150、图 9-151）。

图 9-148 多个孔

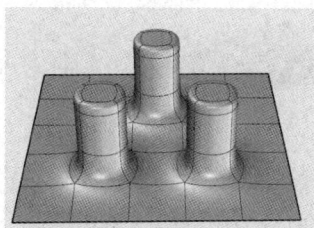

图 9-149 填充孔

图 9-150 选择面

图 9-151 复制面后移动的效果

9.8 增加细节

T-Splines 除提供了创建基本形状的工具外，为了便于调整曲面细节，还提供了增加曲面细节的工具，主要有曲面细分、插入点、插入边、创建锐边等。增加细节是为了进行精细的调节。

9.8.1 曲面细分（Subdivide face）

增加 T-Splines 模型细节的最简单方式就是细分曲面，选择一个或多个面执行 tsSubdivideFace 命令即可，每个面自动分为 4 个。曲面细分选项主要有两种模式：简单和精确。

1. Simple（简单模式）

简单模式的曲面细分将使曲面变平和锐利，非常适合在平曲面上增加细节。

对选择的面（图 9-152）使用简单模式细分后，曲面在盒子模式下形状无变化（图 9-153、图 9-155），在光滑模式下可以看出曲面细分处变平了，不再保持原来的形状（图 9-154）。

图 9-152 曲面细分前光滑模式

图 9-153 曲面细分前盒子模式

图 9-154　曲面细分后光滑模式

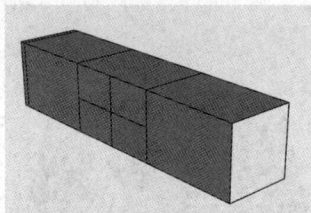

图 9-155　曲面细分后盒子模式

2．Exact（精确模式）

精确模式的曲面细分将保持原曲面形状，精确细分曲面会破坏原有曲面的对称轴的设置。在 tsInsertEdge（插入边）命令、tsInsertPoint（插入点）命令中也有精确模式选项。

精确模式细分曲面能维持原曲面形状，如对图 9-156 所示曲面进行细分，细分后效果如图 9-158 所示，曲面形状无变化，但网格会发生变化，有时盒子模式会变化非常大（图 9-157～图 9-159）。

图 9-156　细分前光滑模式

图 9-157　细分前盒子模式

图 9-158　精确细分曲面

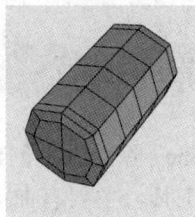

图 9-159　精确细分曲面盒子模式

对星点附近曲面进行细分时，软件会自动增加细节来维持原曲面的形状。原始曲面（图 9-160、图 9-161）使用简单模式细分曲面效果如图 9-162、图 9-163 所示，如精确模式细分曲面，为了维持星点附近的曲面形状不变，相关面被细分（图 9-164、图 9-165）。

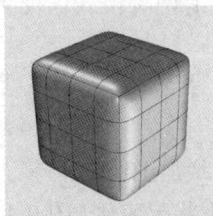

图 9-160　原始曲面光滑模式

图 9-161　原始曲面盒子模式

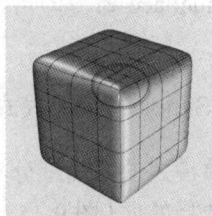

图 9-162　简单模式细分曲面光滑模式

图 9-163　简单模式细分曲面盒子模式

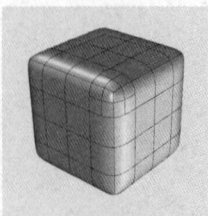

图 9-164　精确模式细分曲面光滑模式

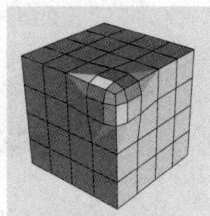

图 9-165　精确模式细分曲面盒子模式

9.8.2 插入控制点（Insert control point）

使用 tsInsertPoint（插入点）命令可在边上插入点，也可延伸已有的控制点。使用该命令时只需在欲添加控制点的边上单击即可。插入点的目的是对曲面的细节进行编辑。

tsInsertPoint（插入点）主要有两个选项：简单和精确。

Simple insertion （简单插入点）可在光滑和盒子模式下使用，使用简单模式插入点时不移动其他点的位置，但曲面会发生轻微的变化（图 9-166～图 9-169）。

| 图 9-166 原始曲面 | 图 9-167 插入中 | 图 9-168 插入后 | 图 9-169 调整点 |

Exact insertion （精确插入点）不改变曲面形状，只能在光滑模式下使用，将增加额外的点，现有控制点的位置会发生变化，会破坏物体已有的对称轴。使用精确模式也同时进行了曲面标准化的操作，在图 9-170 的边上使用精确模式插入点，自动"标准化"后产生的边如图 9-172 所示，通过对比盒子模式，可看出控制点的变化（图 9-171、图 9-173）。

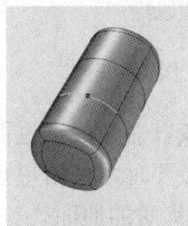

| 图 9-170 原始曲面 | 图 9-171 盒子模式 | 图 9-172 精确插入点 | 图 9-173 盒子模式 |

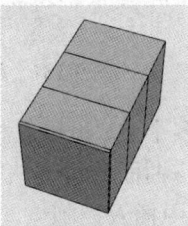

1. 在星点附近精确插入点

在星点附近插入精确点，系统会自动进行"标准化"操作，自动在与星点相连的面上插入控制点（图 9-174～图 9-176）。

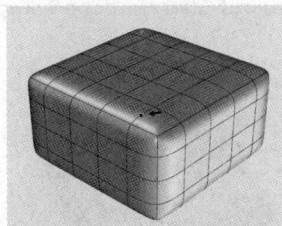

| 图 9-174 插入第一点 | 图 9-175 插入第二点 | 图 9-176 自动"标准化"效果 |

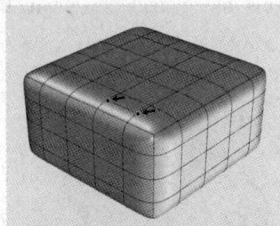

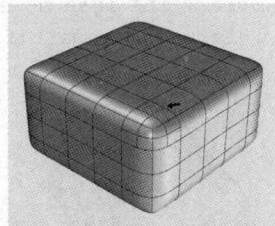

2. 在星点附近插入简单点

在星点附近插入简单点，曲面会略有变化，"标准化"后插入点的边会自动向外延伸，在距星点 2 个面的边上截止（图 9-177～图 9-179）。

图 9-177　插入简单点　　　　　图 9-178　曲面略有变化　　　　　图 9-179　"标准化"后增加了边

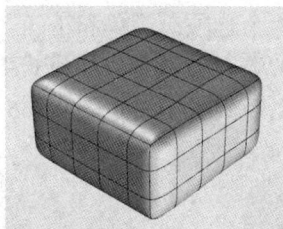

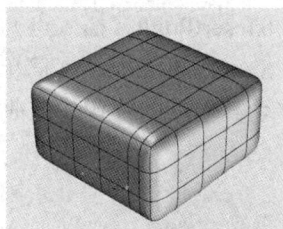

3. 多个点平行、对角线和在点上插入点

图 9-180 所示为在平面上插入多个点，插入点后曲面会发生细微的变化（图 9-181）。

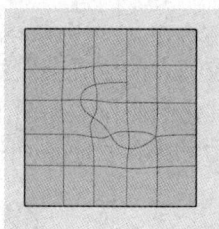

图 9-180　在平面上插入多个点　　　　　　　　　图 9-181　插入点后平面的变化

因插入点命令非常强大，可一次插入一个或多个点，可以互相平行或以对角线通过面。如使用不好，可能会搞糟曲面。牢记使用 T-Splines 曲面的黄金法则是：必要时才使用星点、三边面和 N 边面。如果在四边面或非星点的曲面中插入控制点，将获得优质的曲面。

插入点如发生错误，只能在盒子模式下显示，不能转换为光滑模式，可通过 tsLayout（布局）命令修复错误。

如在 tsBox 上插入点（图 9-182、图 9-183），插入点后会自动转为盒子模式（图 9-184）。插入点完成后，如不能从盒子模式转换为光滑模式，说明插入点后的曲面结构不对，不能自动生成曲面，在命令行会出现如下提示。

```
Error: The mesh does not have a consistent surface layout (mismatched knot
intervals, repair failed).
```

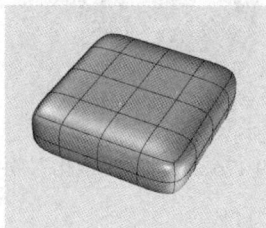

图 9-182　原始曲面　　　　　　　图 9-183　插入点中　　　　　　　图 9-184　插入点后

使用 tsLayout（布局）命令对插入点后的曲面进行修复（图 9-185、图 9-186），单击箭头处的 T 点，将 T 点转换为星点，再使用 Smooth Toggle（模式切换）命令将修复后的曲面由盒子模式转换为光滑模式（图 9-187）。

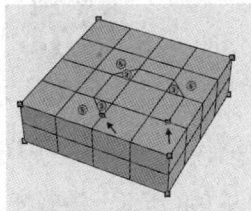

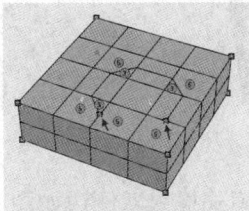

图 9-185 修复中   图 9-186 修复后   图 9-187 光滑模式

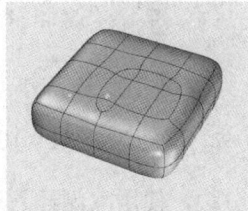

9.8.3 插入边（Insert edge）

使用 tsInsertEdge（插入边）命令，选择面或边后在需要处插入新的边，以对曲面进行细节的编辑。

命令选项有简单和精确两种模式，与 tsSubdivideFace（细分曲面）和 tsInsertPoint（插入点）命令中的简单和精确选项相同。在部分或全部环选择面、边链、边环中可以插入边，可使用 Rhino 的"物体锁点"进行定位，也可取消"物体锁点"进行手动放置。

1. 插入简单边

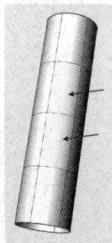

选择部分边链（图 9-188）或部分环选择面（图 9-189），单击 Insert edge simple（插入简单边）图标，确定插入边的位置，完成简单插入边效果如图 9-190 所示，插入边后曲面曲率发生变化，略向内收缩，盒子模式下的曲面网格未发生变化（图 9-191）。

图 9-188 部分边选择链   图 9-189 部分环选择面   图 9-190 曲面曲率发生变化   图 9-191 盒子模式

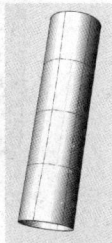

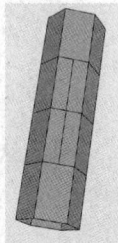

2. 插入精确边

选择部分边链（图 9-192）或选择两个面（图 9-193），右击 Insert edge exact（插入精确边）图标，确定插入边的位置，完成精确插入边效果如图 9-194 所示，插入边后曲面曲率不发生变化，在盒子模式下，曲面网格发生变化（图 9-195）。

3. 在部分边选择链中插入双侧边

可在部分边链中插入边，也可使用选项中的 BothSides = On 插入双侧边。选择图 9-196

图 9-192　部分边选择链　　图 9-193　部分环选择面　　图 9-194　曲面曲率无变化　　图 9-195　盒子模式

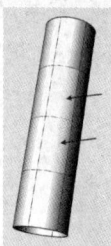

中部分边，使用双侧插入边，简单模式插入双侧边如图 9-197、图 9-198 所示，精确插入双侧边如图 9-199 所示。

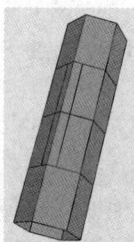

图 9-196　部分边　　　图 9-197　（简单选项）双　　图 9-198　盒子模式　　图 9-199　（精确选项）双
　　　　　选择链　　　　　　　　侧插入边　　　　　　　　　　　　　　　　　　　　侧插入边

tsInsertEdge（插入边）命令也可用来增加软锐边，主要是通过控制边的距离，以产生局部圆角的效果，图 9-200～图 9-202 所示为插入双侧边后，缩放指定边所形成的圆角效果。

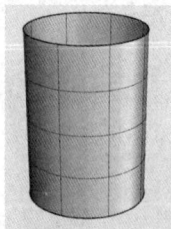

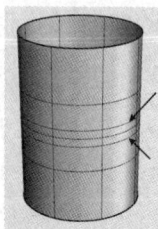

图 9-200　原曲面　　　　　图 9-201　插入双向边　　　　图 9-202　对中间边应用缩放操纵

9.8.4　锐边（Crease）

使用 tsCrease（锐边）命令可为 T-Splines 边增加完美的尖锐锐边。使用该命令时，选择欲创建锐边的边，然后按 Enter 键即可完成（图 9-203、图 9-204）。

tsCrease（锐边）命令的选项主要有以下几种。

1. 切线控制柄（Tangency）

使用切线控制柄控制锐边外的曲面，默认切线柄不显示，可在 T-Splines 选项中设置为 Display All，显示所有切线控制柄（图 9-205）。

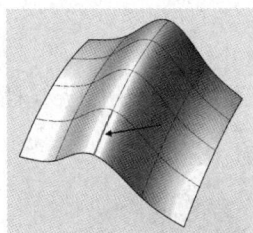

图 9-203　锐边前　　　　　图 9-204　锐边　　　　　图 9-205　屏幕显示为黄色的是锐边切线柄

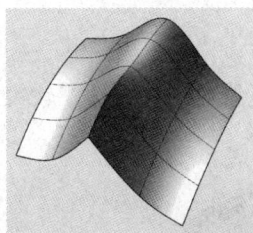

2. 锐边影响范围（Influence of creases）

像所有 T-Splines 和 NURBS 控制点一样，锐边控制点仅能影响物体两个面以内的区域，这意味着如果一个边为锐边，边链上紧邻的两个边为锐边影响区，第 3 条边不受影响，不产生锐边。

对图 9-206 选择的边应用 tsCrease（锐边）命令后，使用 Rhino 的"斑马纹"分析（图 9-208），可查看锐边怎样与曲面混合：图 9-207 中标号 1 处为锐边，标号 2 和 3 处是源于锐边 1 的部分锐边，标号 4 处为无影响区，为光滑的曲面。

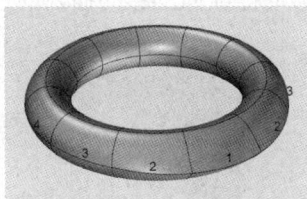

图 9-206　选择边　　　　　图 9-207　锐边影响区域　　　　　图 9-208　斑马纹分析

3. 在星点附近创建锐边（Crease behavior near star points）

在星点附近创建锐边可能产生不可预期的结果。如将星点附近的边创建为锐边，从此星点开始的所有边都将被创建锐边。因此建议或者在星点的所有边上创建锐边，或者不在星点边上创建锐边，或者使用 tsInsertEdge 命令在星点附近插入一个软锐边。

在图 9-209 所示立方体边上使用 tsCrease 命令添加锐边，锐边会沿着星点的 3 个方向进行延伸（图 9-210）。

图 9-209　T-Spline 立方体的边　　　　　图 9-210　锐边向 3 个方向延伸

4．软锐边

有时需要创建带有软角的锐边，而不是绝对的尖锐边。软锐边可通过 tsInsertEdge（插入边）命令创建（图 9-211～图 9-213）。

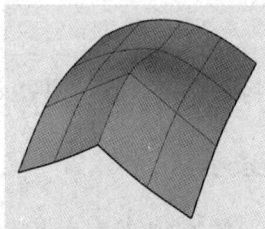

| 图 9-211　无锐边效果 | 图 9-212　通过 tsCrease 创建的尖锐边 | 图 9-213　通过 tsInsertEdge 创建的软锐边 |

5．拐角上的软锐边

在紧邻原始边处插入边将产生软的锐边效果。在图 9-214 中立方体上部使用插入边命令插入环形边（图 9-215），使用移动操纵向上移动插入的边，调整圆角大小（图 9-216）。

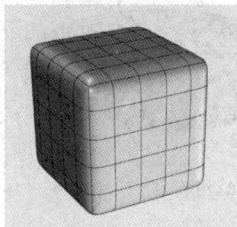

| 图 9-214　T-Spline 立方体 | 图 9-215　使用 tsInsertEdge 命令插入环形边 | 图 9-216　向上移动边 |

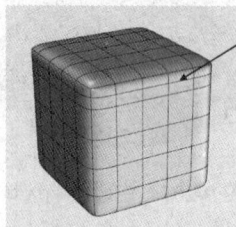

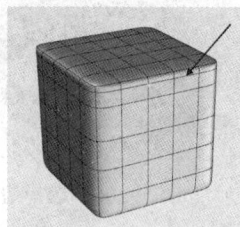

9.8.5　删除锐边（Remove creases）🔧（右击）

使用 tsRemoveCreases 命令移除 T-Splines 曲面中的锐边。其原理为：Splines 中通过切线柄来定义锐边，删除切线控制柄就会使曲面光滑（图 9-217～图 9-219）。

| 图 9-217　锐边 | 图 9-218　删除折痕中 | 图 9-219　删除折痕 |

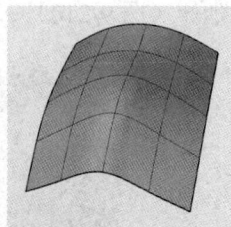

右击 Remove creases（删除锐边）🔧图标后，在命令行中提示选择要删除锐边的点，因锐边仅影响到 2 个面，必须选择与锐边相关的切线点和其他点才能完全删除锐边。如图 9-220 所示，在删除锐边过程中，仅选择圆角矩形内的点，会形成删除局部锐边的效果

（图 9-221），如要完全删除锐边，必须选择圆角矩形内和标号 1、2 和 3 处的点。

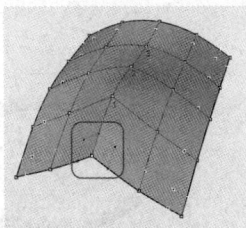

图 9-220　仅删除矩形框内的点　　　　　　　图 9-221　锐边未完成移除

9.8.6　边倒角（Bevel）

使用 Bevel edges（边倒角）命令可对选定的边进行倒圆角或倒直角操作，在盒子模式中更能直观地查看边倒角效果。

对图 9-222 选择的边进行边倒角操作，设置倒角百分比分别为 0.1 和 0.5（图 9-223、图 9-224），在盒子模式下查看边倒角的效果（图 9-225）。

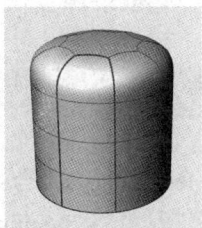

图 9-222　倒角前　　图 9-223　倒角百分比 0.1　　图 9-224　倒角百分比 0.5　　图 9-225　盒子模式

也可使用选择面的方式来代替欲倒角的多个边。图 9-226、图 9-227 所示为对单个边的倒角效果；图 9-228 所示为选择曲面后，对面进行圆角操作（图 9-229）。

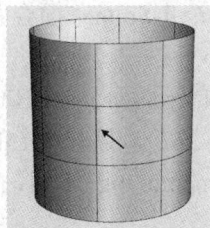

图 9-226　选择单个边　　图 9-227　边倒角　　图 9-228　选择面　　图 9-229　面倒角

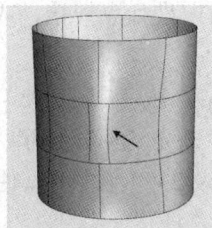

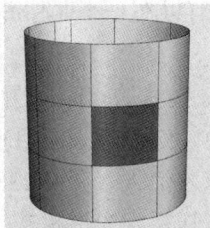

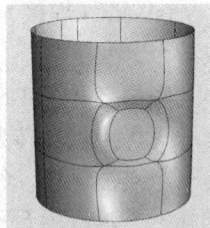

9.9　删除（Delete）

使用 Delete（删除）命令可以从 T-Splines 模型中删除面、边和节点。删除曲面效果和修剪类似，删除面后可继续编辑（图 9-230、图 9-231）。选择要删除的物体后直接使用键盘上的 Delete 键即完成删除操作。

从模型中删除边和节点，曲率将发生变化（图 9-232、图 9-233）。从面中删除边类似于 Rhino 的移除节点（RemoveKnot）命令，除边界外的边都可以删除。删除节点将移除和节点相连的所有边（图 9-234、图 9-235）。

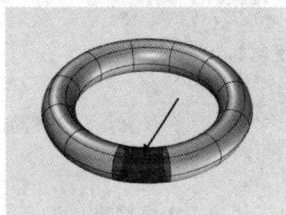

图 9-230　选择面

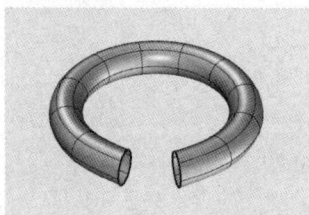

图 9-231　删除面

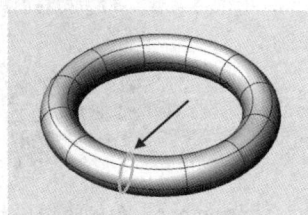

图 9-232　选择边

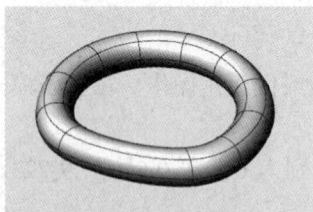

图 9-233　删除边

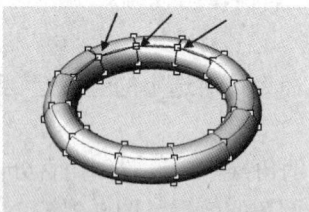

图 9-234　选择节点

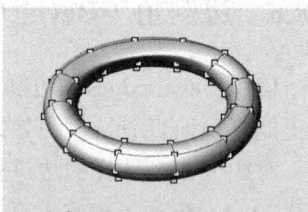

图 9-235　删除节点

9.10　合并曲面（Combining surfaces）

在 T-Splines 中可将不同的曲面进行相连。Weld points（焊接点）、Merge edges（合并边）、Match Surface（衔接）、Unweld edges（分离）、Bridge（桥接）等工具可将 T-Spline 曲面的边或点进行焊接、将曲面进行衔接或桥接，也可将曲面的边或点进行分离。

9.10.1　焊接点（Weld points）

tsWeld（焊接）命令可以在一个 T-Splines 面内进行点焊接，或将两个 T-Splines 面合并成一个。

当焊接两个 T-Splines 物体的点时（图 9-236），或者封闭单一 T-Splines 曲面上的缺口，第一对焊接点会转为红色，红色点表示目前不能以光滑模式显示（图 9-237），只有边上的另一个点被焊接，红色点才消失（图 9-238、图 9-239），才可以使用 Smooth toggle（模式切换）工具，由盒子模式切换为光滑模式（图 9-241）。

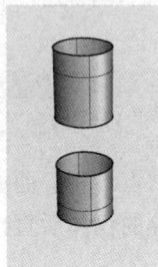

图 9-236　焊接前

图 9-237　焊接（1）

图 9-238　焊接（2）

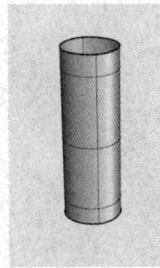

图 9-239　焊接（3）　　　　图 9-240　焊接（4）　　　　图 9-241　焊接后

选择点及执行命令的顺序对焊接效果具有一定的影响，如先选择两个点，再执行焊接命令时，焊接后的点将移动到两个焊接点的中心处（图 9-242、图 9-243）；如执行焊接命令后，再分别选择点，第一个点的位置将移动到第二个选择点的位置（图 9-244、图 9-245）。

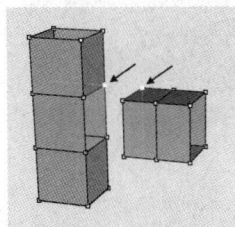

图 9-242　同时选择　　　图 9-243　向两点中　　　图 9-244　先选择　　　图 9-245　向第二选
　　　　　两个点　　　　　　　　　心移动　　　　　　　　第一点　　　　　　　择点移动

9.10.2　合并边（Merge edges）

使用 Merge edges（合并边）命令可将 T-Splines 内的边合并，也可将两个 T-Splines 物体合并成一个。使用命令时，只要选择两个边链即可将边合并到一起，命令中的光滑选项决定采用光滑模式还是锐边模式进行合并。

Merge edges 命令的功能类似于 tsWeld，是唯一的可将两个结构线不匹配的面连接成一个面的操作，图 9-246～图 9-248 所示为合并多个不相连的曲面，并且第三个面与前两个面结构线不同。

图 9-246　选择曲面 1 和 2 的环形边　　　图 9-247　合并曲面 1 和 2　　　图 9-248　合并边

使用 Merge edges 命令（合并边）也可合并单个曲面中的边，首先选择图 9-249 中的边 1 和 2，合并后如图 9-250 所示，再选择边 3 和 4，合并后曲面如图 9-251 所示。

在合并操作中，先选择边再执行命令和执行命令后再选择边，合并的效果会有很大差

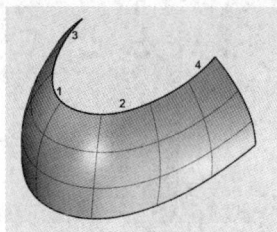

图 9-249　选择边 1 和 2　　　图 9-250　选择边 3 和 4　　　图 9-251　合并边

别，先选择要合并的边，执行 Merge edges 命令后，两个边将向内移动，距离为两个边间距的一半；执行命令后，按照操作步骤，选择第一个和第二个边链后，按 Enter 键，两个边将平均向内移动（图 9-252、图 9-253）。

图 9-252　同时选择两个边　　　　　　　图 9-253　合并

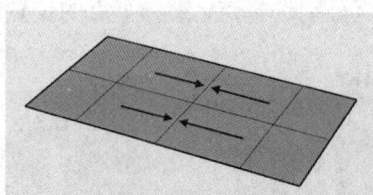

如执行 Merge edges 命令，选择第一个边，按 Enter 键后，再选择另一个边，先选择曲面的边将移动到后选择边的位置上（图 9-254、图 9-255）。

图 9-254　先选择第一个边　　　　　　　图 9-255　合并

9.10.3　分离边（Unweld edges）（右击）

使用 Unweld edges（分离）命令将 T-Splines 的边分离，分离后物体仍位于原位置，需要进行移动等操作才能查看分离效果（图 9-256～图 9-258）。

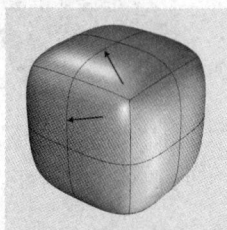

图 9-256　选择曲面中间的边　　　图 9-257　分离后效果　　　图 9-258　移动后效果

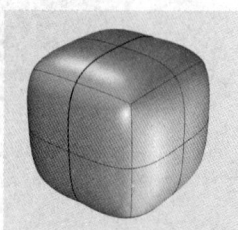

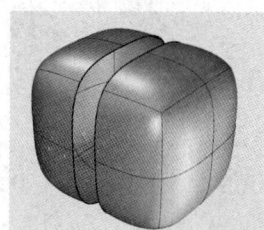

使用 Unweld edges（分离）命令也可对 T-Splines 曲面的局部边进行分离。分离局部边后（图 9-259），物体因分离后的结构不合理不能以光滑模式显示（图 9-260）；继续分离边

后，若结构合理，可由盒子模式自动转变为光滑模式（图 9-261）。

图 9-259　光滑模式　　　　　图 9-260　分离边 1　　　　　图 9-261　分离边 1 和 2

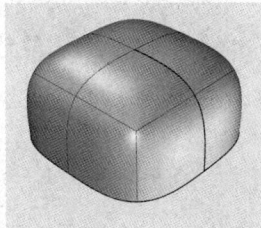

9.10.4　衔接（Match）

Match Surface（衔接）命令类似于 Rhino 的"匹配"命令，可将 T-Splines 曲面的边界边和 Rhino 的曲面或曲线以选定的连续性（位置、相切或曲率）进行连接（图 9-262～图 9-265）。

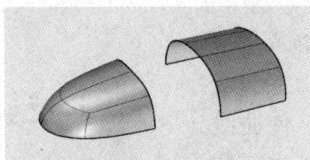

图 9-262　T-Splines　　　　　　　　　　图 9-263　以位置连续（G0）衔接

图 9-264　以切线连续（G1）衔接　　　　　图 9-265　以曲率连续（G2）衔接

除了衔接两个边外，使用 Match Surface（衔接）也可以将 T-Splines 曲面内部中间的边和曲线互相衔接。使用此功能，可将 T-Splines 曲面指定精确的尺寸（图 9-266、图 9-267）。

图 9-266　衔接前　　　　　　　　　　图 9-267　衔接后

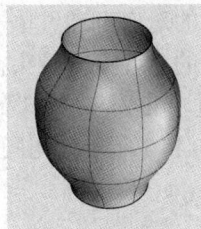

9.10.5　桥接（Bridge）

使用 Bridge（桥接）命令可将两个 T-Splines 曲面或同一曲面的两个部分通过增加内部面的方式进行连接。桥接两个内部面将创建洞；桥接边时，要求边段数相等（图 9-268～图 9-270）。

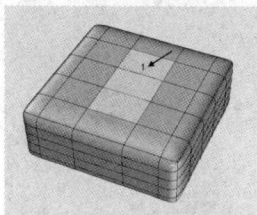

图 9-268　面 1　　　　图 9-269　相对面 2　　　　图 9-270　桥接后

Bridge 命令选项主要包含选择和对齐两个操作。

1）选择（Selection）

Bridge 命令可用于面桥接，也可用于边界处的桥接，需要选择两组面或两组边进行桥接。选择两组面后，在两组面间建立桥接，选择的面将删除，可通过命令行的"选择模式"选项（SelectionMode）在面和边之间进行模式切换。

2）对齐（Alignment）

使用段（Segments）选项来指定桥接的段数。

使用显示预览（ShowPreview）选项来显示桥接的预览。

可使用跟随曲线（FollowCurve）选项让桥接沿着指定曲线进行（图 9-271），将自动重新定位和缩放选择的曲线，使曲线处于桥接的中心，将线缩放到两个选择处（图 9-272）；也可使用旋转（Rotation）选项将曲线旋转，如图 9-274 所示为旋转 90°的效果，或者通过拖动曲线中间的圆，通过单击从中心指向外的箭头来翻转曲线。

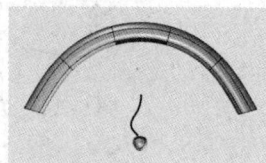

图 9-271　曲线

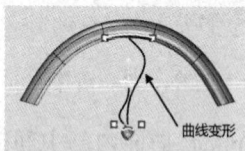

图 9-272　缩放曲线　　　　图 9-273　无旋转　　　　图 9-274　旋转 90°

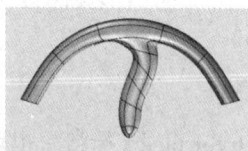

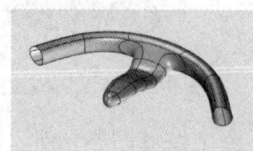

两个物体的对齐可通过单击面或边的对齐点来指定。当选择时，节点沿着选择位置进行对齐，唯一的对齐方向箭头在选择边的端点上，通过改变对齐方向箭头可调整选择点的对齐性。通过单击对齐方向箭头变换对齐方向，也可通过单击其他点移动对齐位置，图 9-275～图 9-277 所示为相同的曲面设置不同对齐位置的曲面桥接效果。

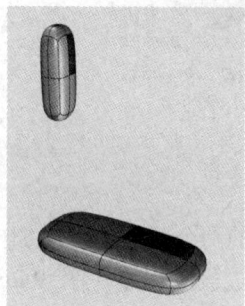

图 9-275　桥接曲面　　　　图 9-276　对齐位置（1）　　　　图 9-277　对齐位置（2）

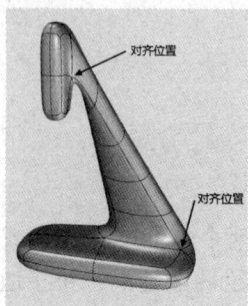

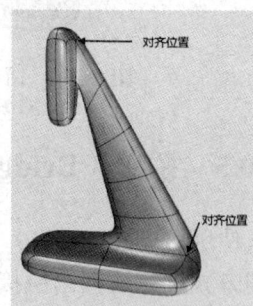

9.11　点的其他操作

9.11.1　点拉回（Pull）

使用 Pull control points（点拉回）命令可以将每一个 T-Splines 节点拉向目标曲面（可为 NURBS 面）的最近点上。首先选择 T-Splines 曲面上要拉回的点，然后选择目标面，即可完成点的拉回操作（图 9-278～图 9-280）。

图 9-278　T-Splines 面　　　图 9-279　NURBS 面　　　图 9-280　面拉回后

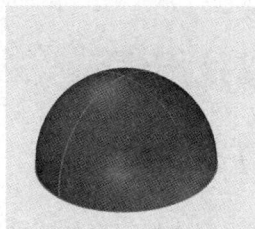

Pull control points（拉回）选项主要是拉回类型（PullType），分为对 T-splines 曲面点和控制点进行拉回操作。

9.11.2　点平面化（Flatten points）

使用 Flatten Points（点平面化）命令可以将控制点压平到一个通过所有控制点群组的平面上。至少选择 4 个控制点才能进行点平面化操作，可工作于 T-Splines、NURBS 和网格面的控制点上（图 9-281、图 9-282）。

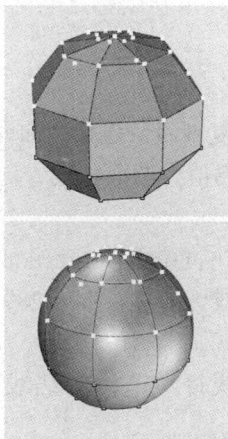

图 9-281　点平面化前　　　　　　图 9-282　点平面化后

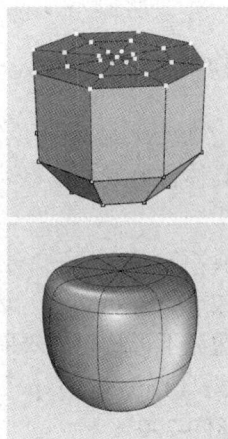

9.11.3　权重（Weight）

使用 Weight T-Spline points（权重）命令可以指定 T-Spline 控制点的权重，这类似于 Rhino

的"指定控制点权重"命令，通过指定权重可以控制点的圆角效果（图 9-283～图 9-285）。

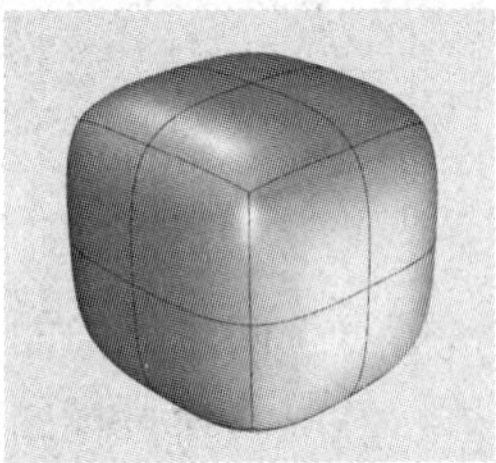

图 9-283　权重 1（默认） 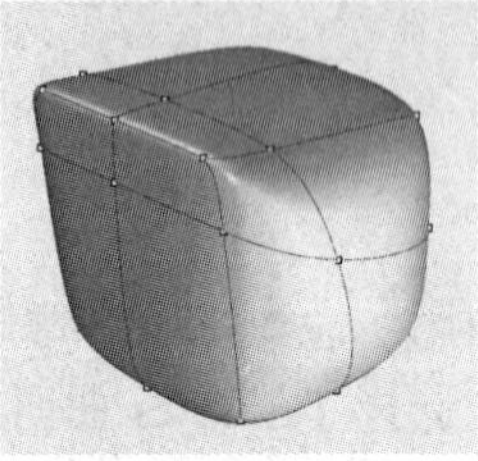　　　　图 9-284　权重 10 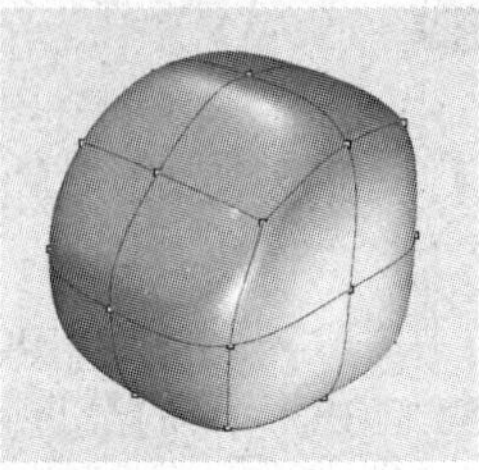　　　　图 9-285　权重 0.1

9.12　T-Spline 物体的其他操作

9.12.1　曲面加厚（Thicken）

Thicken（加厚）命令是一个快速创建相似壳体或曲面加厚的方法，其壳体不是非常精确，但能以最少控制点来创建可编辑的物体。如要精确的壳，可使用 Rhino 的"偏移曲面"（OffsetSrf）命令（图 9-286、图 9-287）。

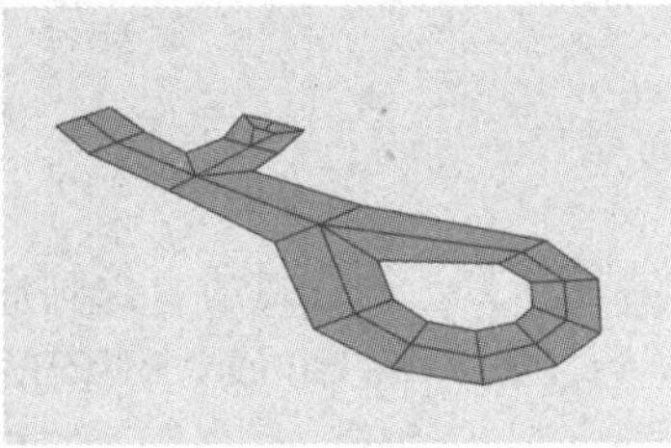

图 9-286　T-Spline 曲面 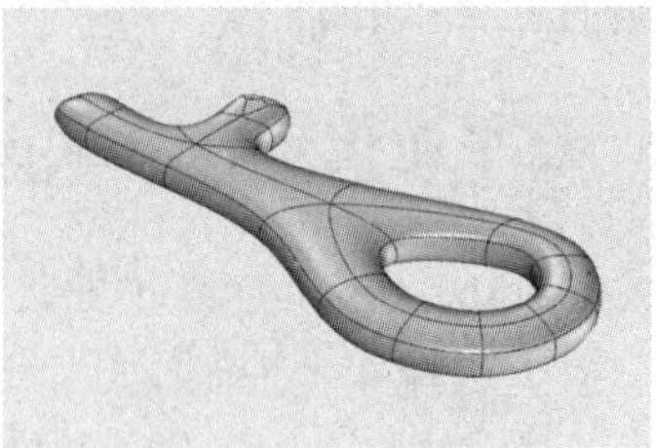　　　　　　　图 9-287　加厚（光滑边缘）

1．加厚开放曲面（Thickening open surfaces）

Thicken（加厚）命令的工作原理为将曲面沿指定距离复制后，连接两曲面周围的边。可通过输入具体数值或通过移动鼠标单击来确定厚度，加厚值为曲面法线方向上两控制点的距离。

加厚选项（Options）主要有创建锐边（CreaseEdges）和方向类型（DirectionType）两个。

创建锐边（CreaseEdges）选项在加厚曲面上创建锐边或圆滑边，图 9-289 所示为加厚锐边效果，边缘不再是光滑效果。

方向类型（DirectionType）可选择沿面的法线方向或每个节点的法线方向加厚边（图 9-289、图 9-290）。

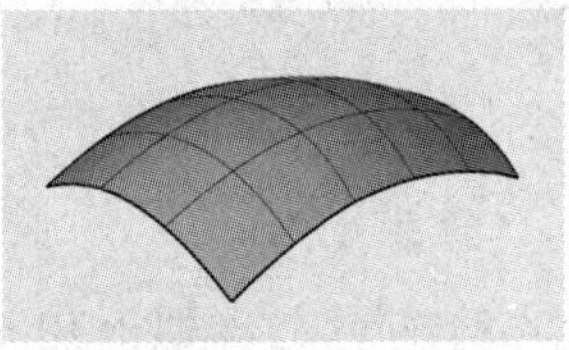

图 9-288　T-Spline 曲面 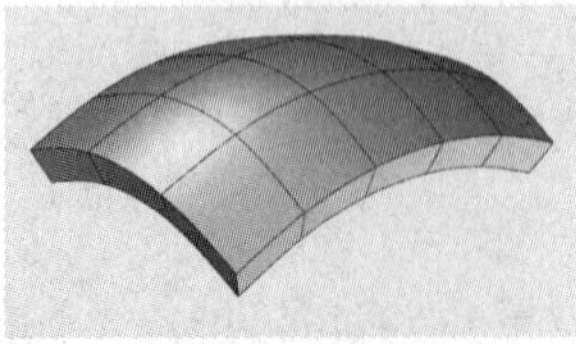　　　图 9-289　沿每个节点法线方向加厚 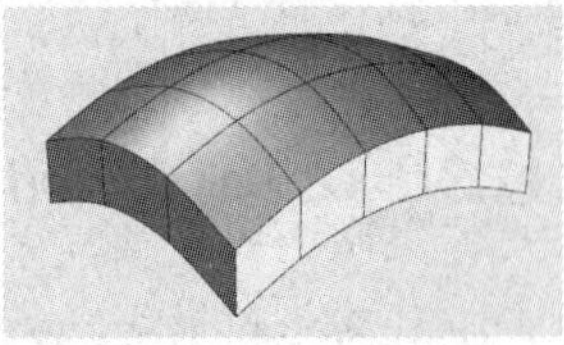　　　图 9-290　正常加厚

2．加厚封闭面（Thickening closed surfaces）

加厚封闭的曲面，将创建第二个单独面，如对封闭曲面进行加厚（图 9-291），使用 Rhino 的"遮蔽平面"查看加厚后的效果（图 9-292）。

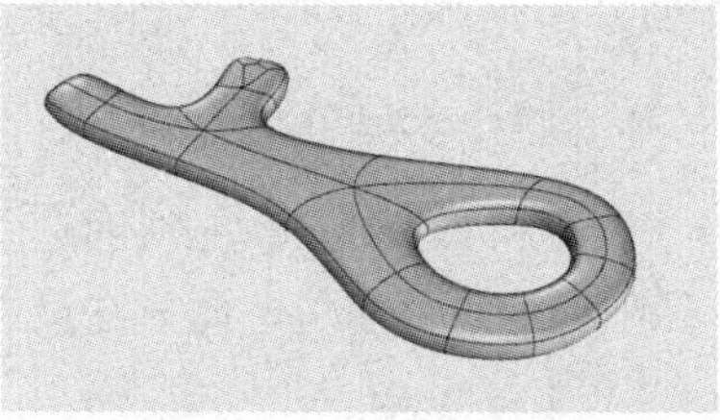

图 9-291　T-Spline 曲面再次加厚 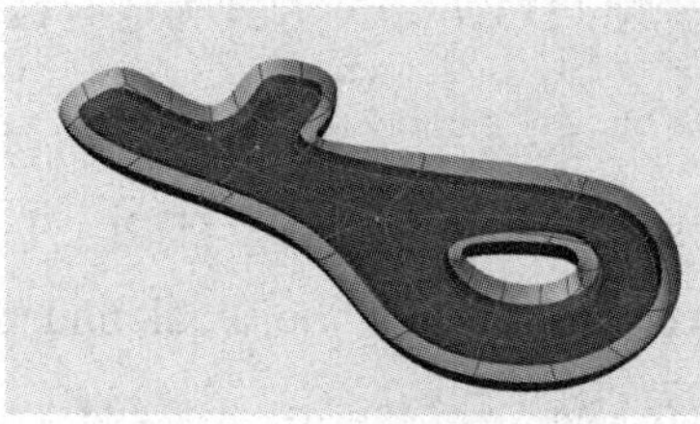　　　　图 9-292　使用遮蔽平面查看效果

3．加厚自相交的曲面（Creating self-intersecting surfaces with Thicken）

Thicken 命令不能检查自交，如果输入的厚度大于曲面的最小曲率，模型会发生自交，建议加厚后通过视觉方式检查相交性，可手动调整控制点来移除自交。

9.12.2　使对称（Modeling with symmetry）

使用 Symmetry on 命令可对 T-Splines 曲面应用轴对称或径向对称，对称轴默认以绿色显示。

1．轴对称（Axial symmetry）

以 X 轴、Y 轴或 Z 轴为对称轴，可对整个模型或部分模型进行对称操作。

首先选择要对称的 T-Splines 物体，然后选择增加（Add）对称轴或检测（Discover）对称轴的方式（增加（Add）一般对局部物体进行对称，检测（Discover）一般是对整个物体进行对称），选择物体中的边作为对称轴；在命令行选择轴对称（Axial）后，在增加（Add）对称轴中，可借助 Rhino 的捕捉功能在正视图中确定对称平面的起点和终点，或以 3 点方式确定对称平面（图 9-293～图 9-296）。

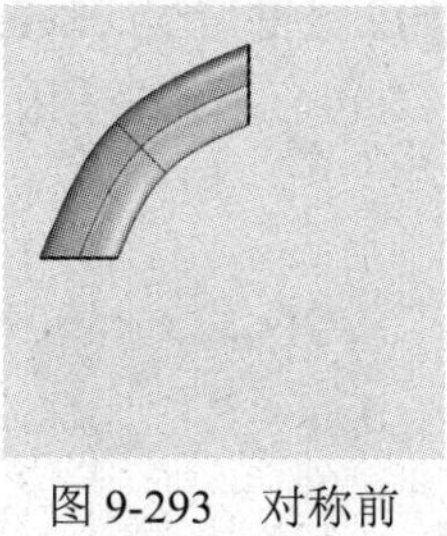

图 9-293　对称前 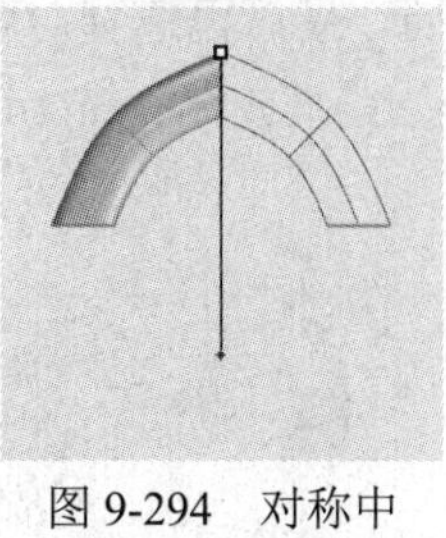　　　图 9-294　对称中 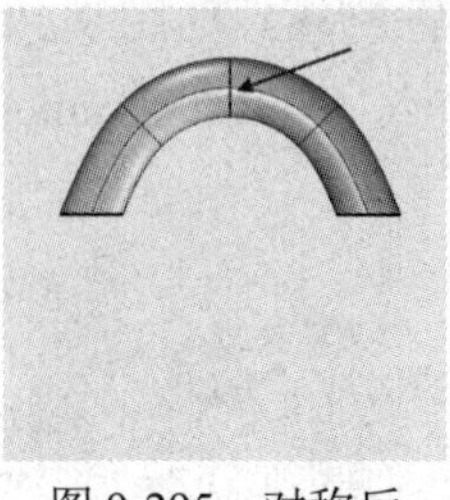　　　图 9-295　对称后　　　图 9-296　继续对称

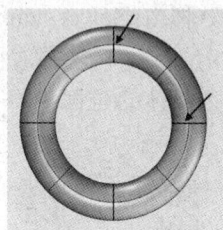

1）增加（Add）轴对称的选项

焊接（Weld）：确定是否焊接模型边界上的节点， Weld＝ no 将两个物体合并成一个但不焊接节点。

容差（Tolerance）：当 Weld＝ yes 时，对称边上在容差范围内的点将进行焊接。

3 点（3Point）：通过选择 3 个点定义对称轴。

2）检测（Discover）轴对称的选项

该选项可检测物体已有的对称，在整个模型中选择中间的边，或分别从每个半面中选择一个面，或从每个面中选择一个面、边和节点。

以检测（Discover）方式确定对称轴，在命令行中有如下提示：

```
Select an edge on the axial boundary(Faces(F)  FaceEdgeVert(A)):
```

具体有 3 种方式来确定对称轴：Edge（边）、Faces（面）和 FaceEdgeVert（面边节点）。

Select an edge on the axial boundary：直接选择要作为对称轴的边，此方法最为常用（图 9-297、图 9-298）。

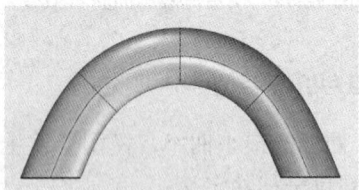

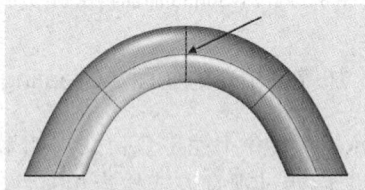

图 9-297　对称前　　　　　　　　图 9-298　直接选择边为对称轴

Faces：首先选择对称原始面（Select root face），然后再选择对称面（Select symmetric face）（图 9-299、图 9-300），图 9-301 所示为对称后对控制点进行编辑的效果。

图 9-299　选择原始面及对称面　　图 9-300　以环曲面对称　　图 9-301　对控制点进行编辑

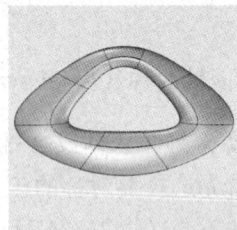

FaceEdgeVert：首先确定对称原始面（Select root face），再选择对称面（Select symmetric face），如图 9-302 所示；然后选择对称面上的原始边（Select root edge），再选择对称面上的对称边（Select symmetric edge），如图 9-303 所示；最后再选择对称原始边上的节点（Select root vert），再选择对称节点（Select symmetric vert），如图 9-304 所示。此方法一般适用于复杂物体的对称。

图 9-302　选择对称面　　图 9-303　选择对称边　　图 9-304　选择对称点　　图 9-305　对称轴

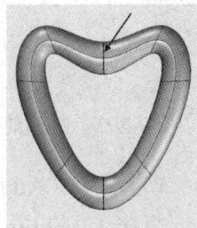

2. Radial symmetry（径向对称）

通过放置旋转中心来增加径向对称，可对整个模型或局部模型进行对称（图 9-306～图 9-308）。

图 9-306　对称前　　　　图 9-307　4 段及对称参考点　　　　图 9-308　对称轴

1）增加（Add）径向对称选项

径向对称旋转中心（Center of rotation）：旋转中心点，一般借助 Rhino 的捕捉确定。

段（Segments）：决定了径向对称部分的数量。

焊接（Weld）：确定是否焊接模型边界上的节点， Weld = no 将两个物体合并成一个但不焊接节点。

容差（Tolerance）：当 Weld = yes 时，对称边界上在容差范围内的点将进行焊接。

2）检测（Discover）径向对称选项

该选项可检测物体已有的对称，在整个模型中分别选择对称的原始曲面和对称后的面，或者从每部分面中选择一个面、边和节点。首先选择图 9-309 中曲面 1 作为对称的原始面、2 和 3 作为要对称的面；然后选择对称边 1 作为原始边、2 和 3 作为要对称操作的边（图 9-310）；再选择边 1 上的节点作为对称的原始节点、边 2 和 3 上相应的节点作为要对称操作的节点（图 9-311）。

图 9-309　选择对称面　　图 9-310　选择对称边　　图 9-311　选择对称点　　图 9-312　对称后

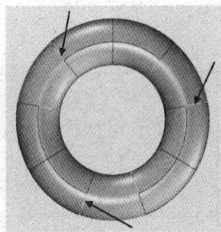

9.12.3　删除对称（Remove symmetry）　（右击）

使用 Symmetry off（删除对称）命令可从具有对称的曲面中移除对称，右击 Symmetry（对称）图标，选择具有对称特征的曲面，移除对称后，绿色对称轴马上消失。

删除对称的选项主要是 Isolate（孤立），该选项可以移除一部分曲面的对称，仅选择需要独立移除对称的面，独立的面显示为粉色。注意，只有完全在粉色区域内的网格才能进行移除对称操作，图 9-314 所示共有 4 个曲面须要移除对称，只有最中间的节点完全位于粉色对称区，是真正的移除对称（图 9-315），粉色区域内的其他边仍然具有对称性。

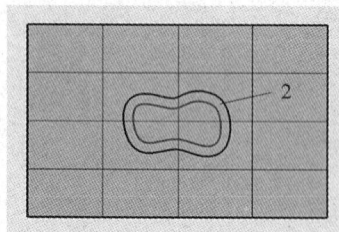

图 9-313　对称前　　　　　　图 9-314　选择的孤立面　　　　图 9-315　拖动节点，另一侧不变化

9.12.4　修剪 T-Splines 面（Trimming T-Splines）

如对 T-Splines 曲面使用 Rhino 的"修剪"操作，修剪后 T-Splines 曲面将转换为 NURBS 面。推荐的造型流程为在起始阶段，在 T-Splines 中对面进行推和拉的操作，造型基本完成时才使用 Rhino 的修剪命令进行细节的造型。

1．创建"无修剪"的 T-Splines 面

T-Splines 提供了与修剪相关的操作，可以不通过修剪来创建修剪效果。这样可得到一个控制点恰好位于修剪边缘上的可编辑表面，可将非修剪曲面合并，得到真实、光滑的修剪效果，下面说明具体操作过程。

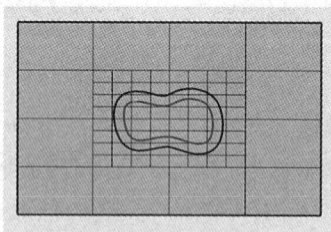

图 9-316　T-Splines 曲面和曲线

（1）创建 T-Splines 曲面和修剪曲线 1（图 9-316），并向外偏移曲线 1，得到曲线 2（图 9-317）。

（2）细分曲面，然后删除与曲线接触的面（图 9-318、图 9-319）。

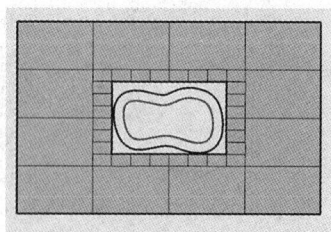

图 9-317　偏移曲线　　　　　　图 9-318　细分曲面　　　　　　图 9-319　删除曲面

（3）重建曲线 1 和 2，重建后的控制点数量与孔边缘的控制点数相同，放样重建后的两条曲线，形成环形面（图 9-320）。

（4）使用手动焊接各个点或使用 Append faces（添加面）命令等方法得到最终曲面（图 9-321、图 9-322）。

大部分删除操作可在光滑模式或盒子模式下进行，可是某些删除面可能产生无效的曲面，删除面后 T-Splines 曲面将自动转换为盒子模式。

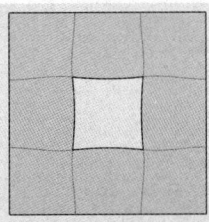

图 9-320　重建曲线后放样　　　　图 9-321　添加面　　　　图 9-322　最终曲面

图 9-324 所示为无效面，删除曲面 3 后，会造成面仅在边角处连接，出现红色点，表示曲面在光滑模式下无效，只能在盒子模式下显示。

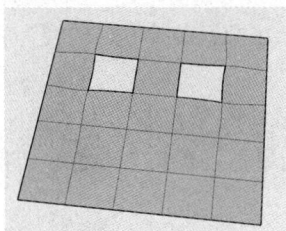

图 9-323　有效面　　　　　　　　　　　图 9-324　无效面

2．在带有光滑角点 T-Splines 面上制作孔

在图 9-325 所示曲面上创建光滑的圆孔，可选择中间的曲面将其删除，删除面后角点为尖点（图 9-326），选择要形成孔的直角边界，使用缩放操纵向内挤出边界，即可形成没有尖角的圆孔效果（图 9-327）。

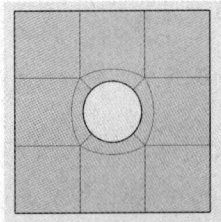

图 9-325　选择删除面　　图 9-326　删除面后，角点为尖点　　图 9-327　选择要形成孔的边界，挤出边界，形成没有尖角的圆孔

9.13　T-Splines 曲面修复

9.13.1　使均匀（Make Uniform）

使用 Make Uniform（使均匀）命令可以使所有的节点区间分布均匀，当曲面在增加控制点后出现奇怪的非舒展的形状时，此命令可使曲面舒展。此命令常用于在曲面、边或控制点调整后，对曲面进行优化的操作。对图 9-328 曲面使用 Make Uniform 命令后，在图 9-329 中箭头指出的曲面会发生变化。

图 9-328　曲面修正前

图 9-329　曲面修正后

9.13.2　布局（TsLayout）

菜单：T-Splines｜Repair｜Edit layout

当曲面 T-Splines 转换为光滑模式时，部分曲面偶尔会扭曲，或者不能转换为光滑模式，在这种情况下，可能需要将 T 点和星点交换。

执行 Layout（布局）命令时，曲面上 T 点和星点将显示为 和 ，为了让曲面能转换为光滑模式，显示为红色壳状 的不合理 T 点必须转换为星点。单击 T 点将其转换为星点，也可改变 T 点的方向。不是所有的星点都能转为 T 点。

星点在以下条件下可以转为 T 点：①节点价少于 4；②T 点所处的面指向为 4 边面。

在周期性曲面的面对角线上插入点（图 9-330），插入点后因曲面布局不合理，不能在光滑模式下显示，会自动转为盒子模式（图 9-331）。

图 9-330　面对角线上插入点

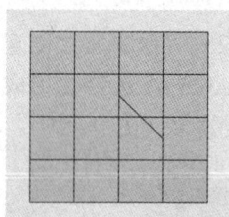

图 9-331　盒子模式

在命令行出现如下错误信息：

```
Error: Unable to convert object.
Error: The mesh does not have a consistent surface layout (mismatched knot
intervals, repair failed).
```

在执行 Layout（布局）命令中，红色壳状处的 T 点必须转换为星点，如图 9-332 所示，单击箭头处的壳状 T 点图标，将 T 点转换为星点效果（图 9-333），退出 Layout 命令，使用 Smooth toggle（模式切换）开关，将盒子模式切换为光滑模式（图 9-334）。

图 9-332　壳状处的 T 点必须转换为星点

图 9-333　转换为星点效果

图 9-334　光滑模式

操作技巧：在 Layout（布局）命令中使用 AutoRepair（自动修复）功能将所有的壳状图标点自动转换为星点（star points）。

9.13.3 反转面（Flip surface normal）

Flip normals（反转）命令与 Rhino 的反转方向命令相同，可以反转 T-Splines 曲面的法线方向，如对 T-Splines 曲面应用 Rhino 的反转方向命令，T-Splines 曲面会自动转换为 NURBS 曲面。图 9-335 中 T-Splines 曲面法线向内，图 9-336 为使用 Rhino 分析法线方向的效果，图 9-337 所示为使用 Flip normals 命令反转法线方向的效果。

图 9-335　法线向内的 T-Spline 面　　　图 9-336　使用 Rhino 分析方向　　　图 9-337　反转法线

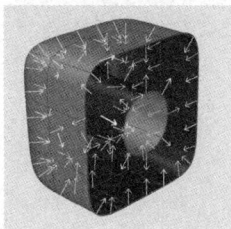

9.13.4 标准化（Standardization）

T-Splines 软件让操作尽可能自由和简单。为了与 NURBS 兼容，T-Splines 曲面需要标准化，标准化不改变曲面的形状，但会增加控制点来满足转换为 NURBS 曲面的需要。标准化一般在光滑模式下进行，增加的点默认为隐藏，可使用 Standardize（标准化）命令来查看增加的点。

当标准化曲面时，所有距星点两个结构线内的 T 点将自动延伸，自动增加控制点，使 T 点和星点间至少有两条结构线（图 9-338、图 9-339）。

图 9-338　未标准化前，点距离星点太近　　　图 9-339　标准化后，点和星点间至少有两个面

操作技巧：当模型已经标准化后，再次使用此命令，模型不会发生改变。未进行标准化的模型转变为 NURBS 曲面时，在转换前会自动进行标准化。

9.14　T-Splines 曲面导出

9.14.1 将 T-Splines 曲面转换为 NURBS 曲面

T-Splines 曲面相较其他细分曲面具有的典型优势，是转换为 NURBS 曲面时 100%精确，

转换后不破坏曲面并维持原曲面连续性。使用 T-Splines 造型时，可转换为 NURBS、转入到其他软件或进行生产。

　　转换 T-Splines 为 Rhino NURBS 曲面有两种方法，一种是使用 Convert To Rhino NURBS（转换为 Rhino 曲面）命令，右击 图标；另一种只要执行 Rhino 的命令，如命令需要在 NURBS 曲面上进行操作，T-Splines 曲面自动转换为 NURBS 曲面。

　　T-Spline 转换为 NURBS 时，T-Splines 被分为多个规则区域，在命令行的选项中通过设置 Set star smoothness 来决定转换后 NURBS 曲面的光滑度和密度。默认在星点为 G1 光滑，如果在星点处曲面没有预期的光滑，可改变星点的光滑性获得良好效果（图 9-340、图 9-341）。

图 9-340　不规则 T-Splines 曲面　　　　　图 9-341　多个规则的 NURBS 曲面

9.14.2　将 T-Splines 曲面导入到 SolidWorks 中

　　tsElement for SolidWorks 是一种转换需要在 SolidWorks 环境中编辑的曲面或概念模型的简单方法。SolidWorks 是基于 NURBS 的曲面建模程序，T-Splines 将多边形编辑方式引入到基于 NURBS 的环境，开发团队为 SolidWorks 开发了 Autodesk tsElements 插件，使用该插件非常容易将在 Autodesk T-Splines for Rhino 插件中完成的设计转换到 SolidWorks 中，充分享受两种环境中的优点，在更快的工作流程中拥有更多的创意和更多的乐趣。

　　SolidWorks 的 T-Splines 插件修剪的兼容性更完善，T-Splines 曲面可出现在 SolidWorks 特征树中，在曲面中添加带有修剪的 T-Spline 曲面，可返回并编辑 T-Splines 面，其他特征将自动更新，也可将在 T-Splines for Rhino 中完成的模型输出到 SolidWorks 中。

　　tsElements for SolidWorks 提供了在 SolidWorks 中编辑 T-Splines 的新模式，可以从 Rhino 中输入 T-Splines 曲面（.tsm 格式），目前 tsElements for SolidWorks 命令极少，仅能选择节点、边、面，可 Ctrl 选择和窗口选择。

　　tsElements for SolidWorks 是简单、强大的软件，主要有两个命令：

　　（1）输入曲面：允许输入 T-Splines 或细分曲面网格到 SolidWorks 中。输入的模型需要在 T-Splines for Rhino 中创建，在 SolidWorks 中目前还不能创建 T-Splines 曲面，只能导入。当导入模型后，可作为曲面或实体，然后使用合适的 SolidWorks 命令操作模型，如曲面的加厚和转换为实体。

　　（2）编辑特征：当单击编辑特征时，可选择节点、边或面进行推和拉的操作来改变模型的形状，仍保留光滑性和连续性。可使用面、边和节点的方式来推和拉模型，也有变换、选择和缩放的操作。当完成特征改变时，特征树中的其他特征将自动重建。

9.15　本章小结

　　本章首先详细介绍了 T-Splines 的操作界面，选择方式，编辑模式，移动、旋转和缩放操纵；然后介绍 T-Splines 曲面的基础知识、T 点和星点的应用；在此基础上，具体介绍 T-Splines 实体造型过程及方法、从线建立曲面的工具和方法的使用、从输入曲面建立 T-Splines 曲面、各种曲面的转换方法及技巧、增加面的工具及使用过程、在 T-Splines 曲面中增加细节的方法、合并曲面中常用的工具和具体操作方法、点的操作及曲面的转换。

　　T-Splines 网格建模插件的核心是对曲面的调整，使用简单的工具就可快速创建出具有一定复杂形状的有机曲面，非常适合对造型细节的推敲。

第10章

KeyShot 渲染

KeyShot™ 意为"The Key to Amazing Shots",是一个互动性的光线追踪与全域光渲染程序,一款采用 CIE(国际照明协会)认证过的渲染引擎的渲染器。它采用的是科学光学标准的真实世界的灯光及材质,通过科学而准确的算法,可在很短的时间内,无须复杂的设定即可产生相片级真实的 3D 渲染影像。

KeyShot 采用 HDRI(high dynamic range image)照明技术,能非常方便及真实地照亮场景。采用实时渲染技术,可在设置的同时直接看到改变材质和灯光后的各种渲染结果,大大缩短了制作效果图的时间。其基于 CPU 的渲染,可充分支持多 CPU 多核心的处理能力,CPU 数量越多,渲染速度越快。可工作于 PC 及 MAC,非常容易掌握。

目前最新版本是 KeyShot 4.0,具有中文、英文等多种语言可选择。官方提供了相关的接口 Plugins(插件),可将 KeyShot 渲染器整合到常见的三维软件中,目前支持的软件有:Rhino(Rhino 5.0)、3ds Max(3ds Max 2012 或 2013),Creo(组件及零件的渲染)和 SolidWork等,安装接口插件后在建模软件中将出现 KeyShot 菜单,选择使用 KeyShot 渲染,KeyShot会自动将三维模型在新的 KeyShot 窗口中打开,应用材质、改变照明、移动相机后,即可完成渲染。

10.1 KeyShot 界面

KeyShot 界面主要包括菜单、实时窗口和主工具列(图 10-1)。

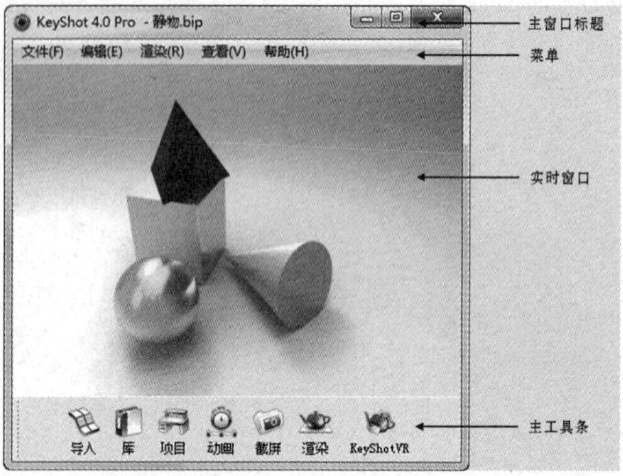

图 10-1 KeyShot 界面

1. 快捷键

使用快捷键可快速进行操作，按键盘的 K 键可显示 KeyShot 快捷键设置情况，主要有相机、环境、文件、常规、界面、材质、实时和动画相关的快捷键设置。

2. 首选项

KeyShot 的"首选项"主要有常规、界面、文件夹、插件和高级 5 个选项卡，一般保持默认选项即可（图 10-2）。

其中"文件夹"选项卡使用比较多，主要查看纹理、背景、环境、材质、渲染、场景、动画、材质模板等文件保存的路径位置，尤其是查看渲染后文件的保存位置。

3. 实时窗口

实时窗口主要包括两部分，一部分为 3D 模型文件的显示窗口，在窗口中对模型进行移动、赋予材质、相机调整等操作（图 10-3）。

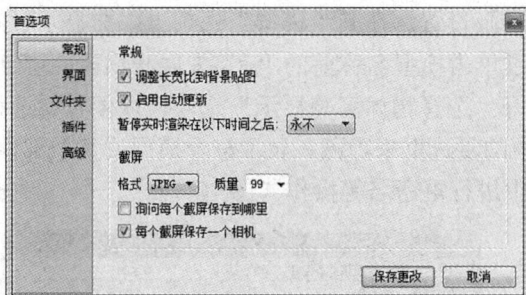

图 10-2　"首选项"

图 10-3　实时窗口

另一部分为主工具列，主要有导入、库、项目、动画、截屏和渲染等图标。主工具列一般位于实时窗口下面，也可移动到实时窗口的左侧。在主工具列区域按住鼠标右键会出现设置工具列大、中、小和显示/隐藏文字的右键菜单。

4. 库

单击"库"图标 📖 ，可访问库。KeyShot 库会预先载入 KeyShot 储存在默认文件夹中的材质、环境、背景图和纹理等文件，也显示 KeyShot 渲染完成的图片。具体的储存位置可通过"首选项"|"文件夹"选项卡查看。"库"类似于操作系统中的浏览文件，可新建文件夹、导入或导出内容。

"库"窗口被分为上、下两部分，上部分显示库文件的目录结构，下部分以图标的形式显示被选择库文件夹中的具体内容，可在库中选择欲使用的材质或环境等文件，拖动到实时窗口中，进行赋予材质、设置环境等操作。

KeyShot 库主要有材质、环境、背景、纹理和渲染选项卡，主要作用如下。

"材质"选项卡显示了系统默认安装的材质文件，主要有布及皮革（Cloth and Leather）、宝石（Gem Stones）、玻璃（Glass）、发光（Light）、液体（Liquids）、金属（Metal）、杂乱的（Miscellaneous）、油漆（Paint）、塑料（Plastic）、丝绒（Soft Touch）、石材（Stone）、透明（Translucent）、木材（Wood）等类型，涵盖了常用的材质类型。

"环境"选项卡提供了室内、室外和工作室中常用的照明文件，一般为 HDRI 高清动态贴图照明文件，也可作为渲染图像的背景。

"背景"选项卡提供了常用的室内和室外渲染时的背景文件。

"纹理"选项卡提供了常用的模型材质的纹理贴图文件。

"渲染"选项卡可显示渲染文件夹中已渲染的文件。

5. 项目

单击"项目"图标 ，或按空格键可快速访问"项目"。

"项目"是当前场景文件、场景中使用的材质、环境文件、相机设置和图像设置的综合，在"项目"中可进行复制、删除三维模型，编辑材质，调整环境照明，调整相机等操作（图10-4）。

"项目"主要包括场景、材质、环境、相机和设置 5 个选项卡。

1）场景

在"场景"选项卡中显示模型、相机和动画设置。在其"模型"选项卡中会显示导入模型的文件名称、图层名称等原始信息，通过单击模型名称前的"+"来展开物体的层级，"–"关闭物体的层级。在"首选项"中可打开"选择物体高亮显示"选项，以便查看选择状态。通过选中或取消选中"场景"选项卡中的复选框来隐藏、显示整个模型或某个部件，也可以选择模型或单个部件后，在右键菜单中进行重命名等操作（图10-5）。

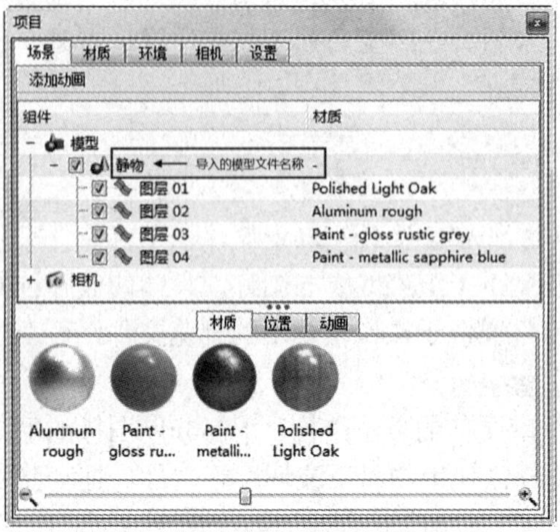

图 10-4　项目窗口

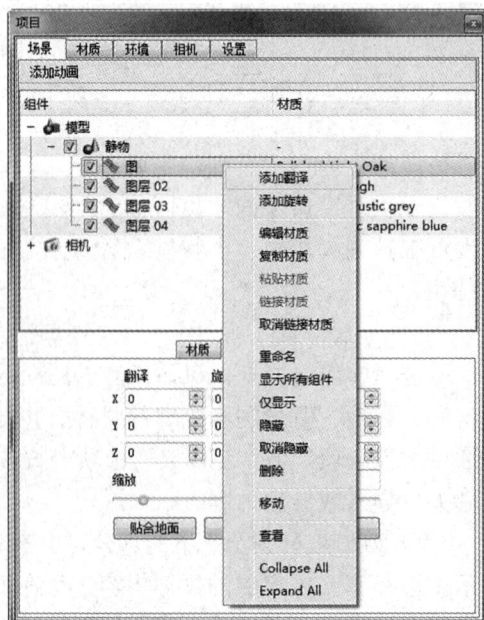

图 10-5　"项目库" | "场景"选项卡

在"相机"选项卡中可切换不同的相机，在相机列表中默认的活动相机显示为淡蓝色底纹，在相机列表中选择非活动相机后，在右键菜单中选择"设为活动相机"（图 10-6），即可在不同相机间切换。

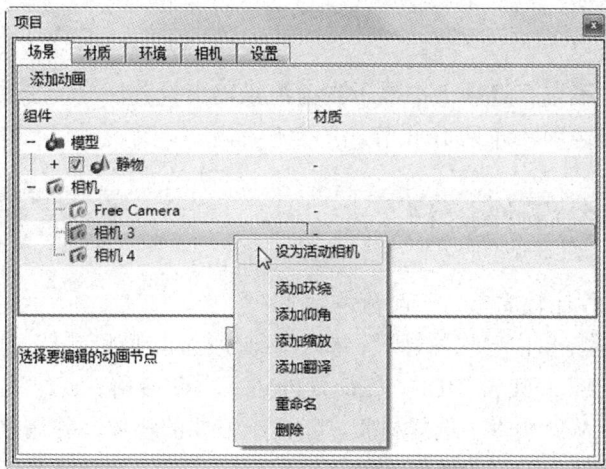

图 10-6　设为活动相机

在"场景"选项卡中选择组件后，可查看各组件的材质，进行移动、旋转、缩放等位置操作，可设置沿 X 轴、Y 轴、Z 轴方向的位置操作，也可使组件贴合地面、居中或重置（图 10-7）。

2）材质

在"项目"｜"材质"选项卡中显示当前场景所使用的材质，双击材质球，会显示材质属性（图 10-8），可对材质进行重命名、保存到材质库、改变材质类型、修改纹理及标签等操作。

图 10-7　位置

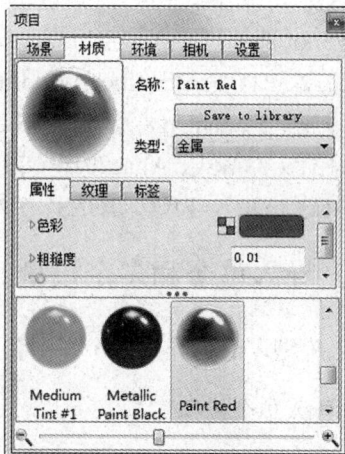

图 10-8　材质属性

3）环境

在"项目"｜"环境"选项卡中显示当前使用的环境图像，环境图像可为场景提供照明，或者作为渲染场景的背景，支持的格式为.hdr 和.hdz，具体使用方法详见 10.5 节。

4）相机

在"项目"｜"相机"选项卡中显示当前使用的相机。在"相机"下拉菜单中选择场景中可使用的相机，选择相机后，实时窗口会切换到新的相机，可以保存或删除相机，具体内容详见 10.7 节。

5）设置

在"项目"｜"设置"选项卡中显示当前渲染输出设置情况，主要为分辨率、调整、质量、高级和特效等选项，详见 10.6 节。

10.2 KeyShot 工作流程

KeyShot 工作流程比较简单，一般流程如下：

（1）导入三维模型：单击导入图标 ，导入三维模型，目前可支持的格式有 OBJ、Rhino、STEP、SolidWorks、SketchUp、3DS、Creo（Pro/E）、IGES 等；

（2）指定材质：从材质库中选择材质，指定给需要的物体，并调整材质；

（3）选择灯光：选择照明的场景文件，调整照明环境，如亮度、照明场景角度等；

（4）设置背景图：根据需要选择合适的背景图，也可以不使用背景图；

（5）调整相机角度：可实时调整相机角度，以满足产品表现的需要，可对相机进行旋转、放大或缩小、左右倾斜等操作；

（6）保存快照或渲染场景。

10.3 导入模型

10.3.1 支持文件类型

KeyShot 能够直接读取 Rhinoceros 5.0 及以前、AutoCAD（Dxf、Dwg）、Autodesk Inventor 2010—2012、PTC Pro/Engineer Wildfire 5 及以前、Creo 2.0 及以前、CATIAV4/5、SolidWorks 2012 及以前、SketchUp 8 及以前、Siemens NX 8 及以前，Siemens Solid Edge ST4 及以前等常见软件的文件格式，Alias2010—2012、Maya2010—2012 软件安装后也可直接读取，还有常见的 3DS、OBJ、FBX、IGES、STEP 等格式。

10.3.2 导入单个和多个模型

导入模型可分为导入单个模型和导入多个模型。

1. 导入单个模型

KeyShot 导入设置主要包括常规、方向和高级 3 个选项（图 10-9、图 10-10）。

"常规"选项主要包括几何中心和贴合地面。

几何中心：选中该复选框，导入的模型将忽略原坐标信息被放置在场景的中心；不选中该复选框，将按照模型的原坐标信息放置在场景中。

图 10-9　导入设置简单模式

图 10-10　导入设置高级模式

贴合地面：选中该复选框，导入的模型将忽略原坐标信息被放置在地面上。

"方向"：在不同的三维软件中，定义向上方向的坐标轴不是完全一致的，可以选择默认"Y 向上"或其他轴向上。如果导入模型后方向不正确，可重新导入再选中其他的轴向上。

在"高级"选项中，如选中"保留单独的组件"复选框，导入模型后将模型中每个物体单独分为一个材质组，一般适用于物体比较少的情况。选中"使用材质模板"复选框可使用在三维建模软件中的材质信息。

2. 导入多个模型

导入多个模型设置与导入单个模型设置基本相同，主要包括常规、坐标、方向和高级 4 个选项（图 10-11）。

"常规"选项：

选中"添加到场景"复选框，导入的模型将与场景中已存在的模型合并；如不选中，导入的模型将替换场景中已存在的所有模型。

选中"保留材质"复选框，重复导入的模型将采用场景中的材质；不选中该复选框则采用三维模型的材质设置。

"坐标"选项：

选中"自动"单选按钮，自动判断物体的坐标位置。

选中"继续上一个导入"单选按钮，参照上一个导入物体的坐标导入模型。

图 10-11　导入多个模型

10.3.3　模型操作

1. 屏幕导航

旋转相机：按住鼠标左键并拖动，可上下左右旋转。

平移相机：按住鼠标中键并拖动。

推拉相机：按键盘的 Alt 键同时按鼠标右键并拖动，或者滚动鼠标滚轮。

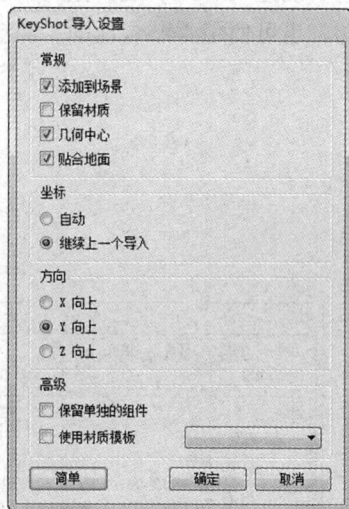

2．隐藏/显示组件（parts）

在赋予材质时，若模型中物体有遮挡或重叠，需要隐藏部分物体，只要右击物体，在出现的右键菜单中选择"隐藏组件"命令即可，也可在右键菜单中选择"仅显示"命令只显示选择的物体。

同样，可在右键菜单中选择"撤销隐藏组件"、"显示所有组件"命令来恢复上一个或所有隐藏物体的显示。

3．场景

"场景"显示场景中模型及相机的层次关系，可在"场景"中对物体进行动画设置，在模型树中的物体名称前取消选中或选中该复选框来隐藏或显示物体（图 10-12）。或者选定物体后使用右键菜单快速进行动画设置、材质操作、隐藏或移动的操作。

4．复制对象（models）

在模型树中选择整个模型后，在右键菜单中选择"复制"命令就可同时复制模型、材质和动画。

5．移动对象（models）

对象，可理解为场景中的所有物体，右击实时窗口中的模型，在右键菜单中选择"移动对象"命令（图 10-13），在工具列的上方会出现移动、旋转等操纵杆（图 10-14、图 10-15），选中确定"本地"或"全局"坐标轴，确定后即可对整个模型进行位置、旋转、缩放等移动，也可使用"贴合地面"将整个模型贴合到地面上。

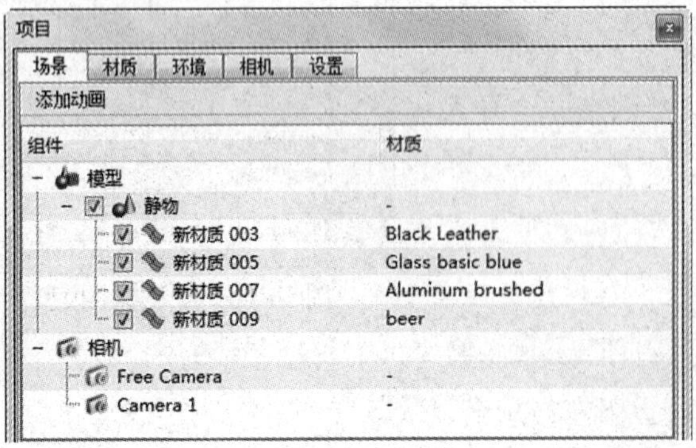

图 10-12　场景

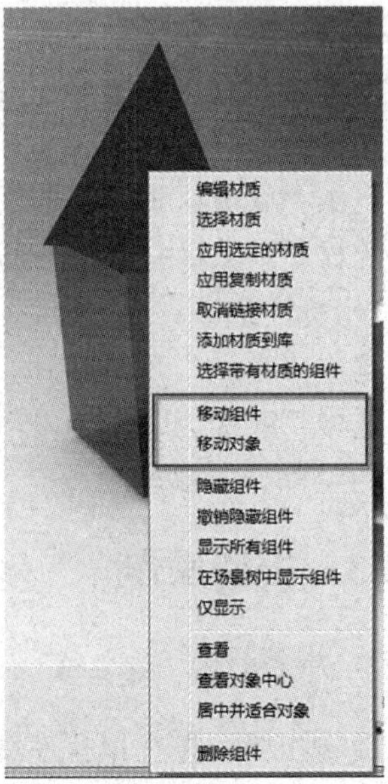

图 10-13　移动对象

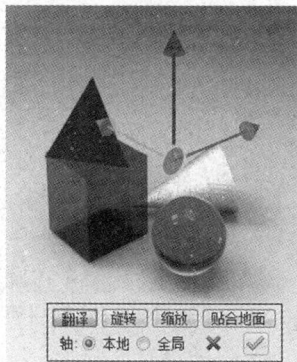

图 10-14　移动操纵杆①

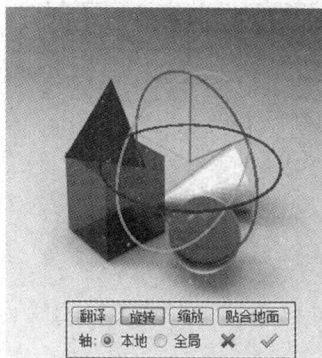

图 10-15　旋转操纵杆

6. 移动组件（parts）

组件可理解为模型中的部分物体，右击实时窗口中的模型，在右键菜单中选择"移动组件"，即可对部分模型进行位置、旋转、缩放等移动操作，或者令组件与地面贴合。

10.4　材质

1. 赋予材质

单击库图标 ，在弹出的库窗口中选择"材质"选项卡，任选一个材质球后，将材质从库中拖动到实时窗口的物体上，物体即显示赋予材质后的效果（图 10-16）。

当把库中的材质赋予物体后，在"项目"中会复制一份正在使用的材质，如"项目"中已有同样的材质，材质名称将自动增加编号后添加到"项目"中。在"项目"｜"场景"选项卡中会以材质球的方式显示场景中所有物体的材质，未使用的材质将自动从"项目"中移除。

图 10-16　从库中拖动材质球到实时窗口的物体上

2. 复制与粘贴材质

当从一个物体复制材质，粘贴到另一个物体后，修改这个材质，会同时影响使用这个材质的两个物体。复制与粘贴材质主要有 3 种方法。

（1）按 Shift 键同时单击实时窗口中已指定材质的物体，可复制该物体的材质，然后按 Shift 键同时右击另一个物体，这样会从"项目"中复制同一个材质给另一个物体（图 10-17、图 10-18）。

（2）直接从"项目"中将材质指定给多个物体，将一个材质指定给多个物体后，编辑这个材质，使用该材质的物体会同时发生变化。

---

① 本版本 KeyShot 将"Translate"汉化为"翻译"，是不准确的，汉化为"位置"比较合理。

图 10-17　Shift+单击（复制材质） 　　　　　　图 10-18　Shift+右击（粘贴材质）

（3）在"项目"｜"场景"选项卡中选择物体后，使用右键菜单中的"复制材质"命令和"粘贴材质"命令，可将同一材质指定给多个物体。

3．编辑材质

有多种方法查看材质的属性，在实时窗口中双击任一物体，或在"项目"｜"场景"选项卡中双击材质球图标，或在"场景"树中选择一个物体后在右键菜单中选择"编辑材质"命令，都会显示该物体的材质属性。

编辑材质主要通过"项目"窗口中的"材质"选项卡进行（图 10-19）。编辑材质后，实时窗口中会自动更新材质。

4．保存材质

保存材质主要有两种方法，一种是右击模型，在出现的右键菜单上选择"添加材质到库"命令；另一种是在"材质"属性中单击 Save to library 按钮。

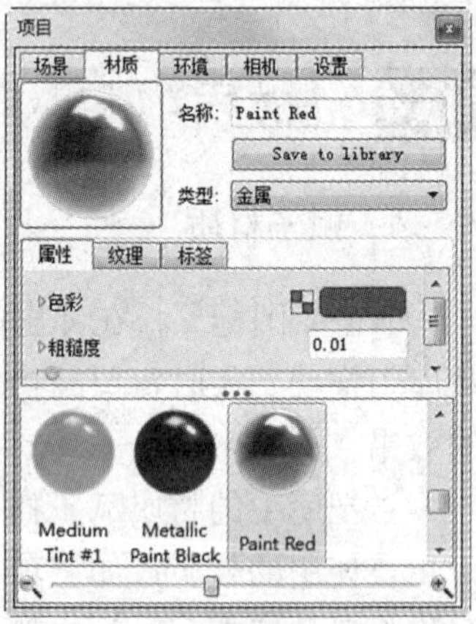

图 10-19　编辑材质

5．链接材质

在"项目"｜"场景"选项卡的模型中选择两个材质后，在右键菜单中选择"链接材质"命令可将两个物体材质更改为一个，即场景树中位于上面的材质。如果场景中多个物体使用同一个材质，选择一个物体后，在右键菜单中选择"取消链接材质"命令可取消该物体与其他物体的链接，自动在材质名称上增加数字序号，可对该物体的材质进行单独编辑。

10.5　环境

在 KeyShot 中主要通过"环境"中 HDRI 图像来为场景提供照明，类似于在球体上进行贴图，当相机在球体内部时，会处于一个完全封闭的环境，这种方法使产生照片级真实光线的方法非常简单。"环境"选项卡主要有照明、背景和地面 3 个方面的设置。

1．照明

KeyShot"环境"库中主要有两种类型文件，一种是真实的室内或室外环境照片，比较适合汽车或娱乐等产品的渲染；另一种是 Studios，非常适合产品或工程方面的渲染。无论采用哪种类型环境，都会产生真实的渲染效果。

1）设置及调整环境

在 KeyShot 中，当前使用的环境决定了场景中的照明，只要从"库"｜"环境"选项卡中将图像拖到实时窗口中即可更换环境，鼠标释放后，场景中的照明就发生了变化（图 10-20）。

调整环境亮度的方法有多种，第一种是使用键盘中的↑、↓、←、→键，其中↑、↓增加或减小幅度比较大，←、→增加或减小幅度比较小；另一种是使用"项目"｜"环境"选项卡的亮度调节滑动条。

对比度可在"项目"｜"环境"选项卡中的"对比度"滑动条中调整，低对比度产生柔和的阴影，高对比度产生尖锐的阴影。

灯光方向和反射方向的调整，在实时窗口中按住键盘的 Ctrl 键和鼠标左键，向左右拖动可旋转环境，其变化值可以在"项目"｜"环境"选项卡的"旋转"命令中体现出来。KeyShot 会根据当前环境角度来产生阴影和确定阴影方向。

通过直接调整"项目"｜"环境"选项卡中的"旋转"滑动条或者调整"大小"命令中的滑动条，可直接调整环境的角度。

2）使用 KeyShot 环境编辑调整环境文件

KeyShot 环境编辑是一种简单的调整环境照明的方法，在"项目"｜"环境"选项卡的"照明"命令中单击环境文件名称后的"编辑"按钮（图 10-21），会打开 KeyShot HDR 编辑器。

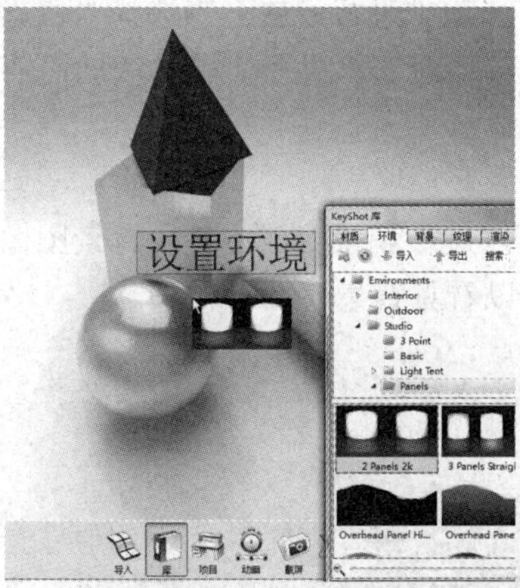

图 10-20　设置环境

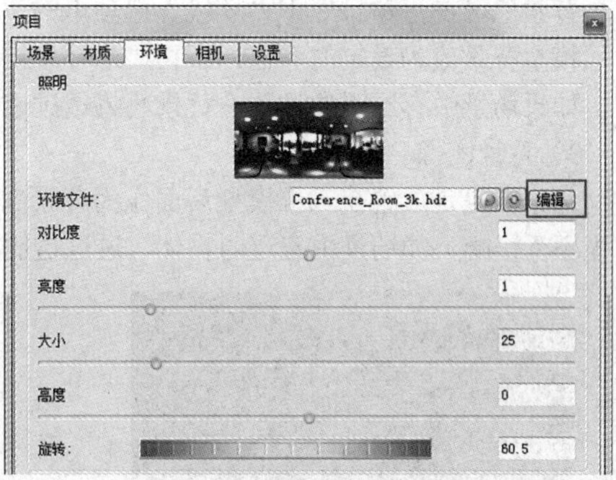

图 10-21　编辑环境文件

在 KeyShot HDR 编辑器的"调节"选项卡中可调整照明环境的色彩饱和度和色调、给背景着色、调节亮度及对比度。此选项卡对渲染场景的色调控制非常重要，如渲染后的图像色彩偏红，可使用该选项卡降低背景图像的饱和度，或调整色调来降低红色。

饱和度：增加或降低环境中的色彩浓度，如滑动到 0，将取消环境中的色彩。

色调：使用滑动条转变背景的颜色，滑动条值从 0 到 360 代表色相环。在改变背景颜色时，调整后的颜色取决于调整前的起始点颜色，如环境为红色，当滑动条调到 120 时，结果颜色为绿色；如果起始环境色为绿色，当滑动条调到 120 时，结果颜色为蓝色。

着色：可在整个背景环境中覆盖一个颜色，设置的颜色将与背景图像融合。

亮度：提高或降低环境亮度。

对比度：高对比度值产生强烈的光效果，低对比度值产生柔和的光效果。对比度也控制地面阴影的尖锐程度。

在 KeyShot HDR 编辑器的"针"选项卡中可增加圆形或矩形的区域，并将其作为背景环境中的灯光区域。可对区域进行删除、复制、调整大小及位置等操作，也可设置添加区域的颜色、是否与背景图像混合及设置混合时的衰减和亮度。通过选中或取消选中"已启用"复选框打开或关闭"针"调节。

KeyShot HDR 编辑器可将调整后的背景图像进行保存，使用编辑器菜单中的"文件"保存或另存即可，可保存"调节"和"针"选项的所有信息。也可使用"编辑"菜单将低分辨率的背景图像生成高分辨率的背景图像。

2. 背景

KeyShot"项目"｜"环境"选项卡的"背景"主要包括照明环境、色彩和背景图像 3 个选项。

1）照明环境

在"背景"中选择"照明环境"时，使用环境文件作为照明的同时，也使用环境文件作为模型的背景图像，此选项适用于简单的场景设置（图 10-22）。

2）色彩

背景色可在"项目"｜"环境"选项卡的"背景"选项中进行设置。当选择"色彩"时，模型背景改为设定的颜色，不再显示环境图像。选择"色彩"并不影响环境的照明效果，如果场景中有透明的材质，背景色将透过透明的物体。

3）背景图像

背景图像是放置在三维模型后面作为背景的图像，以进行场景合成。使用背景图像时灯光不受影响，如场景中有透明物体，透过透明物体可以看见背景（图 10-23）。

图 10-22　照明环境

图 10-23　使用背景图像

在"项目"｜"环境"选项卡的"背景"命令中选中"背景图像"单选按钮，在弹出的"打开背景"对话框中选择合适的背景图片。背景图片保存的目录可查看"首选项"中关于背景图片的目录设置。

如更改背景图片，可双击背景图像的缩略图或背景文件名称后的"加载背景"图标，重新打开"打开背景"对话框（图 10-24）。

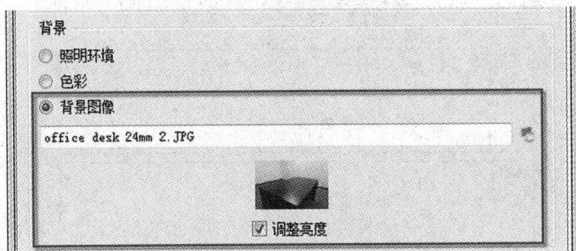

图 10-24　背景图像

将 KeyShot "库" | "背景" 选项卡中选定的背景文件直接拖到实时窗口中，可快速设置背景图片，此方法比较常用。

在 "项目" | "环境" 选项卡中选择背景图像后，选中 "调整亮度" 复选框，会自动根据场景增加亮度。

3．地面

设置是否在地面上产生阴影和反射及阴影的颜色。地面大小影响阴影质量、是否产生阴影、是否反射。可通过 "项目" | "环境" 选项卡中的 "高级" 选项来调整地面大小，在未剪切掉阴影的前提下，地面大小值设置应尽可能小，如地面大小与物体大小基本相同，将产生粗糙的阴影效果（图 10-25）。

地面阴影：选中该复选框后，在地面上将产生阴影。

地面反射：选中该复选框后，物体在地面上产生倒影，地面具有一定的反射性。

地面网格：选中该复选框后，在实时窗口中将显示网格，可借助网格进行辅助定位，如将物体放置到背景图中，以保持透视角度一致（图 10-26）。

图 10-25　地面

图 10-26　地面网格

10.6　实时设置

在 "项目" | "设置" 选项卡中可进行实时设置，主要分为图像设置、调整、质量和特效 4 个部分，此部分设置对实时渲染性能和渲染输出具有重要的影响。

1．图像设置

"图像设置" 可设置实时显示分辨率的大小，改变分辨率会自动更新实时窗口的大小，一般选中 "锁定幅面" 选项，以保持合适的长宽比例（图 10-27）。

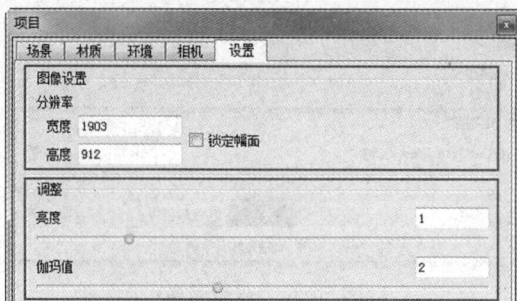

图 10-27　图像设置

2. 调整

一般在实时渲染后调整亮度和伽玛值，调整对比度或进行图像的伽玛校正。如不使用伽玛校正，颜色将随机显示，可能超出人眼视觉的范围。伽玛值低将增加对比效果，伽玛值高将降低对比。此部分设置一般不需要修改，保持默认值即可，如调整过大可能造成图像失真。

3. 质量

质量主要包含性能模式和质量模式，其中质量模式可以使用比较低的设置产生较好的图像，而性能模式会自动使用最少的实时渲染设置得到最快的渲染速度，可通过快捷键 Alt+P 进入性能模式，在屏幕的右上角显现图标，如再使用 Alt+P，将取消性能模式（图 10-28）。

图 10-28　渲染质量

在质量模式的"高级"选项中主要包括光线反射、阴影质量、细化阴影、细化间接照明和地面间接照明等设置，下面进行简要介绍。

（1）光线反射：光线反射设置决定了场景中光线反射的次数，现实世界中，光线是无限次反射的，在渲染中应对每一束光线都计算反射和折射光线反射。材质中具有足够的光线反射设置是非常重要的，反射次数越多，物体越真实，但计算时间越长。

（2）阴影质量：阴影质量的设置将增加或降低地面的细致程度，高质量的阴影设置需要更长的运算时间，如果阴影显示为块状，虽然增加滑动条中的值可以提高阴影质量，但最好是在"背景"的"地面设置"中尽量减少地面大小的设置，以得到好的阴影。

（3）细化阴影：细化阴影会对实时窗口中所有的阴影进行细化，在设置场景阶段，可关闭该选项以提高操作性能，待场景设置好后，再开启该选项（图 10-29、图 10-30）。

图 10-29　细化阴影开启　　　　　　　　　　图 10-30　细化阴影关闭

（4）细化间接照明：细化间接照明类似于全局光照明，当取消时，不计算三维物体间的光线反射，物体在渲染过程中，材质颜色对另一材质颜色不产生影响；如开启，光线从物体反射后，光线颜色会发生变化，将材质颜色渗透到另一个材质颜色中。

（5）地面间接照明：此选项控制光线是否在地面上产生反射。开启后，物体的颜色会对地面产生影响，将颜色渗透到地面，在阴影中也会有物体的颜色。图 10-31 所示为地面间接照明关闭效果，在地面上没有光线渗透；图 10-32 所示为地面间接照明开启效果，在地面上能明显地看到光线的渗透。

图 10-31　地面间接照明关闭　　　　　　　　图 10-32　地面间接照明开启

4．特效

特效可将图像柔化，为自发光材质增加光晕效果。

10.7　相机

KeyShot 相机与实物相机功能基本相同，KeyShot 相机还可保存视角。"相机"选项卡主要包括相机命名、相机定位、相机镜头设置、景深和杂项等。

1．相机命名

在"项目"｜"相机"选项卡中的"相机"下拉列表中显示了场景中可使用的相机，选择一个相机，即激活该相机，实时窗口自动根据相机设置发生变化；相机也可重新命名，选择相机后，在名称对话框中输入新的名称即可。使用"已解锁"或"已锁定"按钮来解锁或锁定相机，锁定后，相机的参数将变灰，在实时窗口的右上角出现锁定图标🔒，此时不能移动相机。单击"相机"列表后面的"+"可将相机保存，选择相机后，单击"−"可将选定的相机删除（图 10-33）。

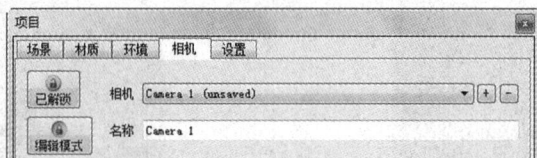

图 10-33　相机命名

2．相机定位

相机定位主要有查看方向、距离、方位角、仰角、扭曲角和选择查看点等方式（图 10-34）。

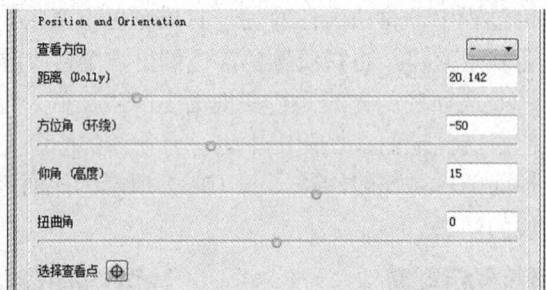

图 10-34　相机定位

查看方向：在下拉列表中，可直接选择相机方向为前、后、左、右、顶部和底部。

距离：通过滑动条控制相机推拉的距离，其数值基于场景的中心距相机的距离，数值越大，相机距中心越远，当使用 Alt+鼠标右键在实时窗口拖动时，此数值会相应变化。

方位角（环绕）：让相机绕注视点旋转，当使用鼠标左键在实时窗口向左或向右拖动时，此数值会相应变化。

仰角（高度）：让相机绕注视点旋转，当使用鼠标左键在实时窗口向上或向下拖动时，此数值会相应变化。

选择查看点：此选项非常有用，可随时将模型设置为查看点，相机将绕该点进行旋转。使用快捷键"Ctrl+Alt+右击"选择物体，或者选择模型中的一个组件物体后，在右键菜单中选择"查看"，可快速将物体设置为查看点。

3．相机镜头设置

相机镜头设置主要包括模式（视角或正交）、视角、焦距和视野（图 10-35）。

视角模式：可根据视角滑动条的设置在实时窗口中产生准确的透视效果，图 10-36 所示为三点透视效果。

正交模式：将实时窗口中的透视效果删除，图 10-37 所示为正交模式。

焦距：模拟现实相机的焦距效果，焦距低可模仿广角镜头，焦距高可模仿放大镜。使用较大的焦距值，相机仍位于原位置，但产生了与物体拉近的效果。增加焦距产生放大效果，但透视效果减弱，而在推拉相机时，透视效果保持不变。

图 10-35　相机镜头设置

图 10-36　视角模式 　　　　　　　　　图 10-37　正交模式

视野：设置相机的视野，即在相机正对方向上能看到的角度范围，广角镜头可以达到 180°视野，而放大镜视野可达 20°。

焦距、视角和视野具有一定的关联性，调节其中任意一个，其他两个的数值都会发生相应的变化。

4．景深

"景深"设置界面如图 10-38 所示。

图 10-38　景深

类似于摄影中的景深效果，当眼睛注视一个区域时，此区域内图像比较清晰，而区域外的图像存在一定程度的模糊效果。

选中"景深"复选框后，单击选择焦点图标 ⊕，在实时窗口中选择一个物体作为焦点，或者使用滑动条调整焦距距离，然后再设置光圈大小，低的光圈值将产生较大的模糊效果。

5．杂项

在实时窗口中显示网格，网格可为无、二分之一、三分之一或四分之一，以进行合理的构图。

10.8　渲染输出

在 KeyShot 中完成环境及材质设置后，下一步操作为输出静态图像或动画，根据被渲染的物体性质来设置合适的参数。参数设置过高，会增加渲染时间，却不一定能得到好的效果。理解渲染设置、掌握如何节省渲染时间非常重要。

1．渲染选项

单击主工具列中的渲染图标，会弹出"渲染选项"窗口，主要有输出、质量、队列、区域和网络等设置。

1）渲染输出选项

输出选项卡的主要选项为静态图像或动画，在静态图像中文件名称及文件夹一般保持默认即可，在"格式"下拉列表中可选择 JPEG、TIFF、EXR、PNG，除 JPEG 格式外还可以选择是否包含 alpha（透明度）（图 10-39）。

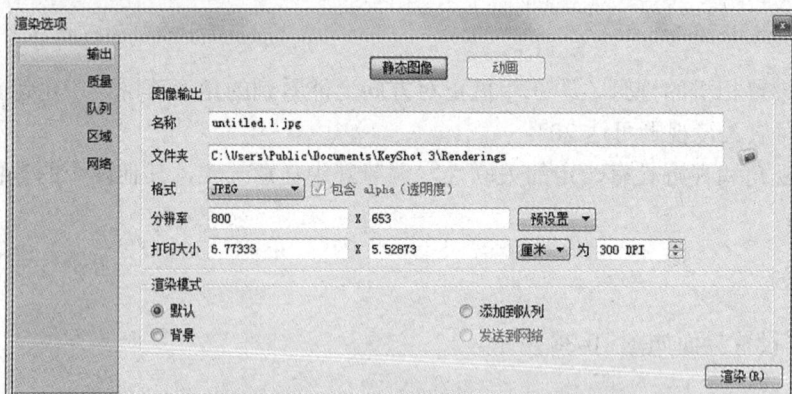

图 10-39　输出选项

分辨率设置非常重要，可直接在对话框中输入数字或在预设值中选择合适的大小。

打印大小是根据打印时的分辨率（默认为 300DPI）将渲染的图像自动计算出的打印尺寸，建议将单位由英寸改为厘米。

2）渲染质量选项

在渲染时可选择最大时间、最大采样和高级控制任一选项进行渲染，以得到不同的质量效果。

最大时间：选中该复选框后，会设置渲染消耗的最长时间，超过最长时间后自动结束渲染。

最大采样：设置渲染过程中使用的最大采样数，数值越高，耗费时间越长。

高级控制：可分别设置采样、全局照明质量、光线折射次数、像素过滤器大小、抗锯齿、DOF 质量、阴影品质及阴影锐化和锐化纹理过滤。

3）渲染队列

渲染队列可对一系列图进行渲染，按照队列的次序完成渲染。

4）区域渲染

在渲染过程中仅选择局部图像进行渲染，当场景中仅有部分物体发生变化时，使用区域渲染可节省时间。

2．截屏

按 P 键或者单击主工具列中截屏图标 ，可对实时窗口进行截屏操作，截屏后的文件将保存到"首选项"｜"文件夹"选项卡"渲染"文件夹中，在"首选项"｜"常规"中可设置截屏时图像格式及图片质量、"询问每个截屏保存到哪里"及"每一个截屏保存一个相机"。

3．动画输出

如场景中设置了动画，在"渲染选项"对话框中可选择"动画"按钮，主要设置渲染分辨率大小、渲染动画的时间范围、视频输出的名称、格式及文件保存位置等。

10.9　材质类型及设置

设计 KeyShot 材质时应以最易于使用为准则，材质类型的参数设置尽可能少，不需要太多的经验就能完成真实感材质的渲染。掌握材质设置细节的内容不是必需的，但能更深入理解如何渲染和材质的创建过程。

材质属性包括漫反射、镜面、折射系数和光滑度。

漫反射：在很多材质类型中都有漫反射设置，漫反射可理解为物体表面覆盖的颜色。在渲染中漫反射指光线通过何种方式从物体表面上反射出来，在光滑表面（如抛光的物体或镜面）上光线将直接反射，方向基本上一致；在不光滑物体表面（如混凝土）光线将四处漫射，形成哑光的效果。

镜面（Specular）：也是一个常见的材质参数，俗称"高光"。当物体表面抛光或缺陷较少时会呈现反射或闪亮的效果。当镜面颜色设置为黑色时，将不产生反射或高光点；如设置为白色，将产生 100% 的反射。金属材质没有漫反射颜色，完全源自镜面颜色；塑料只能将白色作为镜面颜色。

折射率：光线在不同的透明介质中传播速度不同，因此产生了折射。不同透明材质具有不同的折射率，如水为 1.33，玻璃为 1.5，钻石为 2.4。水的折射率 1.33 表示光线在真空中的传播速度是在水中传播速度的 1.33 倍。光线速度越低，折射后变形和弯曲越大。

粗糙度：在物体表面上增加微观层次的缺陷来表现材质的粗糙效果。当粗糙度增加时，光线散射将增加，从而打破了镜面（高光）反射，由于增加了额外的光线散射，粗糙的材质将耗费更多的系统运算时间。

采样率：因粗糙材质渲染比较慢、复杂，KeyShot 在材质中提供了提高粗糙材质准确性的设置，即采样率。采样率指渲染图中每一个像素所射出光线的数量。每束光线将收集周围环境的材质信息，并将信息返回到该像素，形成该像素最终的颜色效果。

KeyShot 提供了常用的材质类型模板，只要进行简单的修改就可调整出复杂的材质（图 10-40）。

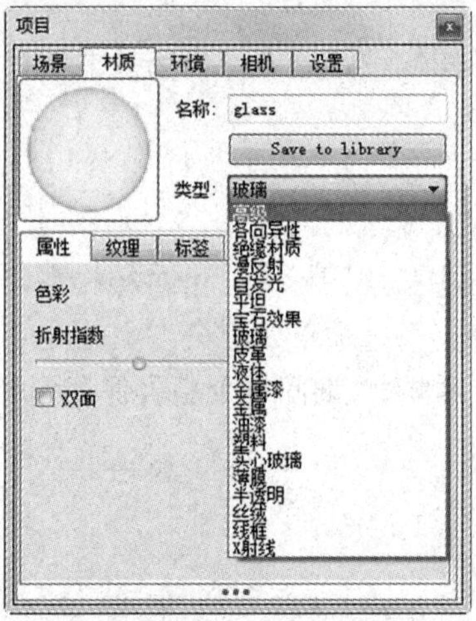

图 10-40　材质类型

10.10　纹理及标签

在"项目"｜"材质"选项卡中主要有属性、纹理和标签等选项。在"材质"｜"属性"选项卡中如显示■图标（图 10-41），表示该设置可应用纹理贴图，单击该图标后，会进入"纹理"选项卡，进行贴图的类型、位置等设置。使用纹理贴图后，在材质属性中将显示使用贴图的文件名称、是否混合颜色、亮度和对比度的设置等内容（图 10-42）。

图 10-41　纹理贴图图标

图 10-42　使用纹理贴图后

纹理将图像映射到材质上以建立（如木纹、网格、瓷砖、具有细小缺陷的拉丝金属）真实的效果。在"材质"｜"纹理"选项卡中可应用纹理贴图，图 10-43～图 10-45 所示为使用色彩贴图和凹凸贴图的材质效果。

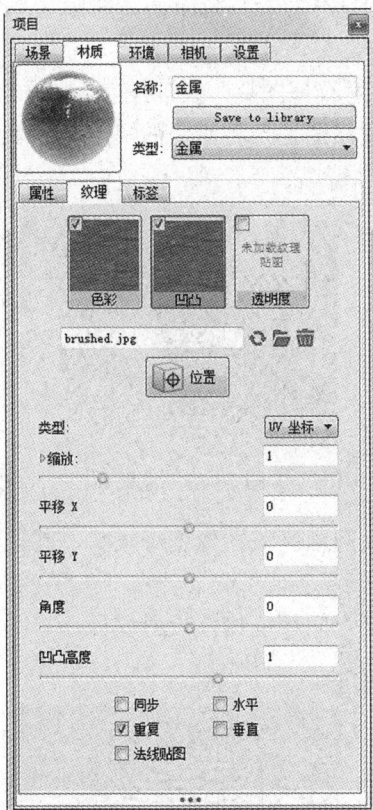

图 10-44　材质效果

图 10-43　纹理选项

图 10-45　纹理图片

1. 贴图类型

纹理贴图是将 2D 图像放置到 3D 物体上的方式,所有三维软件必须以某种方式标明贴图方式。贴图类型主要有平面 X、平面 Y、平面 Z、UV 坐标、盒贴图、球形和圆柱形,贴图类型可在"纹理"选项卡的"类型"下拉条中选择。

（1）平面 X:平面 X 贴图类型仅在 X 轴方向映射纹理图片,3D 物体的非 X 轴方向的纹理图片将产生拉伸效果（图 10-46）。

（2）平面 Y:平面 Y 贴图类型仅在 Y 轴方向映射纹理图片,3D 物体的非 Y 轴方向的纹理图片将产生拉伸效果（图 10-47）。

图 10-46　平面 X

图 10-47　平面 Y

（3）平面 Z：平面 Z 贴图类型仅在 Z 轴方向映射纹理图片，3D 物体的非 Z 轴方向的纹理图片将产生拉伸效果（图 10-48）。

（4）盒贴图：在盒子的 6 个方向上向 3D 模型映射纹理图片，纹理投射到物体表面时，在产生拉伸前停止投射，然后再投射下一个方向。盒贴图是一种常用的快速、简单的贴图方法，对贴图产生最小的拉伸（图 10-49）。

图 10-48　平面 Z

图 10-49　盒贴图

（5）球形：从球体向内映射纹理，在球体的最大圆周区域图像变形较小，其他区域向球的极点收敛，汇集在极点上（图 10-50）。

（6）圆柱形：与圆周表面相对的面将以圆周长度方向环绕物体投射纹理，与圆柱顶或底面相对应的面将向圆中心收敛产生映射（图 10-51）。

图 10-50　球形

图 10-51　圆柱形

（7）UV 坐标：UV 坐标是一种复杂的、与其他贴图方法不同的映射模式。主要区别是，其他类型提供自动映射解决方案，而 UV 坐标是完全自定义的。这是一个更加烦琐和耗时的过程，但会产生更好的结果。因大多数 CAD 系统没有提供 UV 映射的工具，所以 KeyShot 提供了自动映射模式。UV 坐标贴图类型常用于游戏设计等行业，在工程设计中应用较少。

2. 纹理贴图方式

直接从"库"｜"纹理"中将图片拖动到实时窗口的物体上，会出现色彩、凹凸、透明度或添加标签选择条（图 10-52），选用一种贴图方式，就将图片映射为选定的贴图方式。

或者在"项目"｜"材质"的"纹理"选项卡中选中色彩、镜面、凹凸、透明度贴图方式左上角的复选框，会自动打开"打开纹理"对话框，选择合适的贴图文件即可。

KeyShot 主要的贴图方式有色彩贴图、镜面贴图、凹

图 10-52　纹理贴图方式

凸贴图、透明度贴图。

1）色彩贴图

色彩贴图使用图像替换物体漫反射颜色，用来创建真实的材质纹理效果，可使用常见的图像格式作为色彩贴图，图 10-53～图 10-55 所示为在高级材质类型中将木纹图像映射到色彩贴图上，创建真实的木纹材质。

图 10-53　木纹材质

图 10-55　贴图图片

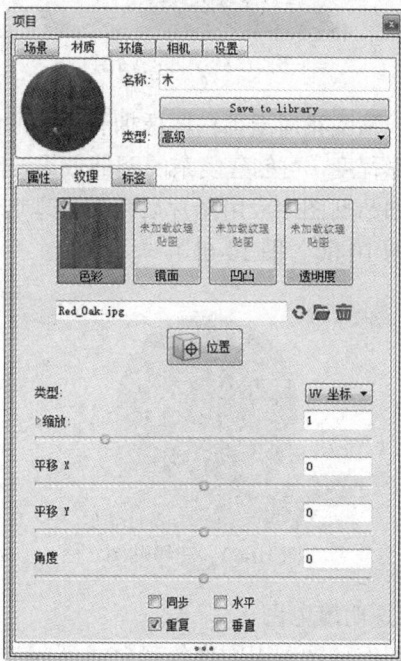

图 10-54　纹理贴图方式：色彩

2）镜面贴图

根据贴图图像黑和白的值来表示不同程度的高光强度，黑色为无镜面反射区域，白色代表完全反射（图 10-56、图 10-57）。

图 10-56　金属漆材质

图 10-57　使用镜面贴图的金属漆材质

3）凹凸贴图

在建模过程中完全创建出产品的精致细节是不现实的，使用凹凸贴图可弥补建模过程中（如拉丝等）细节的不足。创建凹凸贴图主要有两种方法：一种是使用黑白图像，另一种是使用法线贴图。在黑白图像中，白色插值为比较低的区域，而黑色插值为比较高的区域（图 10-58、图 10-59）。

图 10-58 凹凸贴图

图 10-59 贴图图像

法线贴图相对于黑白图像拥有更多的颜色，增加的颜色在 X 轴、Y 轴和 Z 轴上代表不同的变形程度，可创建复杂的凹凸效果。但是，不使用法线贴图会使产品凹凸效果更真实。

在凹凸贴图中应用图片后，在纹理选项卡的底端选中"法线贴图"即可开启法线贴图方法（图 10-60、图 10-61）。

图 10-60 法线贴图

图 10-61 贴图图像

4）透明度贴图

透明度贴图利用图像的黑白或 Alpha 通道来使材质透空，可在不进行孔的建模的情况下，在渲染时表现出孔的效果（图 10-62、图 10-63）。

图 10-62 透明度贴图

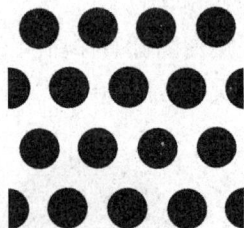

图 10-63 贴图图像

透明模式主要有 3 种方法，在透明度模式下拉条中可以选择。

（1）Alpha：使用图像中的 Alpha 通道创建透明效果。

（2）色彩：用颜色来表示透明程度，黑色为完全透明，白色为不透明，50%灰色为 50% 透明。

（3）补色：白色为完全透明，黑色为完全不透明，50%灰色为 50%透明。

3. 混合颜色

在使用纹理贴图时，选中"材质"选项卡中的"混合颜色"复选框，可将纹理中的图像与指定的颜色进行混合。

4. 标签

标签可用来放置 logo、贴纸或者视需要将图像自由放置到 3D 模型上。通过"材质"属性中的"标签"选项卡放置标签,支持常见的图片格式如 JPG、TIFF、TGA、PNG、EXR 和 HDR。在一个材质中可以放置多个标签,每个标签拥有自己的贴图类型。如果图像中带有 Alpha 通道,则不显示图像的透明区域;PNG 格式的文件只显示图像区域内容,其透明区域不显示。

10.11　本章小结

本章首先介绍了 KeyShot 渲染器的操作界面和渲染工作流程,然后按照渲染流程详细介绍导入模型的过程与方法、材质的调用及使用、环境照明的应用与调节、渲染实时选项的设置与调节、相机的使用与调节、渲染输出的设置,最后介绍了 KeyShot 材质类型及设置、材质中纹理的应用以及标签的使用。

KeyShot 可快速完成高质量的产品渲染,非常适合工业产品的表现。

第11章

小家电产品造型实例

11.1 电吹风造型

电吹风作为日常的生活用品，功能越来越完善，造型受内部结构限制少，可进行各种造型变化。随着设计水平和加工工艺的提高，电吹风造型设计呈多样化趋势，在造型中，必须根据其形态特点来选择合适的命令构建造型曲面。

11.1.1 造型思路分析

图 11-1 中电吹风为一体化设计，由有机曲面组成，结合部分不是特别多，但大部分都是在曲面上的操作，具有一定的难度。在建模过程中首先完成整体曲面的造型，然后分割出主体上部曲面、主体下部曲面、主体装饰条，在此基础上完成出风口、进风口、开关、挂线环等的造型（图 11-2）。

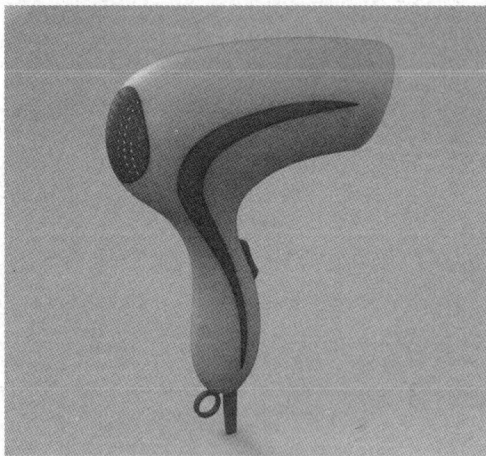

图 11-1　效果图

建模过程文件见配书光盘：实例文件\11.1 电吹风\电吹风造型过程.3dm；

建模结果文件见配书光盘：实例文件\11.1 电吹风\电吹风完成.3dm；

视频文件见配书光盘：视频教程\11.1 电吹风.mp4。

本 Rhino 模型文件按照整体造型的顺序及各部分建模的顺序组织图层，在"图层"面板中从上向下打开或关闭图层及其子图层的显示，可查看每部分建模过程中使用的曲线或

主体上部曲面
出风口
进风口
主体装饰条
主体下部曲面
开关
标签
挂线环
挂线保护套

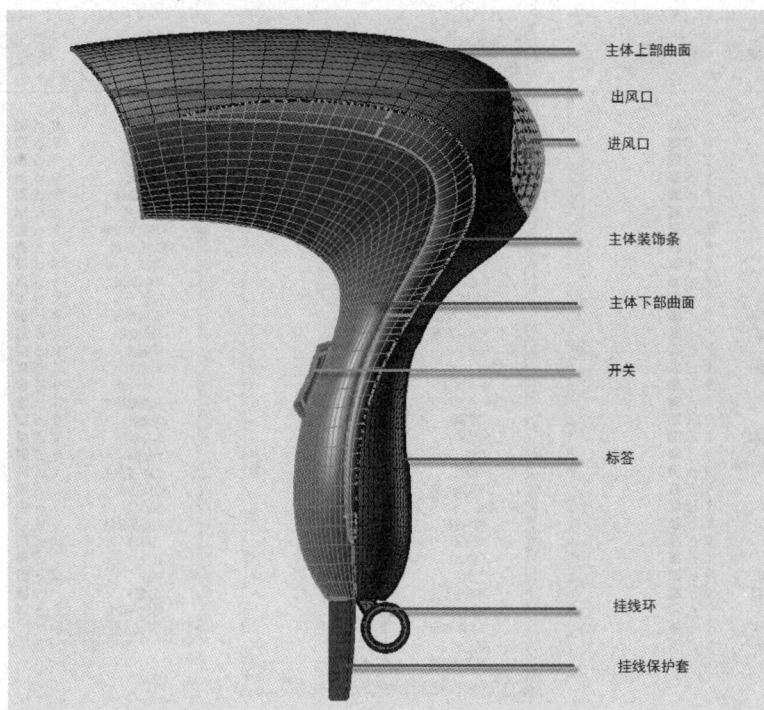

图 11-2 电吹风组成

曲面，了解每步制作效果，通过此方法能从整体上把握建模过程（图 11-3、图 11-4）。

图 11-3 电吹风图层组织

11.1.2 主体曲面

吹风机主体曲面是本例的造型难点。先绘制 4 条平面边界曲线，将其中的 2 条平面曲线调节为空间曲线，再根据曲面转折情况绘制截面曲线，利用"从网线建立曲面"命令创建主体曲面。

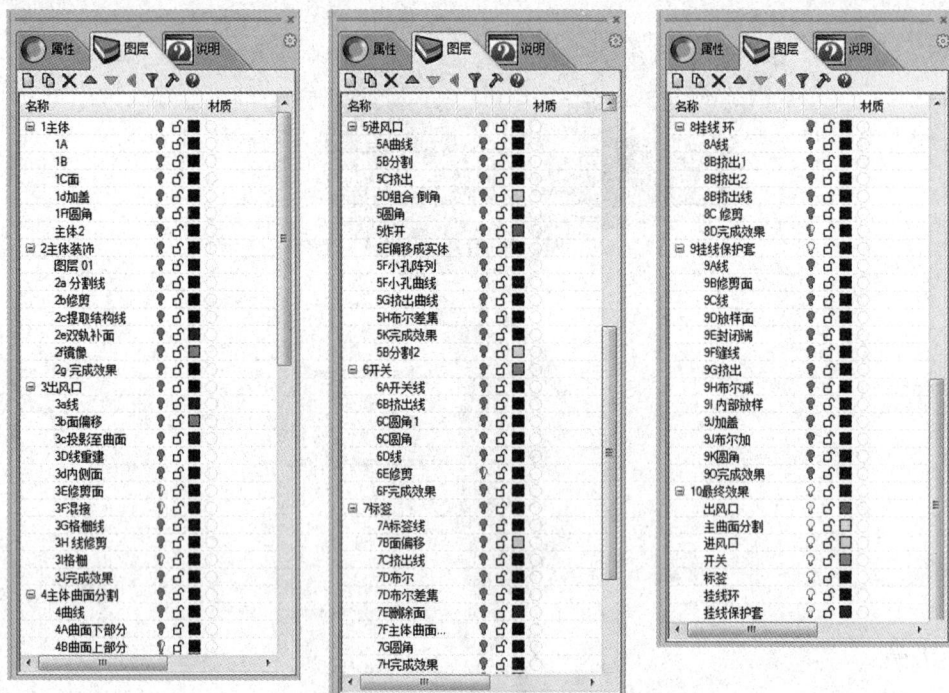

图 11-4　电吹风造型过程图

1．导入参考图片

在 Front 视图中导入电吹风的侧视图（配书光盘：实例文件\11.1 电吹风\参考图\电吹风.jpg）作为造型的参考，使用"背景图"工具中"移动背景图"、"对齐背景图"工具对参考图进行缩放和位置调整，使其与产品实际大小大致相同（图 11-5）。

2．绘制主体曲线

（1）为了便于绘制曲线，暂时隐藏格线，按 F7 键逐个视图关闭或打开格线的显示。

（2）使用"内插点曲线" ⊡ 命令在 Front 视图中绘制图 11-6 所示曲线 1、曲线 2 和曲线 3。

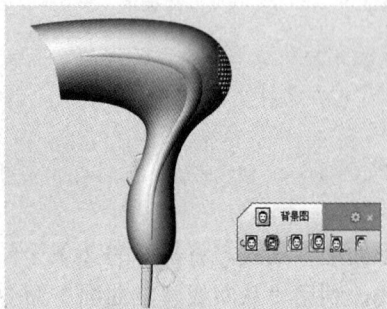

图 11-5　使用"背景图"工具导入参考图片

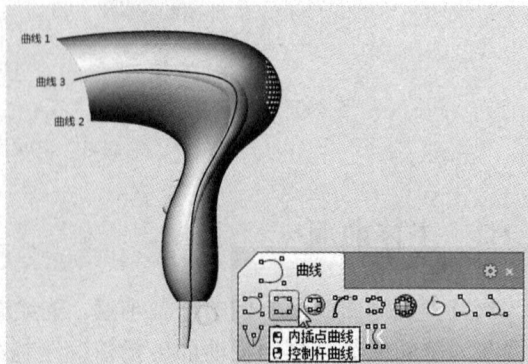

图 11-6　主体曲线

技巧提示：在绘制曲线时，尽量保持曲线拥有相同的点数，绘制曲线后可使用"曲线重建"工具来设置曲线的阶数及点数。或者绘制一条曲线后，复制一份，移动到指定的位置，然后通过编辑控制点得到需要的曲线。

（3）将刚绘制的曲线 3 复制一份，在 Top 视图中使用"移动" 工具向下移动合适的距离，本例中为 30，得到曲线 4。

（4）选择曲线 4 后，单击"打开点" 图标，显示曲线 4 的控制点，在 Top 视图及 Right 视图中逐步调整控制点，将曲线 4 由平面曲线调整为空间曲线，最终的曲线效果如图 11-7 所示。

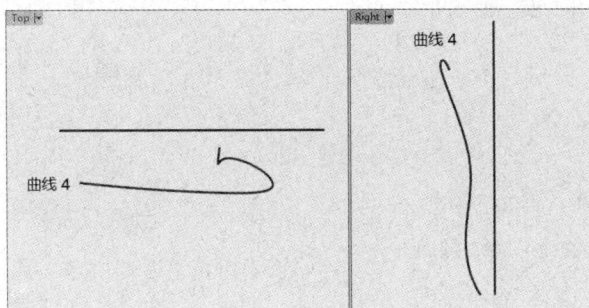

图 11-7　曲线 4 调整后

（5）在 Top 视图中，利用"镜射" 命令将调整好的曲线 4 进行镜射复制，选择镜射轴时，可开启正交模式，以曲线 3 端点为参考、水平方向为镜射轴，得到曲线 5，如图 11-8 所示。

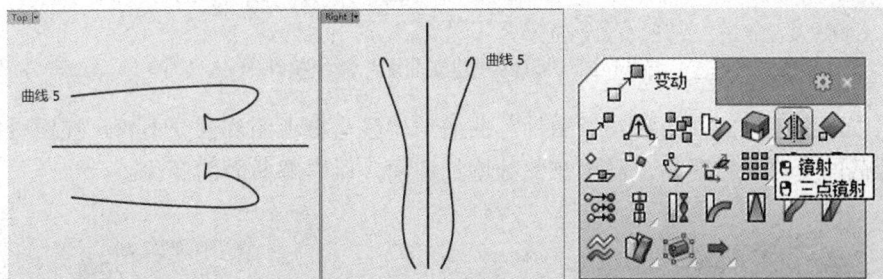

图 11-8　镜射曲线 4

（6）启动"物体锁点"工具，选中"端点"（图 11-9），使用"内插点" 曲线工具依次连接曲线 1、曲线 5、曲线 2、曲线 4 和曲线 1 的端点，得到封闭的截面曲线 6，如图 11-10 所示。

图 11-9　物体锁点

（7）继续使用步骤（6）的方法，依次连接曲线 1、曲线 5、曲线 2、曲线 4 和曲线 1 的另一侧端点，得到封闭的截面曲线 7，如图 11-11 所示。

（8）使用"以网线建立曲面" 命令，选择曲线 1、曲线 2、曲线 4 和曲线 5 作为第一方向曲线，曲线 6 和曲线 7 作为第二方向曲线（图 11-12），得到如图 11-13 所示曲面。

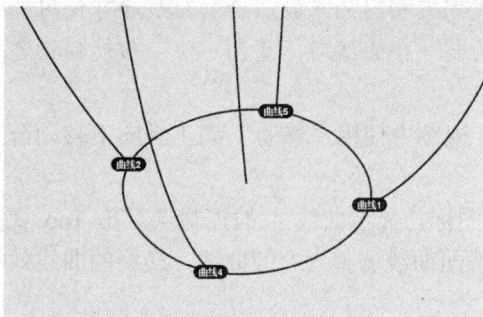

图 11-10 截面曲线 6

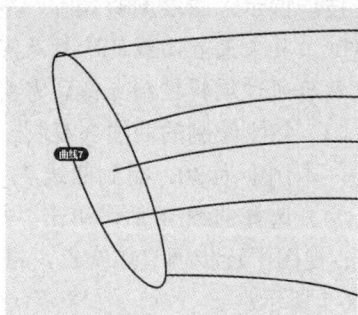

图 11-11 截面曲线 7

图 11-12 "以网线建立曲面"命令执行中

对比以网线建立的曲面和参考图片，曲面结构线与参考图片部分不符，在图 11-14 所示直线处截面变化比较明显，需要在此处增加截面，以缓解曲面的变化。

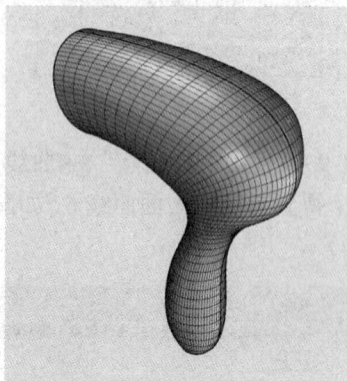

图 11-13 以网线建立曲面

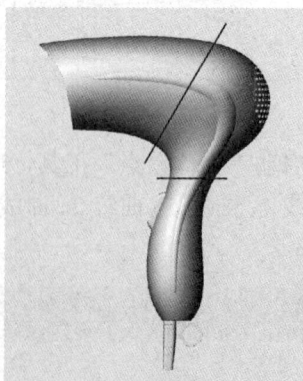

图 11-14 截面线位置

（9）使用"以断面轮廓线建立曲线" 命令，依次选择曲线 1、曲线 5、曲线 2、曲线 4 作为轮廓曲线，断面线起点和终点分别选择如图 11-14 所示的直线端点，完成两个截面的创建，如图 11-15 所示。

3．生成主体曲面

使用"以网线建立曲面" 命令，任意选取曲线 1、曲线 5、曲线 2、曲线 4 中的两条，按 Enter 键后再依次选取曲线 1、曲线 5、曲线 2、曲线 4 作为第一方向的曲线，按 Enter 键后再选取 4 个封闭的截面作为第二方向的曲线，生成电吹风主体的曲面（图 11-16）。

图 11-15　辅助截面线

图 11-16　主体曲面

技巧提示： 在使用"以网线建立曲面"时，选择欲建立曲面的所有轮廓线后，如果轮廓线结构简单，软件会自动识别第一和第二方向的曲线，自动生成曲面；如轮廓线结构复杂，软件不能自动识别第一和第二方向曲线，须选择部分轮廓线后，再按顺序选择第一方向曲线，然后再按顺序选择第二方向曲线。

4．加盖

（1）使用"以平面曲线建立曲面" 命令，选取图 11-17 所示边缘，将平面曲线建立曲面，形成加盖效果（图 11-18）。

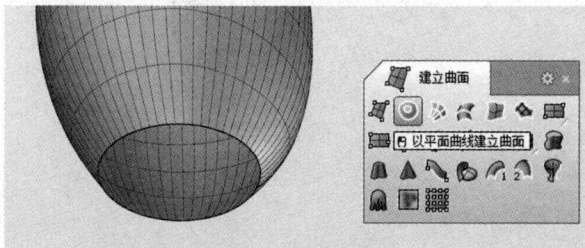

图 11-17　加盖前

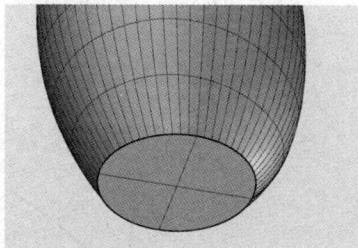

图 11-18　加盖后

（2）选择主体曲面和加盖曲面后，单击"组合" 图标，将两曲面组合成一个复合曲面。

5．圆角

使用"实体" 工具中的"不等距边缘圆角" 命令，进行圆角操作，半径值为 1，选择需要圆角的边（图 11-19）。

至此完成了主体曲面的创建，下面以主体曲面为基础进行其他曲面的创建。

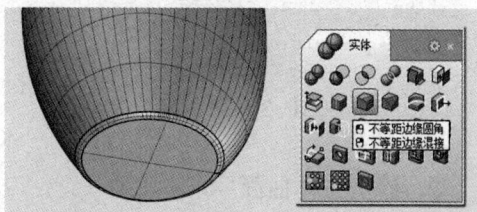

图 11-19　圆角

11.1.3 主体装饰条

为了便于观察，可使用"显示物体/隐藏物体" 💡、💡工具隐藏不使用的物体，如主体曲面及部分不使用的曲线，以免在绘制曲线过程中使用"物体锁点"工具捕捉错误的点。

1. 绘制分割线

（1）分别绘制起点为曲线 3 上 A、B 点并与 A、B 点的切线相垂直的 4 条线段，作为分割线的起点相切的辅助参考线，如图 11-20 所示。

（2）启动物体锁点，保持"端点"选中，使用"内插点曲线" 🔄命令，参照背景图，分别绘制如图 11-21 所示的两条曲线。在绘制曲线过程中，使用"起点相切"选项，选择 A 点处的辅助线，使其与 A 点辅助线相切（图 11-22）；结束时选择"终点相切"选项，选择 B 点处的辅助线，使其与 B 点辅助线相切（图 11-23）。选择辅助线时一定注意切线方向是否正确。

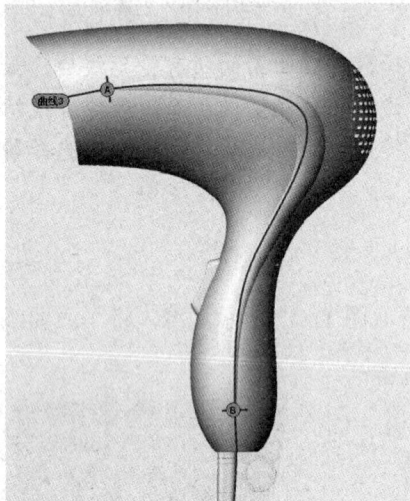

图 11-20　辅助参考线

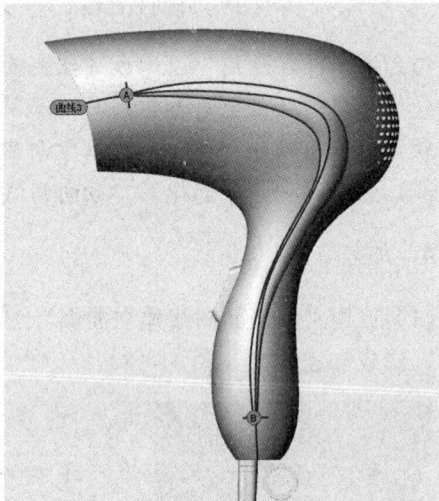

图 11-21　分割线

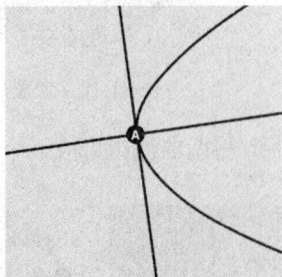

图 11-22　A 点细节

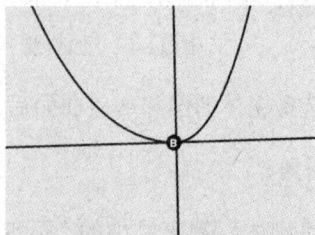

图 11-23　B 点细节

2. 修剪主体曲面

在 Front 视图中修剪主体曲面，单击工具箱中的"修剪" 🔧图标，选择刚绘制的两条曲线为切割用物体，按 Enter 键后，选择两曲线包围的内部主体曲面作为要修剪的物体，完成主体曲面的修剪（图 11-24）。

3．提取结构线生成截面

主体曲面修剪后，需要使用"双轨扫掠" 命令构建装饰条，目前缺少双轨扫掠的截面，可使用"抽离结构线" 命令提取主体曲面的结构线，然后再使用"可调式混接曲线" 将提取的结构线生成截面曲线。

（1）单击工具箱"从物体建立曲线"中"抽离结构线" 图标，分别选择修剪后的主体曲面上 C 点、D 点作为抽离结构线的位置（图 11-25），检查抽离的结构线方向是否正确，如不正确使用"切换"选项进行切换。建议将抽离结构线位置选择在曲面变化较大处。

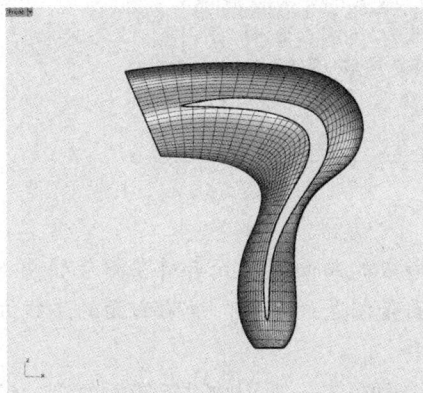

图 11-24　主体曲面修剪效果

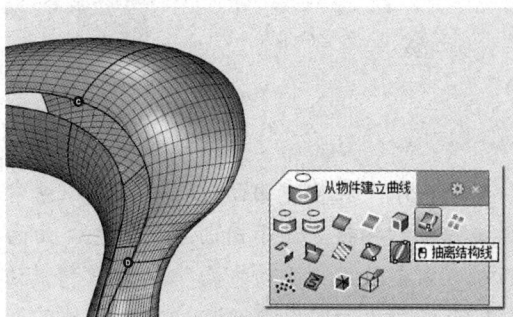

图 11-25　提取结构线

（2）隐藏主体曲面，右击工具箱"曲线工具" 中的"可调式混接曲线" 图标（图 11-26），选择 C 点附近的结构线，得到一个截面，重复该命令，得到 D 点处的另一个截面。

（3）单击工具箱中"开启点" 图标，显示混接曲线形成截面的控制点，在 Top 视图中分别调整控制点的位置，最终效果如图 11-27 所示。

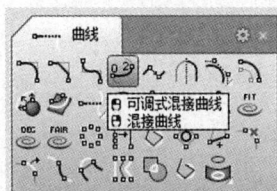

图 11-26　混接曲线

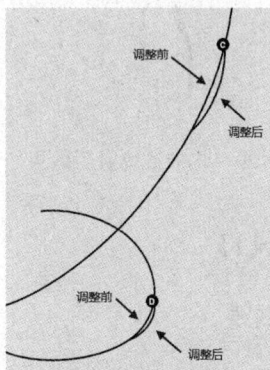

图 11-27　调整混接曲线

4．双轨曲面

（1）恢复显示主体曲面，单击"双轨扫掠" 图标，选择修剪后的边为扫掠路径，A点为第一个截面，C、D处的两个截面曲线为第2和第3个截面，B点为第4个截面，曲面效果如图11-28所示。

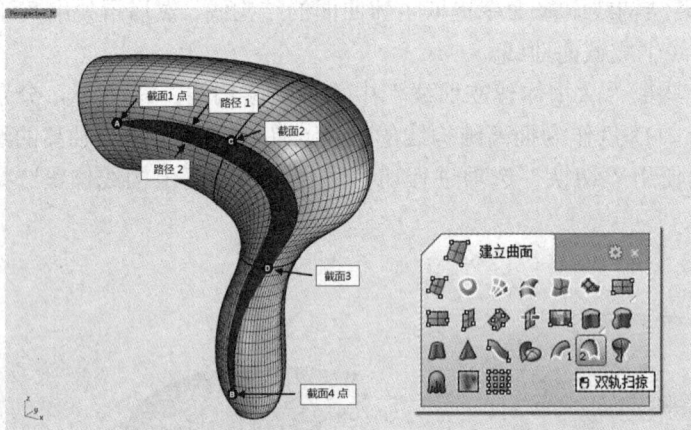

图 11-28　双轨扫掠面

技巧提示：在构建曲面过程中，命令结束后所形成的曲面颜色如与所在图层颜色不一致，或仅在结构线上显示出图层的颜色，曲面的背面是图层的颜色，说明曲面的法线方向不正确，需要使用"反转方向" 工具将其法线反转。

（2）使用"镜射" 命令，将刚创建的双轨扫掠面在Top视图中进行镜射复制，镜射轴线可参考主体曲线中的曲线3，如图11-29所示。

图 11-29　装饰条镜射后效果

图 11-30　内插点曲线

11.1.4　出风口

1．绘制曲线

（1）使用"内插点曲线" 命令，在Front视图中绘制图11-30所示曲线。

（2）单击工具箱中的"圆" 图标，选择"圆：可塑形的" ，在Right视图中绘制图11-31所示的圆，并移动到图11-32所示的位置上。

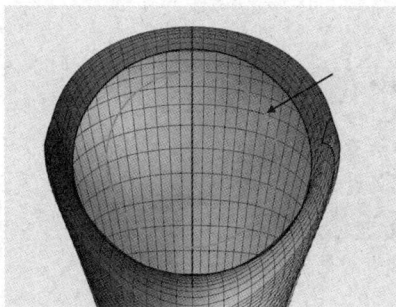

图 11-31 绘制圆

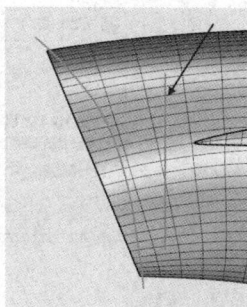

图 11-32 移动圆到新位置

2．偏移曲面

使用"曲面"工具中的"偏移曲面" 命令（图 11-33）将修剪后的主体曲面向内偏移 1 个单位。

3．投影曲线至曲面上

（1）单击工具列中"投影至曲面" 图标，在 Front 视图中将绘制的曲线分别投影到主体曲面和偏移后的曲面上，投影后曲线如图 11-34 所示。

技巧提示："投影至曲面"一般在正视图中进行操作，默认的投影方向与屏幕垂直，如在透视图中进行投影操作，因投影方向不确定，容易得到错误的投影曲线。

图 11-33 "偏移曲面"工具

（2）单击工具箱中"打开点" 图标，显示投影后曲线的控制点，发现控制点过多（图 11-35），直接使用这两条曲线构建曲面将增加模型的复杂度，需要减少曲线控制点的数量。

图 11-34 投影后的曲线

图 11-35 显示投影后曲线的控制点

（3）使用"重建曲线" 命令设置投影生成的两条曲线的点数及阶数，点数为 12，阶数为 3（图 11-36）。

（4）删除偏移的曲面，因主体曲面为多重曲面，偏移后可形成多个单一曲面，须仔细查看并删除多余的曲面。

图 11-36 "重建曲线"对话框

4．创建出风口内侧曲面

使用"建立曲面" 中的"放样" 命令，选择重建的投影曲线及可塑形圆作为要放样的曲线，放样曲面如图 11-37 所示，形成出风口的内侧曲面。

5．修剪曲面

在 Front 视图中，选择内插点曲线作为修剪用物体，使用"修剪"命令将主体曲面的前端切除，修剪后如图 11-38 所示。

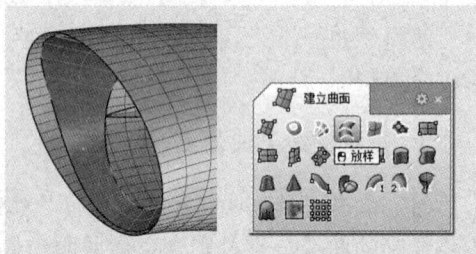

图 11-37 放样曲面

6．混接曲面

（1）在 Perspective 视图中，使用"混接曲面" 命令将出风口的边缘进行混接，形成光滑的圆角效果，如图 11-39、图 11-40 所示。

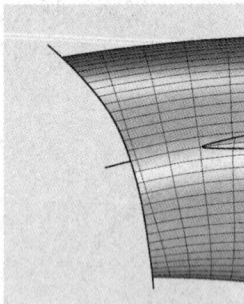

图 11-38 修剪曲面

图 11-39 混接前

图 11-40 混接后

（2）隐藏混接后曲面、主体曲面和吹风口内侧的曲面，以便于后续操作。

7．出风格栅

（1）显示出风口内部可塑形的圆。

（2）在 Right 视图，使用"偏移曲线" 命令，将此圆向外偏移 1 个距离（图 11-41）。

（3）在 Right 视图，开启物体锁点功能，选中"四分点"，以偏移后圆的左侧四分点为起点，使用"矩形：角对角" 工具绘制矩形，长度为 50，宽为 1（图 11-42）。

（4）单击变动工具列中"矩形阵列" 图标，将上一步绘制的矩形向上复制 10 个，

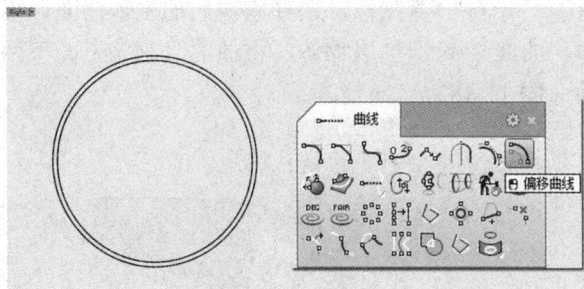

图 11-41　偏移曲线

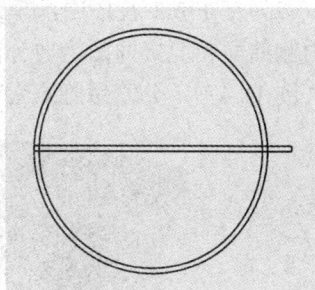

图 11-42　绘制矩形

阵列参数为：X 方向 1，Y 方向 10，Z 方向 1，Y 方向间距 2.5，如图 11-43 所示。

（5）重复上一步操作，将矩形向下复制 10 个，Y 方向间距为 - 2.5，如图 11-44 所示。

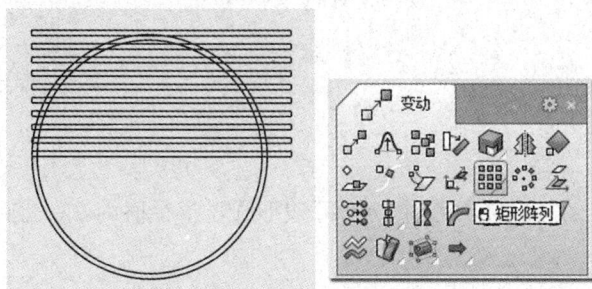

图 11-43　向上"矩形阵列"矩形

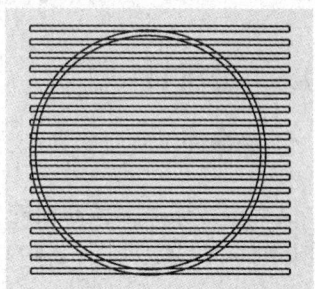

图 11-44　向下"矩形阵列"矩形

（6）使用"修剪" 命令将圆和阵列的矩形修剪，去除多余的部分，最终效果如图 11-45 所示。

（7）因修剪后的曲线为多个环，不能自动成为一个整体，不便于选择，单击工具箱中的"群组" 图标，选择修剪后的圆和矩形，将其组成一个群组。

（8）使用"挤出封闭的平面曲线" 命令，将上一步的曲线群组挤出 1 个单位，形成出风格栅的效果（图 11-46）。

至此完成了出风口的造型。

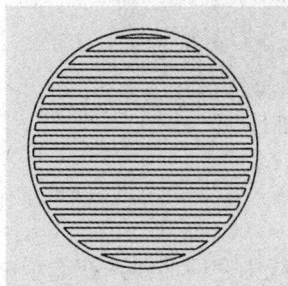

图 11-45　修剪掉多余的部分

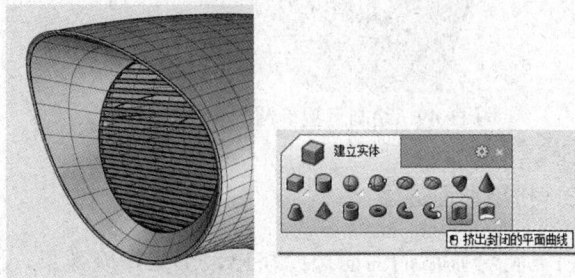

图 11-46　出风口曲面

11.1.5　主体曲面分割

（1）显示修剪后的主体曲面、出风口内侧曲面、混接曲面和曲线 3。

（2）在 Front 视图中，单击工具箱中"分割" ⚏ 图标，选择修剪后的主体曲面、出风口内侧曲面和混接曲面为要分割的物体，曲线 3 为切割用物体，将曲面分割为上、下两部分（图 11-47），分割后隐藏上部分曲面（图 11-48）。

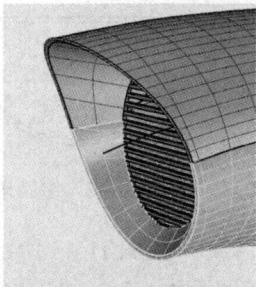

图 11-47　分割出风口

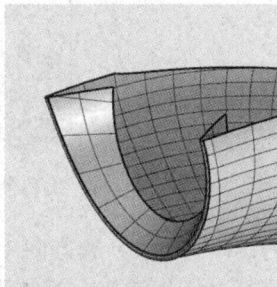

图 11-48　出风口下部分

11.1.6　进风口

1. 绘制圆

仅显示修剪后主体曲面的上部分，在 Right 视图中绘制可塑形圆，半径值为 22，圆心在物体对称轴线上（图 11-49）。

2. 分割

使用刚绘制的可塑形圆，在 Right 视图中将上部分主体曲面分割为两部分，如图 11-50 所示。

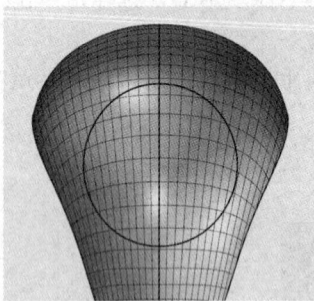

图 11-49　绘制可塑形圆

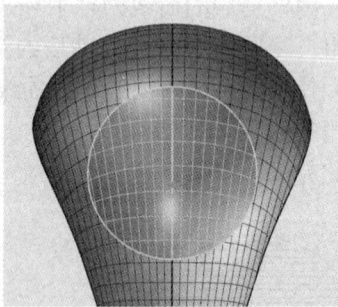

图 11-50　分割

3. 挤出曲面边缘

（1）将分割后的曲面边缘挤出，形成厚度效果，因挤出曲线为空间曲线，在选项中需选择"方向"，在 Top 或 Front 视图中沿 X 轴点击确定 2 点作为挤出方向，挤出距离为 1，取消"两侧＝是"和"实体＝否"选项，挤出曲面如图 11-51 所示。

（2）因曲面分割后的边缘曲线不是相切连接，挤出后自动分为 3 个曲面，使用"组合"命令将 3 个曲面组合。

（3）将组合的挤出曲面复制一份，选择挤出曲面后按 Ctrl+C 和 Ctrl+V 完成挤出曲面的复制。

（4）将组合的挤出曲面一个和主体曲面的上部分 A 进行合并，另一个和主体曲面的 B 进行合并（图 11-52）。

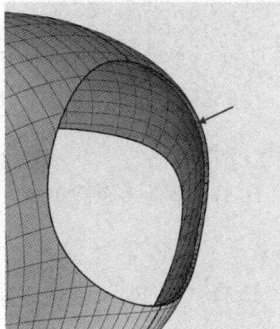

图 11-51　挤出曲面边缘

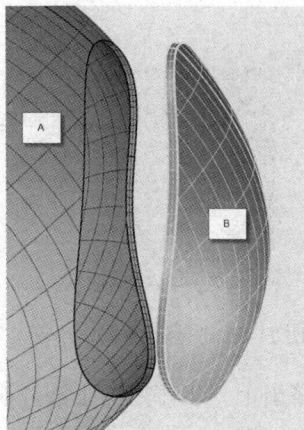

图 11-52　合并曲面效果

4. 圆角

分别对合并的曲面进行圆角操作，圆角半径为 0.2（图 11-53）。

5. 进风小孔制作

（1）将圆角后的曲面使用"炸开"命令打散，将两个半圆形面合并，作为下一步偏移的面（图 11-54）。

（2）使用"曲面偏移"命令将合并后的面向内侧偏移，如箭头方向不对，使用选项中"全部反转"反转曲面偏移方向，偏移选项选择"实体"，因偏移过程中，加厚方向沿曲面法线方向加厚，加厚的边缘部分没有超出挤出边缘的部分，从外观上看，还是挤出曲线倒角后的效果，如图 11-55 所示。

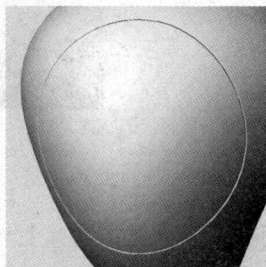

图 11-53　圆角效果

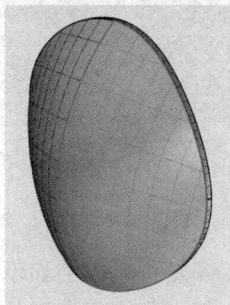

图 11-54　炸开面

图 11-55　偏移后曲面效果

（3）偏移后的实体分为两部分，使用"群组"命令将其组合成一个群组。

（4）在 Right 视图中绘制圆，半径为 1。

（5）将绘制的圆沿 X 轴和 Y 轴方向进行矩形阵列复制，间距为 3.5，如图 11-56 所示。

（6）将大圆向内侧偏移 0.8，删除此圆外的小圆，使用修剪工具修剪与偏移圆有接触部分的小圆，修剪用物体为偏移的圆，删除多余的圆，去除不需要的部分，最终如图 11-57 所示。

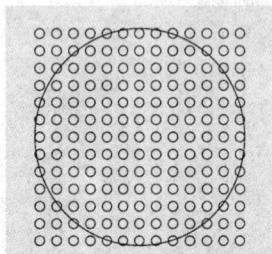

图 11-56　"矩形阵列"小圆

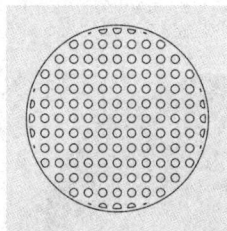

图 11-57　删除多余圆和修剪圆

（7）挤出上一步修剪的小圆，确定合适的挤出距离，选择"实体"选项，形成封闭的实体（图 11-58）。

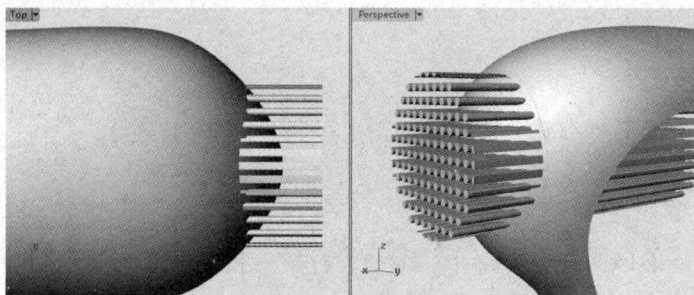

图 11-58　挤出曲线

（8）单击"实体"工具中"布尔运算差集" 图标，选择步骤（3）中偏移后的实体作为被剪切物体，选择上一步挤出的物体作为切割用物体，形成进风孔，如图 11-59 所示。

至此完成了带有厚度效果的进风口曲面造型。

11.1.7　开关

开关造型比较简单，将绘制好的截面曲线挤出，再进行圆角即可实现。

图 11-59　进风孔

1. 绘制曲线

（1）隐藏暂时不需要的物体，仅显示主体曲面的下半部分，恢复背景图的显示，根据背景图，使用"多重直线" 命令绘制如图 11-60 所示水平线，第二条水平线可使用"复制" 工具，垂直向下复制，以保持直线的长度一致，端点在竖直方向上对齐。

（2）使用"从物件创建曲线工具"中"物件交集" 命令，选择刚绘制的两条直线和主体曲面，获得直线与曲面的交点，作为绘图的参考（图 11-61）。

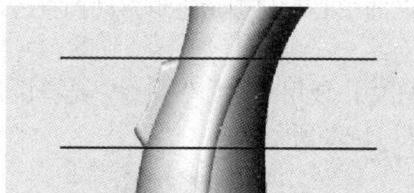

图 11-60　绘制直线

图 11-61　物体交集

（3）隐藏主体曲面，使用"圆：3 点" 绘制圆，选中"物体锁点"的"点"，捕捉上一步得到的两个交点，参考背景图片确定第 3 点，如图 11-62 所示。

（4）分别绘制圆弧及直线，使用"修剪" 命令得到开关的截面曲线（图 11-63）。

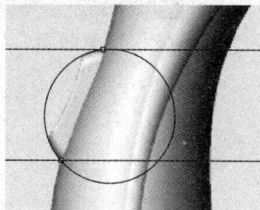

图 11-62　3 点方式绘制圆

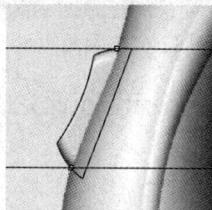

图 11-63　开关截面曲线

2．挤出曲线

使用"挤出封闭的平面曲线"命令将绘制好的曲线挤出成体，在挤出选项中选择"两侧＝是"、"实体＝是"，挤出值为 3.75（图 11-64）。

3．圆角

（1）使用"实体"工具中"不等距边缘圆角" 命令，对开关的边进行圆角操作，半径值为 2.5（图 11-65）。

（2）继续圆角操作，半径值为 0.5（图 11-66）。在选择圆角边时，可使用框选或叉选快速选择倒角边。

图 11-64　挤出曲线

图 11-65　圆角效果

图 11-66　继续圆角效果

4．在主体曲面上切开关孔

（1）使用"矩形" 命令，参照两条直线绘制如图 11-67 所示圆角矩形。此操作使用三点绘制矩形比较方便。首先捕捉两直线的端点作为矩形边的起点和终点，然后给定宽度值和设置圆角，再使用"移动" 命令，捕捉矩形宽度的中心，将圆角矩形移动到直线端点上。

（2）显示主体曲面，隐藏开关曲面，在 Right 视图中，使用"修剪"命令，选择圆角矩形为切割用物体，将主体曲面修剪得到开关孔，如图 11-68 所示。

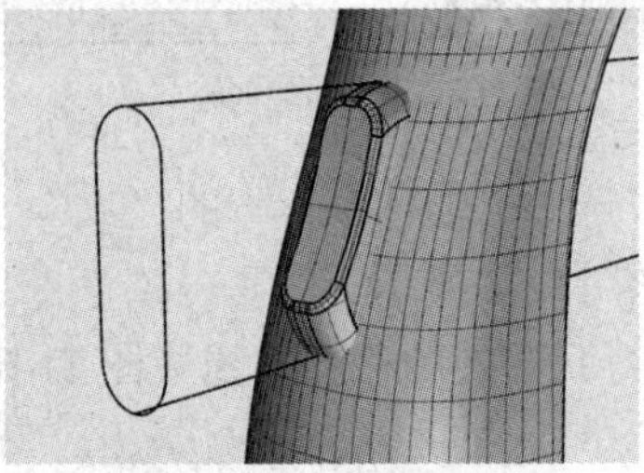

图 11-67　圆角矩形 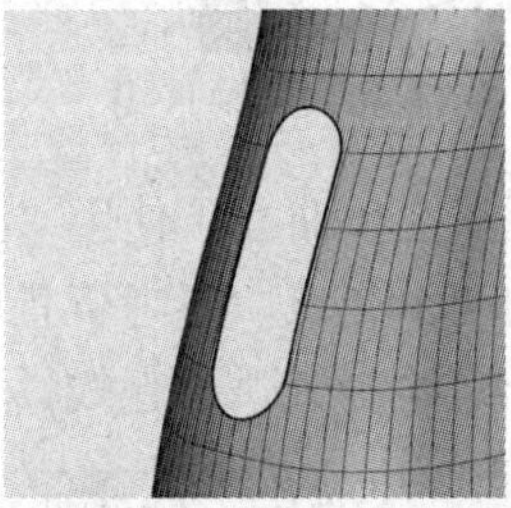　　　　　　　　图 11-68　修剪曲面

恢复开关的显示，至此完成了开关及开关孔的造型。

11.1.8　标签

1．绘制曲线

（1）隐藏暂时不使用的曲面和曲线，仅显示主体曲面的上半部分，恢复背景图的显示，根据背景图，使用"多重直线" 命令绘制如图 11-69 所示水平线。

（2）参照在主体曲面上切开关孔中绘制圆角矩形的方法，绘制如图 11-70 所示圆角矩形。

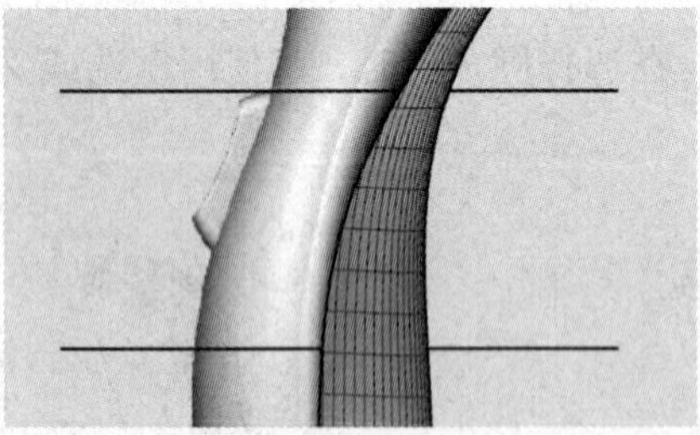

图 11-69　绘制直线 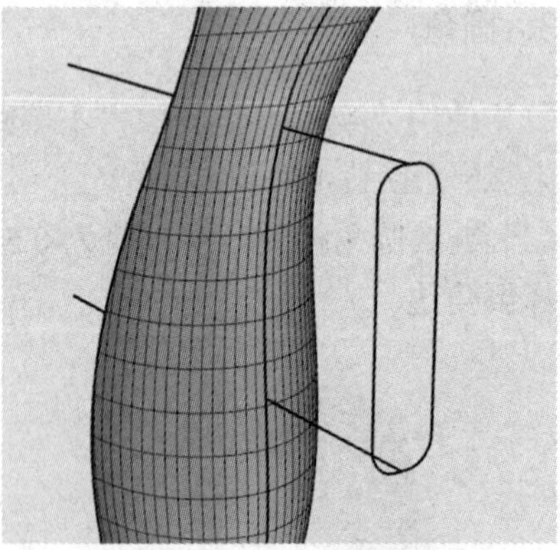　　　　　　　　图 11-70　绘制圆角矩形

2．偏移面

（1）使用"偏移曲面" 命令将主体上半部分曲线向左偏移 1。在选项中确认"实体为否"，即偏离为曲面（图 11-71）。

（2）如果偏移后的曲面自动分为几个不同的部分，需要使用"组合" 工具将偏移后的曲面组合。

3．挤出线

使用"挤出封闭的平面曲线" 命令将圆角矩形挤出，形成的封闭曲面如图 11-72 所示。

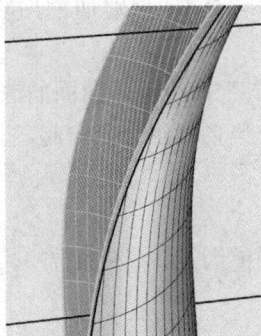

图 11-71　偏移曲面

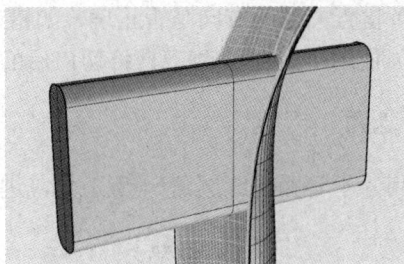

图 11-72　挤出圆角矩形

4．布尔差集

（1）复制主体上半部分曲面，暂时隐藏复制的曲面，以备后续环节使用。

（2）使用"实体"工具中的"布尔运算差集" 命令，挤出的曲面作为差集的第一个物体，主体曲面为第二个物体，运算结果如图 11-73 所示。

技巧提示：在布尔运算过程中，如发现布尔运算结果与预期的结果不一致，主要问题是偏移的曲面法线方向错误。单击"分析方向"图标 ，选择曲面，查看曲面的法线方向。单击选项中的"反转"，反转法线方向；也可直接右击"分析方向"图标 ，直接执行"反转方向"命令，选择曲面后直接反转法线。

（3）继续进行布尔运算差集，上一步布尔差集后的物体为第一个物体，偏移的主体曲面为第二个物体，运算结果如图 11-74 所示。

（4）因主体曲面为复合面，偏移过程中会产生多个面，检查是否有多余的偏移曲面，删除不需要的曲面，将布尔差集运算的物体使用"炸开" 命令炸开，删除右侧的曲面，再将剩下的曲面使用"组合" 命令组合，如图 11-75 所示。

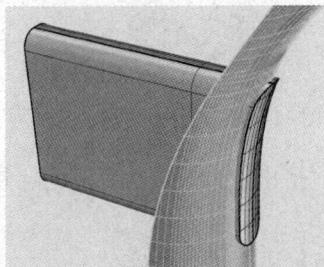

图 11-73　布尔运算差集

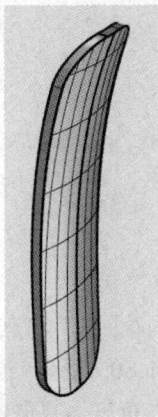

图 11-74　继续布尔运算差集

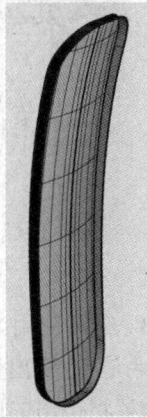

图 11-75　组合曲面

5. 主体曲面切口

（1）恢复显示主体曲面，使用"修剪" 命令，布尔差集后的曲面作为切割用物体，将主体曲面切口，在布尔运算选项中选择"删除输入物体＝否"，保留切割用物体，如图 11-76 所示。

（2）检查曲面的方向是否正确，如错误，使用"反转方向"命令反转曲面的法线方向。

（3）使用"组合" 工具将切口后的主体曲面和布尔差集物体组合到一起。

6. 圆角

使用"不等距边缘圆角" 工具，进行圆角处理，半径值为 0.1（图 11-77）。

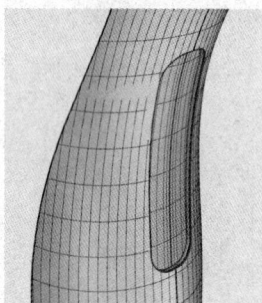

图 11-76　主体曲面切口

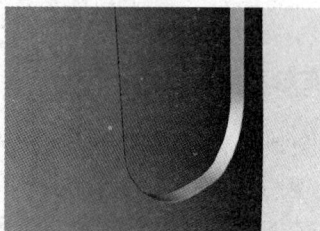

图 11-77　圆角

11.1.9　挂线环

（1）显示背景图和主体曲面上部分曲面，使用"多重直线"和"圆"命令绘制如图 11-78 所示曲线。

（2）使用"挤出封闭的平面曲线"命令将圆环曲线挤出，挤出选项设置为"两侧＝是"，"实体＝是"，挤出值为 1.5，如图 11-79 所示。

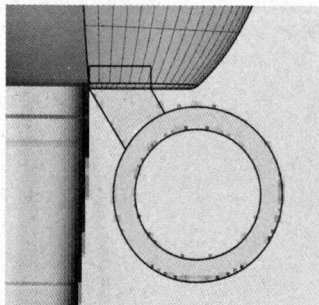

图 11-78　封闭曲线

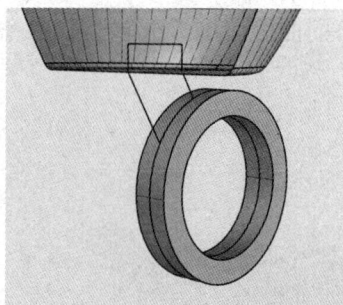

图 11-79　挤出曲线

（3）继续使用"挤出封闭的平面曲线"将其他曲线挤出，挤出选项设置为"两侧＝是"，"实体＝是"，挤出值为 1，如图 11-80 所示。

（4）将挤出的两个物体使用"布尔运算联集" 命令布尔运算成一个实体。

（5）使用"切割" 命令，对主体曲面与挂环实体重合处进行修剪。为了便于选择被修剪部分，此步操作在框架模式下比较方便，如图 11-81 所示。

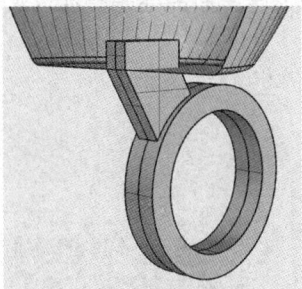

图 11-80　挤出

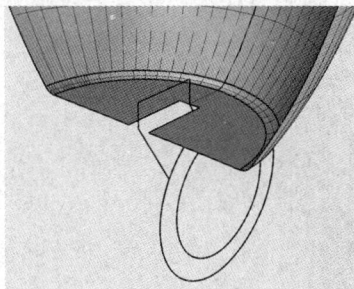

图 11-81　修剪

（6）使用"不等距边缘圆角"命令，对挂环进行圆角处理，半径值为 0.1（图 11-82）。

11.1.10　挂线保护套

（1）恢复显示背景图和主体曲面左侧部分的曲面，使用"矩形"命令，绘制矩形，并进行圆角处理，如图 11-83 所示。

（2）使用刚绘制的矩形修剪主体曲面，建议此操作在正视图中进行，修剪后如图 11-84 所示。

（3）使用圆角矩形绘制如图 11-85 所示曲线，并垂直向上复制一份。

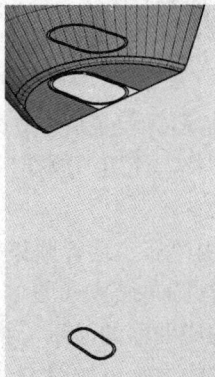

图 11-82　圆角

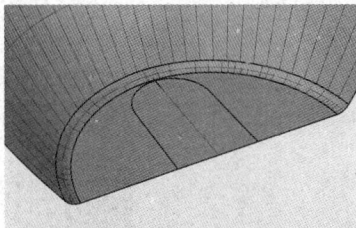

图 11-83　绘制矩形并圆角

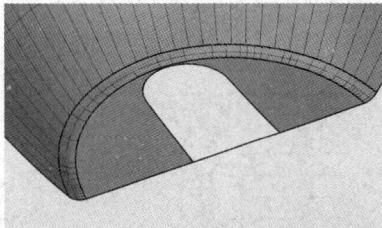

图 11-84　修剪主体曲面

（4）将刚绘制的圆角矩形曲线参照背景图向斜下方向复制一份，使用"缩放" 命令缩小（图 11-86）。

图 11-85　绘制圆角矩形

图 11-86　复制并移动圆角矩形

（5）使用"放样" 命令依次选取 3 个圆环的最外圈曲线，放样曲面如图 11-87 所示。

（6）使用"实体"工具中"将平面洞加盖" 命令将放样曲面两端封闭（图 11-88）。

图 11-87　放样曲面　　　　　　　　　　　　　图 11-88　加盖

（7）在 Front 视图中绘制矩形，长 15，高 0.1，使用"矩形阵列" 命令将矩形向上复制 12 份，间距为 2.5（图 11-89）。

（8）将阵列后的矩形进行挤出，挤出选项选择"两侧＝是"、"实体＝是"，如图 11-90 所示。

（9）使用"布尔运算差集" 命令将加盖后的放样曲面减去挤出的矩形部分，制作缝隙效果（图 11-91）。

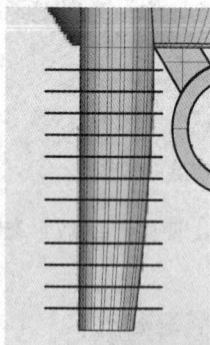

图 11-89　矩形阵列　　　　图 11-90　阵列后效果　　　　图 11-91　布尔运算差集

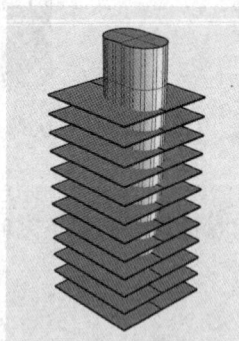

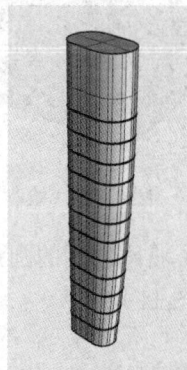

（10）布尔运算差集后，放样曲面被分割为互不相连的小块，需要采用合适的方法将其组合成一个实体。使用"放样"命令将步骤（3）中曲线的内部圆环进行放样，并加盖，如图 11-92 所示。

（11）使用"布尔运算联集" 命令将上两步的实体进行加法运算。

（12）进行圆角操作（图 11-93）。

恢复已完成曲面的显示，将不同的部件分别放入指定的图层中，以方便后期渲染的操作，最终完成的电吹风如图 11-94 所示。

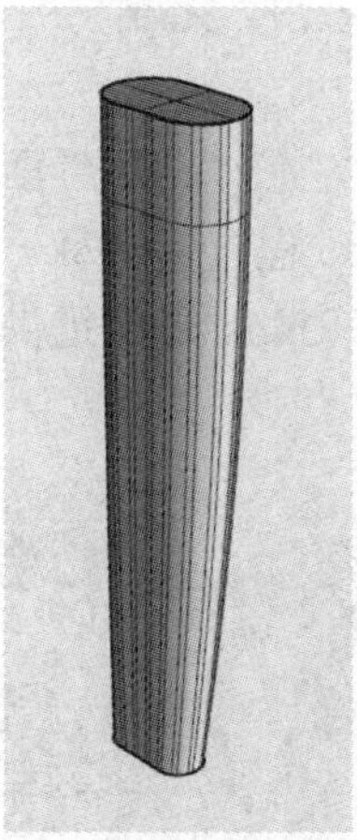

图 11-92 内部圆角矩形放样

图 11-93 圆角

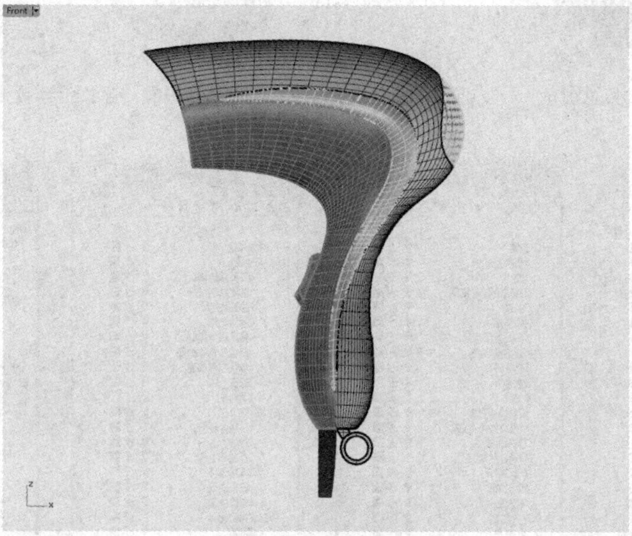

图 11-94 最终效果

11.2 电水壶造型

电水壶作为现代家庭中必不可少的小家电产品，材质由传统的单一金属材料转向金属、塑料等多种材料复合使用，向多样化发展，造型也越来越来丰富，色彩也从单一的黑色向彩色发展。

11.2.1 造型思路分析

该款电水壶主要由壶身、电源底座、壶盖和把手组成，壶身和电源底座为简单的旋转曲面，把手造型具有一定的难度，涉及多个面的光滑连接（图 11-95）。

建模过程文件见配书光盘：实例文件\11.2 电水壶\电水壶造型过程.3dm；

建模结果文件见配书光盘：实例文件\11.2 电水壶\电水壶完成.3dm；

视频文件见配书光盘：视频教程\11.2 电水壶.mp4。

本 Rhino 文件按照电水壶各部分建模的顺序来组织图层，在"图层"面板中从上向下打开或关闭图层及其子图层的显示，可查看每一部分的建模过程，了解每一步的具体制作过程及效果。通过此方法能从整体上把握建模过程，为学习 Rhino 造型提供了非常重要的帮助（图 11-96、图 11-97）。

图 11-95　电水壶组成

图 11-96　电水壶建模顺序

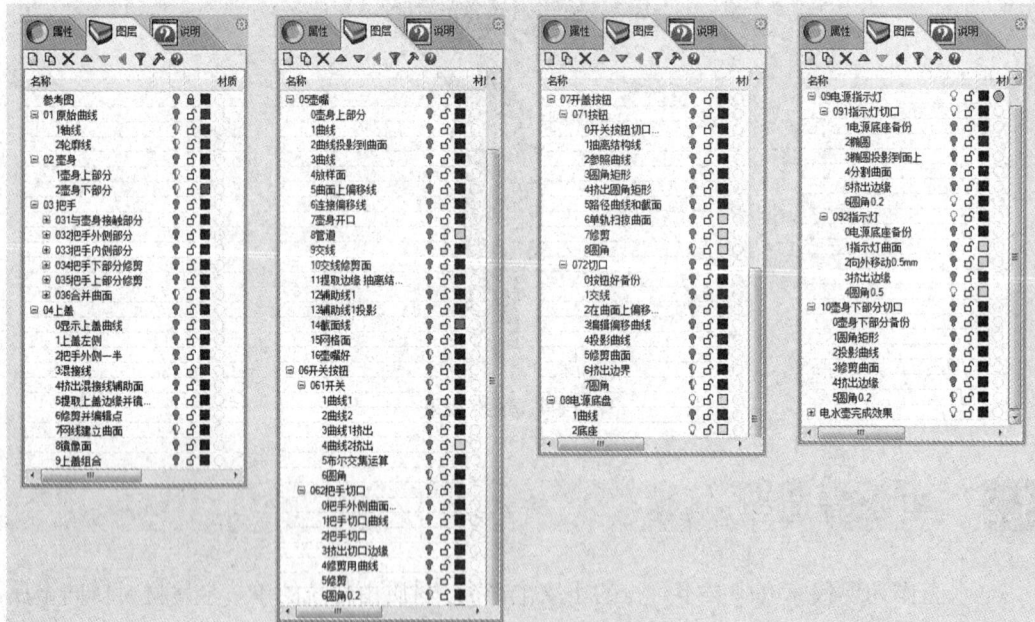

图 11-97　电水壶造型过程图

11.2.2　导入参考图片

参考图片可作为曲线绘制的参考，提高造型准确性，同时也可检测曲面是否合理。

（1）在 Front 视图中使用"图框平面"命令导入电水壶的侧视图（配书光盘：实例文件\11.2 电水壶\参考图\电水壶.jpg）作为造型的参考。

（2）导入参考图片后，参照图片的大小对图框平面物体进行缩放操作，使其尺寸与实物基本上相同，然后对图框平面进行移动，调整位置（图 11-98）。

（3）新建"参考图"图层，将图框平面物体放入该图层中，并锁定，防止绘图过程中影响其他物体的选择，或错误移动位置。

图 11-98　参考图片

图 11-99　中心线

11.2.3　壶身造型

1. 绘制曲线

（1）使用"多重直线"命令在 Front 视图中参照图片绘制中心线，建议开启正交模式，如图 11-99 所示。

（2）使用"内插点曲线"命令分别绘制电源底座、壶身（上部分和下部分）、壶盖的轮廓线，如图 11-100 所示。

2. 旋转成形

使用"旋转成形"命令，同时选择壶身上部分和下部分曲线，以中心线为旋转轴，创建壶身上部分曲面和下部分曲面（图 11-101、图 11-102）。

图 11-100　轮廓线

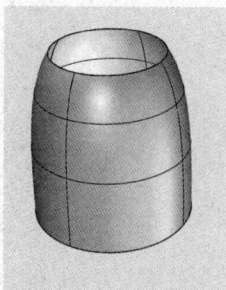

图 11-101　壶身上部分

图 11-102　壶身下部分和上部分

11.2.4　把手造型

把手造型是电水壶造型的难点，可分为与壶身接触部分、把手内侧部分和把手外侧部分。

1. 与壶身接触部分造型

（1）隐藏壶身下部分曲面，仅显示壶身上部分曲面，在 Right 视图中绘制如图 11-103 所示曲线。

（2）在 Right 视图中将刚绘制的曲线使用"投影至曲面" 命令投影到壶身上部分曲面上，并删除另一侧多余的投影曲线（图 11-104）。

（3）在 Top 视图中使用"内插点曲线" 命令绘制图 11-105 所示曲线，绘制曲线时，使用"端点"物体锁点，捕捉投影曲线的端点，一定要打开状态栏的"平面模式"，以绘制平面曲线。为了能创建对称曲面，可绘制一半曲线，镜射后使用"衔接曲线"命令将两曲线互相衔接，保证曲线连接处的光滑性。

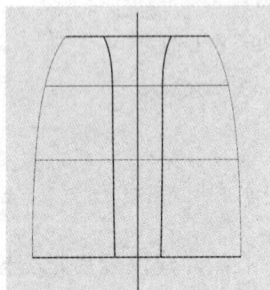

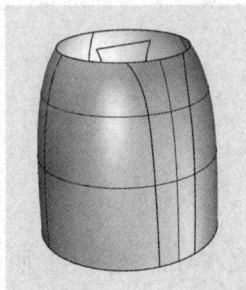

图 11-103　曲线　　　　图 11-104　曲线投影到壶身曲面上　　　　图 11-105　内插点曲线

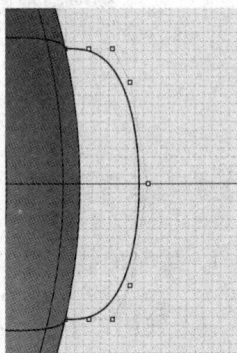

（4）使用"变动"工具箱中的"定位：两点" 命令将刚绘制的曲线进行复制并缩放，选择曲线的两个端点作为参考点 1 和 2，两投影曲线的中点作为目标点 1 和 2，在选项中选择"复制"和"单轴缩放"，如图 11-107 所示。

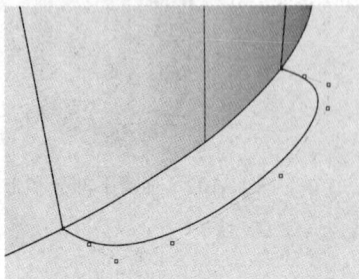

图 11-106　透视图查看效果　　　　　　　图 11-107　定位曲线

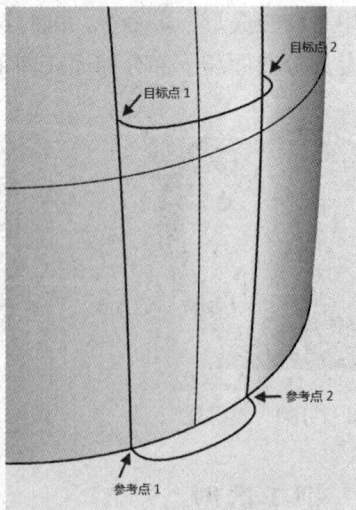

（5）在 Top 视图中使用"内插点曲线" 命令绘制如图 11-108 所示曲线。注意要开启

"平面模式"，以绘制平面曲线。

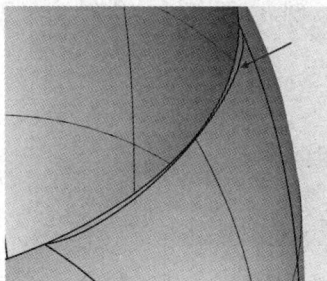

图 11-108　内插点曲线

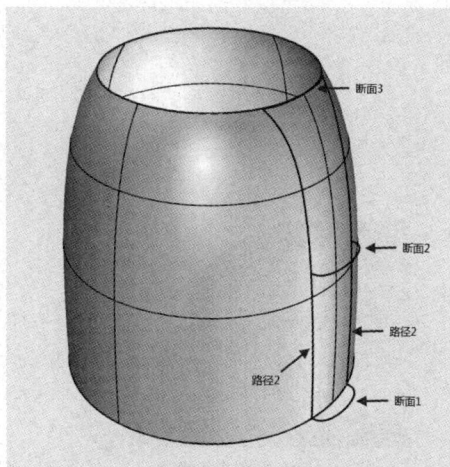

图 11-109　路径曲线及截面曲线

（6）使用"双轨扫掠" ![icon] 命令选择投影的两条曲线作为路径，3 个截面曲线作为断面，形成的曲面效果如图 11-110 所示。

图 11-110　双轨扫掠

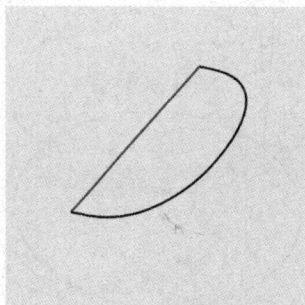

图 11-111　绘制直线 1

2．把手外侧部分造型

（1）使用"多重直线" ![icon] 命令连接截面 1 的两个端点，形成直线 1，将其中点作为下一步绘图的参考，同时绘制直线 2，如图 11-111、图 11-112 所示。

（2）在 Front 视图中使用"内插点曲线" ![icon] 命令，参照背景图，以上一步绘制的直线中点作为内插点曲线的起点和终点绘制把手曲线 1，继续使用"内插点曲线"命令绘制曲线 2，如图 11-113、图 11-114 所示，注意曲线 2 和曲线 1 的上、下端点分别在竖直方向上对齐。

（3）参照直线的中点和端点，使用"复制" ![icon] 命令将曲线 1 复制得到曲线 3，并编辑控制点，在曲线上部形成一定的向外弯曲效果，端点和上部直线端点重合（图 11-115、图 11-116）。

（4）使用"镜射" ![icon] 命令将曲线 3 镜射复制，得到曲线 4，如图 11-117 所示。

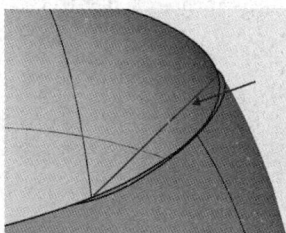

图 11-112　绘制直线 2

图 11-113　内插点曲线

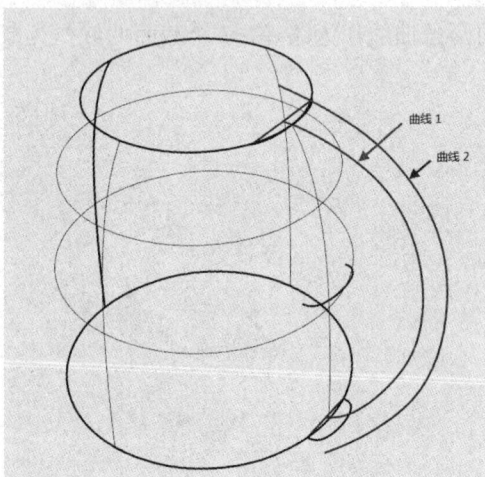

图 11-114　继续绘制曲线

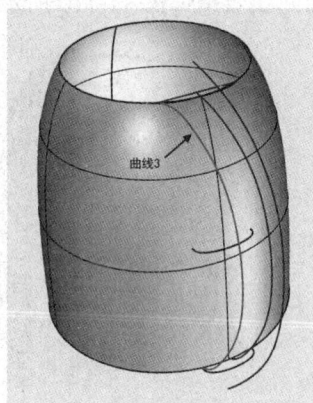

图 11-115　编辑曲线

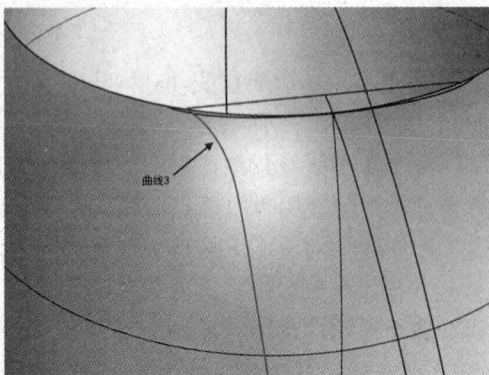

图 11-116　曲线上部弯曲效果

图 11-117　镜射曲线

（5）隐藏曲线 1，使用"曲线"工具中"从断面轮廓线建立曲线" 命令创建截面线，依次选择曲线 3、曲线 2 和曲线 4 作为轮廓曲线，以图 11-118 所示位置作为断面线的起点和终点，形成截面曲线，如图 11-119 所示。

（6）用曲线 3 和曲线 4 作为修剪的边界，对封闭的截面进行修剪，并调整控制点得到最终的截面，如图 11-120 所示。

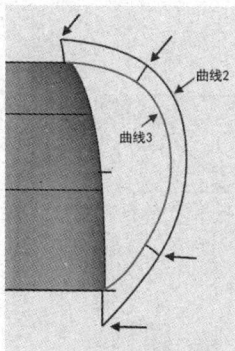

图 11-118　创建断面线位置　　　　图 11-119　创建的截面线　　　　图 11-120　把手外侧曲线

（7）使用"以网线建立曲面" 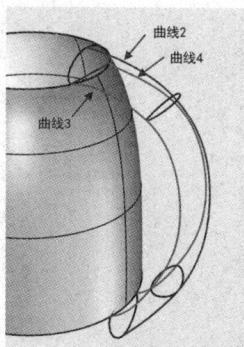 命令建立把手外侧曲面，分别选取曲线 3、曲线 2 和曲线 4 作为第一方向曲线，上一步的 4 个截面作为第二方向曲线，形成曲面如图 11-121 所示。

（8）因刚创建的曲面结构线过多，使用"重建曲面" 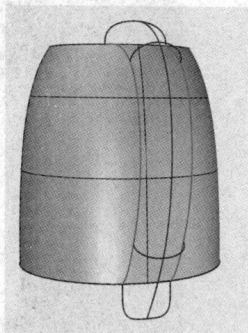 命令对曲面进行优化，设置 U 方向点数为 20，V 方向点数为 12（图 11-122、图 11-123）。

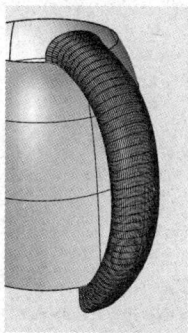

图 11-121　以网线建立曲面　　　图 11-122　"重建曲面"对话框　　　图 11-123　重建曲面后

（9）使用"挤出封闭的平面曲线" 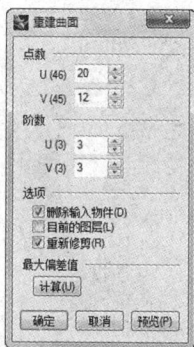 命令将把手边缘挤出，挤出选项可选择"方向"，以指定水平方向为挤出方向（图 11-124）。此挤出曲面主要是避免壶身曲面切口后在把手与壶身之间形成缝隙。

（10）使用"组合"命令将挤出的曲面和把手曲面组合。

3．把手内侧部分造型

（1）显示"参考图"图层，参照背景图使用"内插点曲线" 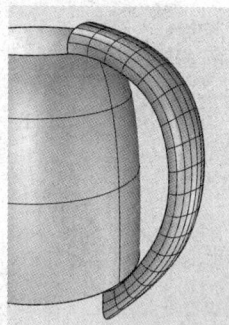 命令绘制把手内侧曲线（图 11-125）。

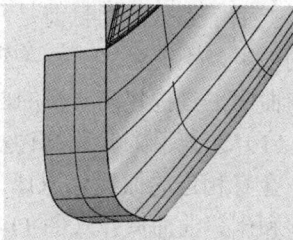

图 11-124　挤出封闭的平面曲线

（2）使用"放样曲面"  命令依次选择把手外侧曲面边缘、刚绘制的内侧曲线和把手另一侧外侧曲面，在放样选项中选中"与起始端边缘相切"和"与结束端边缘相切"（图 11-126），形成曲面如图 11-127 所示。

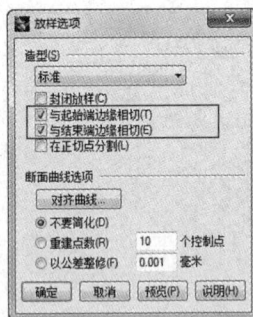

图 11-125　绘制曲线

图 11-126　"放样选项"对话框

（3）将刚创建的放样曲面重建，U 方向和 V 方向点数为 12，如图 11-128、图 11-129 所示。

图 11-127　放样曲面　　　　图 11-128　重建曲面后　　　　图 11-129　"重建曲面"对话框

4. 修剪把手下部分

把手下部分曲面目前是两个曲面相交于一点，如使用倒圆角操作，会在交点处形成尖锐的效果，不符合生产及美观性的要求，一般要进行曲面修剪，形成四边面，使用合适的创建曲面工具构建高质量的曲面。

（1）因把手为对称物体，使用中心线将把手内侧及与壶身相连的曲线修剪掉一半，以便于后期的曲面修剪和创建曲面操作（图 11-130、图 11-131）。

（2）在 Front 视图中绘制如图 11-132 所示直线作为修剪用曲线，直线起点（箭头所指处）必须在把手内侧曲面和壶身相连的曲面的交点上。

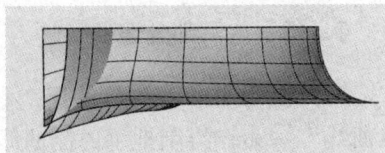

图 11-130　修剪成一半曲面

（3）在 Front 视图中使用刚绘制的直线分别对把手的两个曲面进行修剪，以便于将两曲面光滑连接，修剪后如图 11-133 所示。

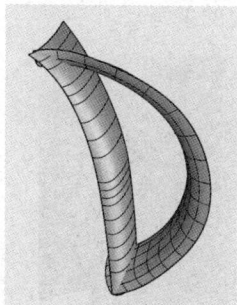

图 11-131 透视图效果　　　图 11-132 绘制修剪线　　　图 11-133 修剪把手曲面

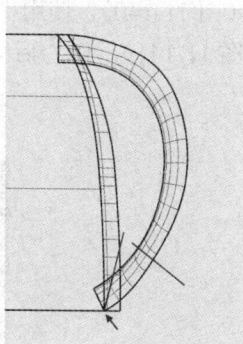

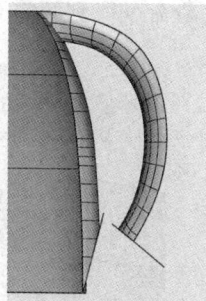

（4）隐藏上一步修剪用的直线，使用"可调式混接曲线" 命令参照修剪后的把手曲面边缘创建混接曲线，如图 11-134、图 11-135 所示。

（5）挤出上一步创建的混接曲线，创建的挤出曲面作为下一步曲面连续性的相切参照（图 11-136）。

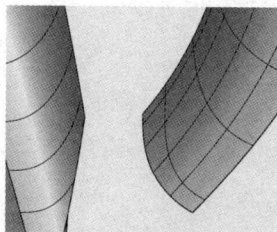

图 11-134 混接前　　　图 11-135 混接的曲线　　　图 11-136 挤出混接曲线

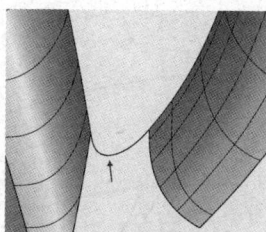

（6）恢复把手外侧曲面的显示，与修剪后曲面形成四边封闭的面，使用"以网线建立曲面" 命令创建曲面，在选项中选中"曲率"，所形成的曲面边缘和原曲面保持曲率连续，如图 11-137～图 11-139 所示。

图 11-137 "以网线建立曲面"中　　图 11-138 "以网线建立曲面"　　图 11-139 曲面效果
选项对话框

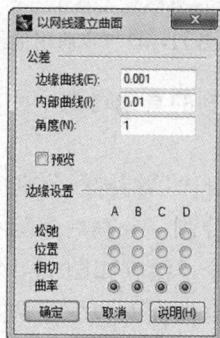

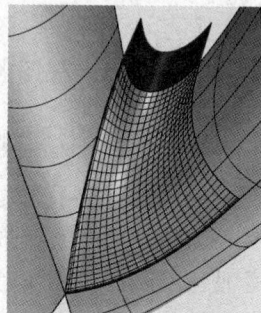

5．修剪把手上部分

（1）恢复把手内侧曲面的显示（图 11-140），使用"从物体建立曲线"⬛工具中"物体交集"◼命令得到两曲面的交线（图 11-141），作为后续绘制曲线的参考。

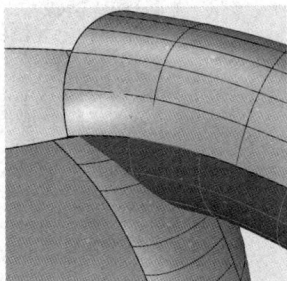

图 11-140　把后曲面

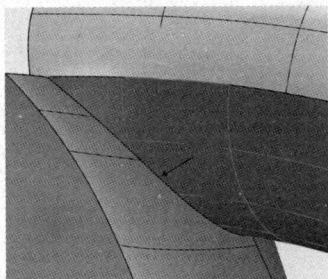

图 11-141　曲面交线

（2）在 Front 视图中使用"多重直线"◢命令绘制如图 11-142 所示直线，作为曲面的修剪曲线。

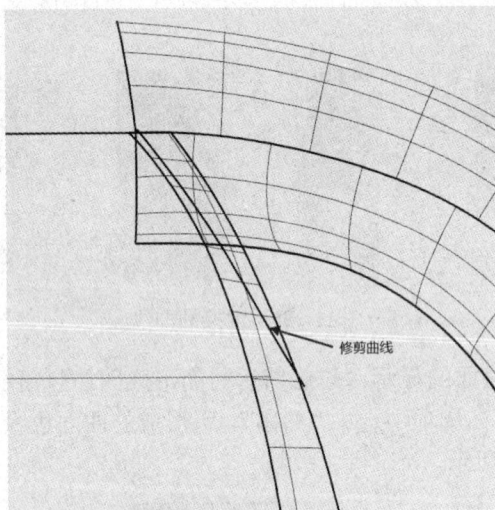

修剪曲线

图 11-142　修剪用曲线

（3）在 Front 视图中使用刚绘制的直线对把手的上部分曲面进行修剪，修剪曲面后如图 11-143 所示。

（4）右击"分割"⬛图标，执行"以结构线分割曲面"命令，使用图 11-144 中箭头所指处的结构线将把手内侧曲面进行分割，分割后删除不需要的曲面，如图 11-145 所示。

（5）使用"内插点曲线"⬛命令，绘制如图 11-146 所示曲线，在选项中设置"起点相切"使新绘制的曲线在箭头处和原有曲面的边缘相切。

（6）使用"挤出封闭的平面曲线"⬛命令将上一步绘制的曲线挤出，以作为创建曲面的连续性参考（图 11-147）。

（7）隐藏与壶身接触的把手曲面，使用"内插点曲线"⬛命令绘制如图 11-148 所示空间曲线，注意起点和上一步挤出曲面的边相切，终点和步骤（1）中得到的曲线端点相交。

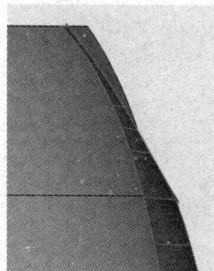

图 11-143　修剪后曲面　　　　图 11-144　修剪前　　　　图 11-145　使用结构线修剪曲面

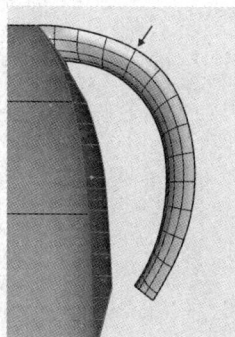

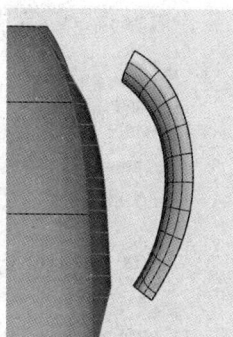

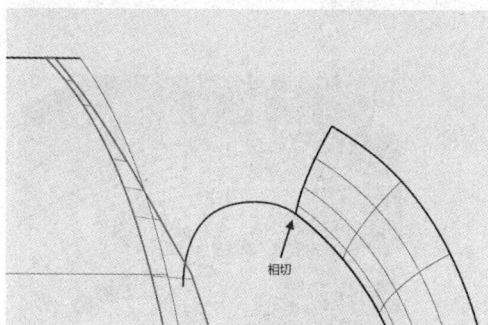

图 11-146　内插点曲线

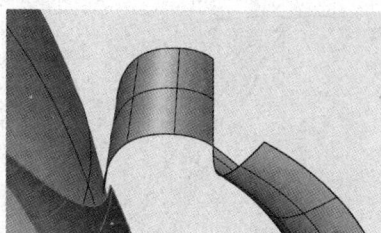

图 11-147　挤出曲线

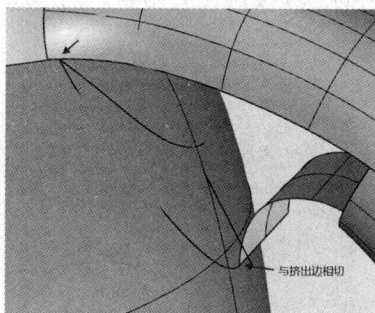

图 11-148　绘制空间曲线

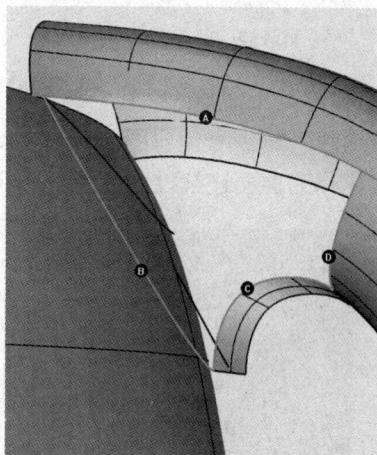

图 11-149　"以网线建立曲面"中选择的边

（8）使用"以网线建立曲面" 命令依次选择 4 个曲面的边缘，将其中 A、C、D 的边缘设置设为"曲率"（图 11-149、图 11-150），形成的曲面如图 11-151 所示。

（9）使用"多重直线" 命令在 Front 视图中绘制如图 11-152 所示曲线，作为修剪曲面的边界。

（10）在 Front 视图中使用上步绘制的直线对刚创建的从网线建立曲面进行修剪，修剪后效果如图 11-153 所示。

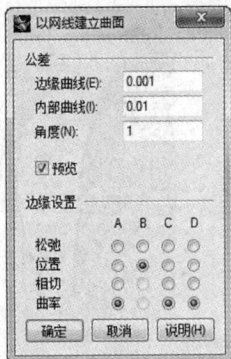

图 11-150 "以网线建立曲面"对话框

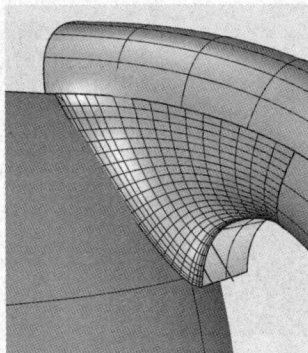

图 11-151 "以网线建立曲面"形成的曲面

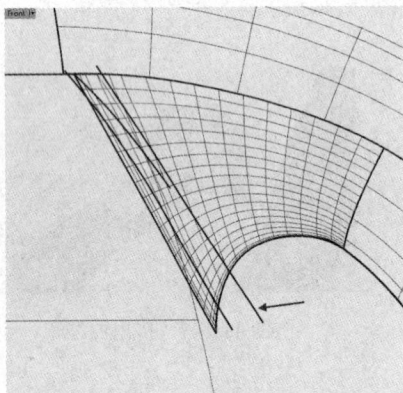

图 11-152 绘制修剪用曲线

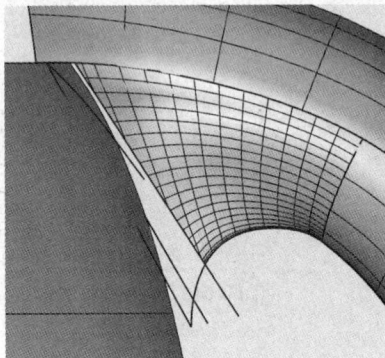

图 11-153 修剪曲面

（11）隐藏不需要的曲线，恢复与壶身相连把手曲面的显示（图 11-154），使用"可调式混接曲线" 命令创建图 11-155 所示曲线，对得到的曲线使用"挤出封闭的平面曲线"进行挤出作为曲面连续性的参考（图 11-156）。

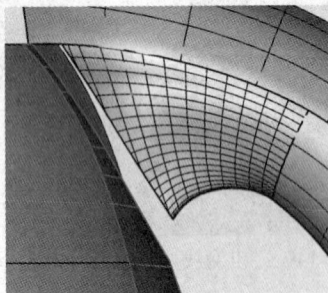

图 11-154 混接曲线前

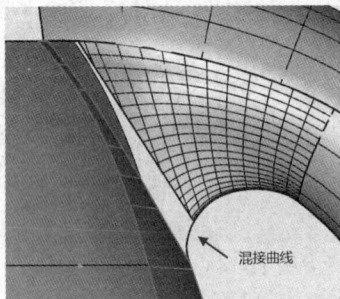

图 11-155 混接曲线后

（12）隐藏把手外侧的曲面，继续使用"可调式混接曲线"命令创建如图 11-157 所示的曲线，作为下一步创建四边面的边缘。

（13）使用"以网线建立曲面" 命令依次选择上一步的混接曲线和 3 个曲面的边缘（图 11-158），在其中 A、C、D 的边缘设置中选中"曲率"（图 11-159），形成的曲面如

图 11-156 挤出混接曲线

图 11-157 可调式混接曲线

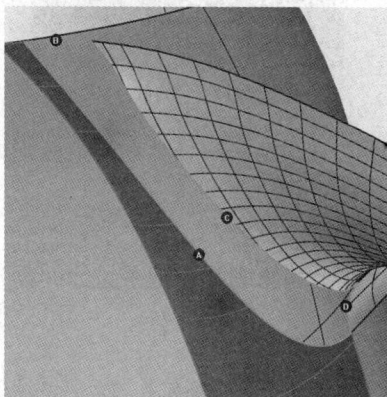

图 11-158 "以网线建立曲面"中选择的边

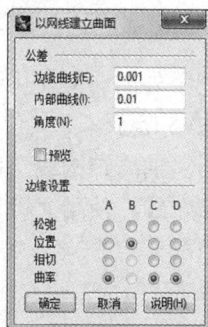

图 11-159 "以网线建立曲面"对话框

图 11-160 所示,如果曲面法线方向相反,使用"反转方向" 反转曲面的方向。

6. 合并曲面

将修剪后的把手曲面组合到一起,并进行镜射,再合并,形成一个复合曲面。

(1)恢复修剪后的把手曲面及修补的曲面,使用"组合" 命令将曲面进行组合(图 11-161)。

(2)对组合后的把手内侧曲面进行镜射,如图 11-162 所示。

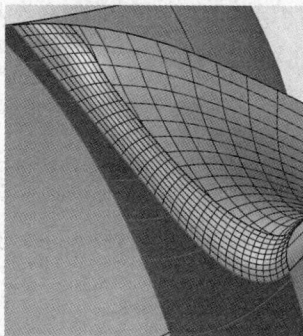

图 11-160 "以网线建立曲面"
形成的曲面

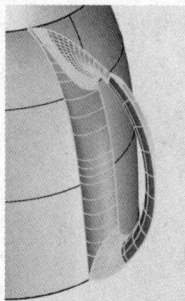

图 11-161 组合曲面

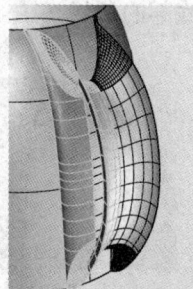

图 11-162 镜射曲面

（3）将镜射前和镜射后的曲面组合成一个复合曲面。

11.2.5 上盖造型

（1）恢复上盖曲线的显示（图11-163）。

（2）使用"旋转成形" 命令将上盖轮廓线沿旋转轴旋转180°，注意旋转角的起始角度位置和终止角度位置，形成如图11-164所示曲面。

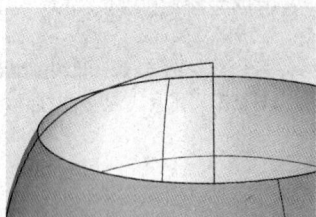

图11-163 恢复上盖曲线显示

图11-164 旋转180°

（3）对把手外侧曲面使用过壶身中心的直线进行修剪，仅保留一半，与上盖形成四边面，如图11-165所示。

（4）使用"抽离结构线"命令抽离上盖中间的结构线。

（5）隐藏轴线，使用"可调式混接曲线" 命令在上盖轮廓线和把手边缘间创建混接曲线（图11-166）。

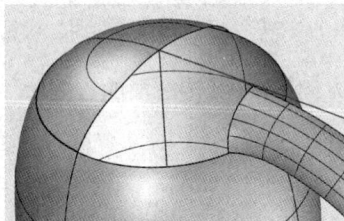

图11-165 修剪把手外侧的曲面

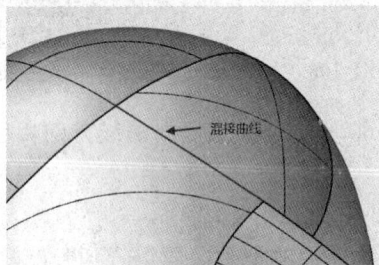

图11-166 混接曲线

（6）使用"挤出封闭的平面曲线"命令挤出混接曲线，以创建曲面连续性的辅助参照面，如图11-167所示。

（7）在上盖曲线中，上盖底部与壶身具有一定的间隙，使用"复制边缘" 命令提取上盖底部的边缘（图11-168），并沿竖直方向镜射复制（图11-169）。

图11-167 挤出混接曲线

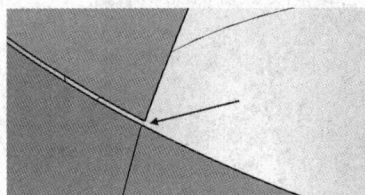

图11-168 复制边缘

（8）镜射后的曲线和把手外侧曲面未相交于把手曲面角点上，还不能构成四边面，需要使用把手曲面对镜射后的曲线进行修剪（图 11-170），并编辑曲线，使曲线端点位于把手曲面角上（图 11-171）。

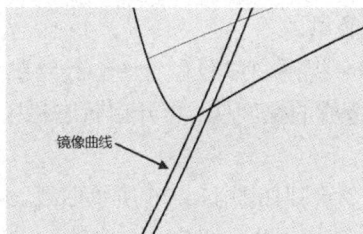

图 11-169 镜射复制的边缘

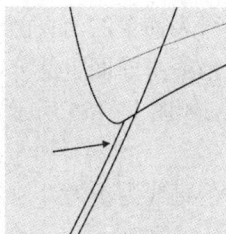

图 11-170 修剪

（9）使用"以网线建立曲面" 命令依次选择混接曲线和 3 个曲面的边缘，在其中 A、D 的边缘设置中选中"曲率"，B 和 C 的边缘设置中选中"位置"（图 11-172、图 11-173），形成的曲面如图 11-174 所示。

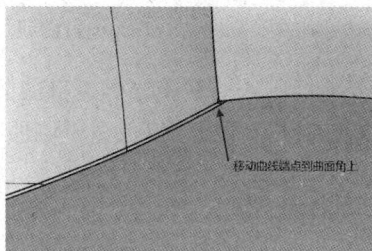

图 11-171 编辑曲线

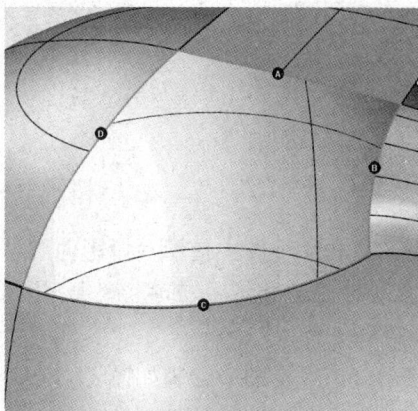

图 11-172 "以网线建立曲面"选择的 4 条边

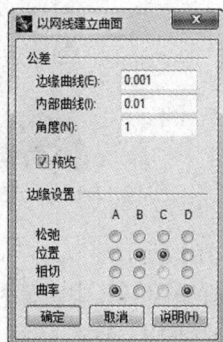

图 11-173 "以网线建立曲面"对话框

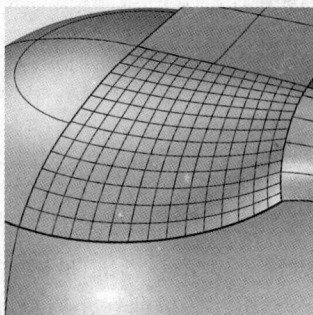

图 11-174 "以网线建立曲面"面

（10）使用"镜射"命令将刚创建的四边面进行镜射复制，镜射轴以混接曲线作为参考。

（11）使用"组合"命令将镜射曲面和原曲面合并，继续使用"组合"命令将组合的曲面和旋转 180° 的上盖曲面组合成一个复合曲面。

11.2.6　壶嘴造型

壶嘴与壶身为简单的消失面效果，建模相对比较简单。

（1）仅显示壶身曲面上部分和壶身曲线，在 Right 视图中参照壶身中心线绘制水平直线作为辅助线，如图 11-175 所示。为了避免物体锁点造成的空间线，可开启状态栏中的"平面模式"。

（2）以水平直线为参考，使用"内插点曲线"命令绘制如图 11-176 所示曲线，其起点与直线相切。

（3）将刚绘制的曲线以壶身中轴线进行镜射，并使用"多重直线" ∧ 命令将两曲线端点相连（图 11-177）。

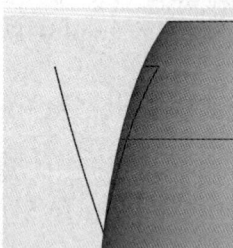

图 11-175　绘制直线　　　　图 11-176　内插点曲线　　　　图 11-177　镜射曲线

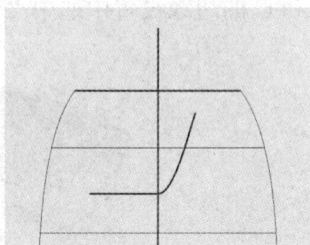

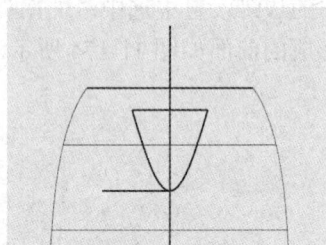

（4）在 Right 视图中使用"投影曲线至曲面" 命令将绘制的曲线投影到壶身曲面上，投影后会同时在壶身前后方向上产生投影曲线，删除多余的投影曲线，仅保留一侧即可，如图 11-178 所示。

（5）在 Front 视图中绘制如图 11-179、图 11-180 所示曲线。

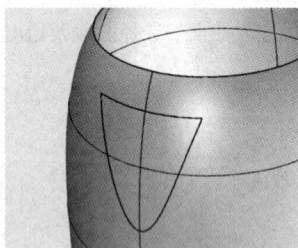

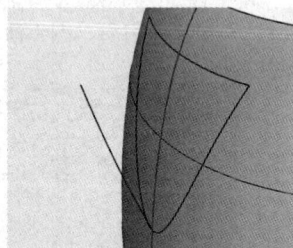

图 11-178　投影曲线至曲面　　　　图 11-179　绘制曲线　　　　图 11-180　透视图

（6）使用"放样" 命令将 3 条曲线进行放样，如图 11-181 所示。

（7）将步骤（4）中投影的曲线组合成一条曲线，使用"曲线"工具中"偏移曲面上的曲线" 命令将组合后的曲线沿壶身曲面偏移，偏移距离为 4（图 11-182）。

（8）使用"多重直线" ∧ 命令将偏移后的两曲线端点相连（图 11-183）。在 Right 视图中将连接后的直线投影到壶身曲面上。

（9）使用上步形成的偏移曲线和投影曲线对壶身曲面进行修剪，形成壶嘴的开口效果（图 11-184）。

（10）目前放样曲面和壶身切口曲面在 Front 方向上没有足够的间隙来创建混接曲面，要使用"圆管" 命令对放样曲面进行修剪，放样曲面边缘作为圆管的路径曲线，半径

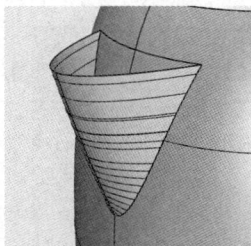

图 11-181　放样曲线　　　　图 11-182　在曲面上偏移曲线　　　　图 11-183　连接曲线

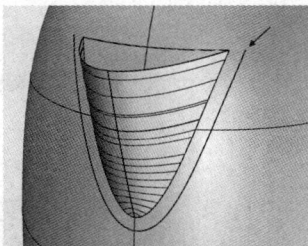

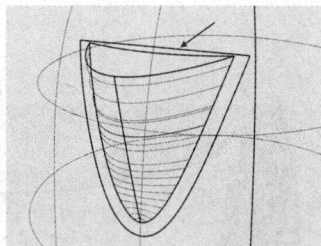

为 2（图 11-185）。

（11）使用圆管对放样曲面进行修剪或者使用"物体交集" 命令求得圆管与放样曲面的交线，使用交线对放样曲面进行修剪，修剪后效果如图 11-186 所示。

图 11-184　壶身切口　　　　　　图 11-185　圆管　　　　　　图 11-186　修剪曲面

（12）使用"复制边缘" 命令分别复制图 11-187 所示曲面的边，作为后续曲线的参考。

（13）在 Right 视图中使用"多重直线"命令绘制如图 11-188 所示两条直线，并将两直线投影到壶身曲面上（图 11-189），作为绘制曲线时相切的参考。

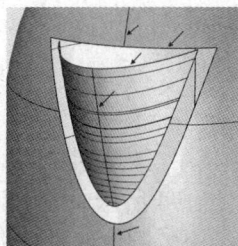

图 11-187　复制边缘　　　　　图 11-188　多重直线　　　　图 11-189　投影曲线到壶身曲面上

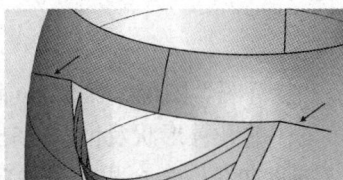

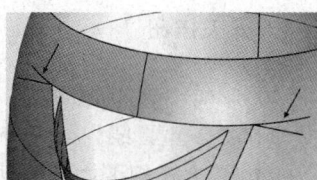

（14）使用"可调式混接曲线" 命令分别创建混接曲线，如图 11-190 所示。

（15）使用"以网线建立曲面" 命令依次选择 3 条混接曲线和 2 个曲面的边缘，在其中 A、C 的边缘设置中选中"位置"，B、D 的边缘设置中选中"相切"（图 11-191、图 11-192），形成的曲面如图 11-193 所示。

至此完成了壶嘴渐消曲面的创建。

11.2.7　开关按钮造型

开关按钮主要分为两部分，一部分为开关按钮的造型，另一部分为在把手上制作开关按钮的孔，造型过程相对比较简单。

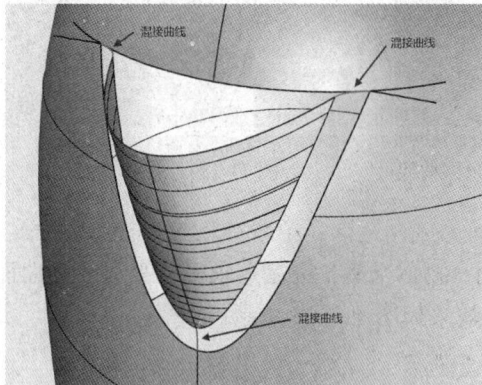

图 11-190　混接曲线

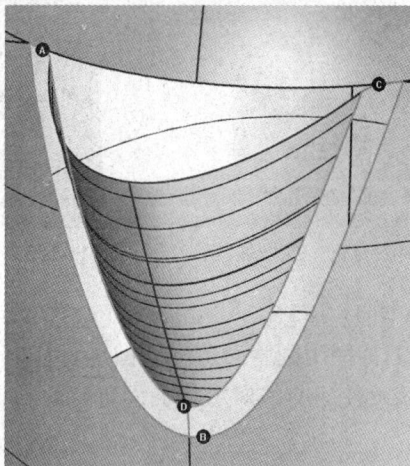

图 11-191　选择的曲线和边缘

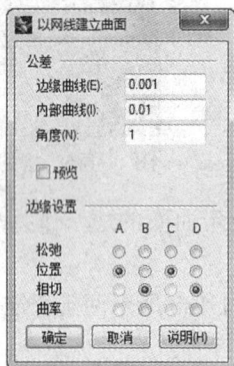

图 11-192　"以网线建立曲面"对话框

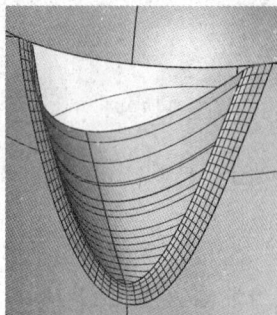

图 11-193　以网线建立曲面

1. 开关按钮

（1）隐藏不使用的物体，仅显示"参考图"图层，在 Right 视图中使用"内插点曲线"命令和"多重直线"命令参照背景图的开关形状及位置绘制如图 11-194 所示曲线 1。

（2）在 Top 视图中继续使用"内插点曲线"命令和"多重直线"命令绘制曲线 2，曲线 2 关于 Y 轴对称，如图 11-195 所示。

图 11-194　曲线 1

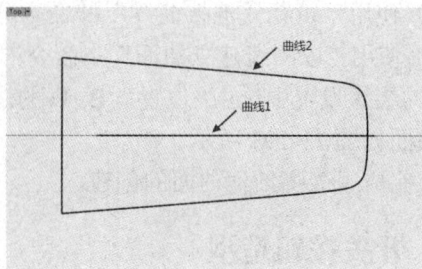

图 11-195　曲线 2

（3）分别将曲线 1 和曲线 2 使用"挤出封闭的平面曲线" 命令进行挤出，曲线 1 挤出时选择"两侧＝是"，两曲线挤出后如图 11-196 所示。

（4）使用"布尔运算交集" 命令获得两挤出曲面的交集，得到开关按钮的基本形状（图 11-197）。

（5）使用"不等距边缘圆角" 命令对相交的实体进行圆角操作，半径为 0.2（图 11-198）。

图 11-196　挤出曲线　　　　　图 11-197　布尔运算交集　　　　　图 11-198　圆角

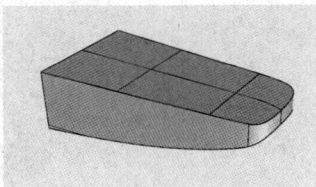

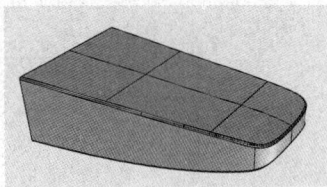

2．把手外侧曲面切口

（1）恢复把手外侧曲面的显示，将 Right 视图切换为着色模式或框架模式，便于观察开关的形状，使用"矩形" 命令参照开关曲面绘制切口用的矩形，使用"曲线圆角" 命令对矩形进行圆角操作（图 11-199）。

（2）将 Right 视图切换为着色模式，使用刚创建的圆角矩形对把手外侧曲面进行修剪，得到开关的切口（图 11-200）。

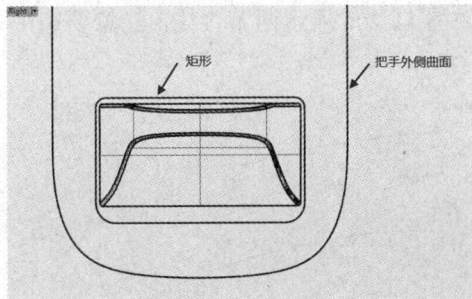

图 11-199　圆角矩形　　　　　　　　　　图 11-200　修剪曲面

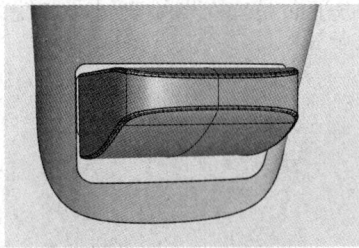

（3）使用"挤出封闭的平面曲线" 命令将切口的边缘进行挤出，形成开关孔的内侧表面，因切口边缘为空间曲线，需要在挤出选项中选择"方向"，然后在 Front 视图中确定水平的两点为挤出方向，确定合适的挤出距离（图 11-201）。如挤出后曲面法线不正确，可使用"反转方向" 命令反转曲面法线方向。

（4）将 Front 视图切换为框架模式，参考开关位置绘制修剪用曲线（图 11-202）。

（5）在 Front 视图中，使用刚绘制的直线对挤出的切口边缘曲面进行修剪（图 11-203）。

（6）将修剪后的曲面与把手外侧曲面组合，使用"不等距边缘圆角" 命令进行圆角操作（图 11-204）。

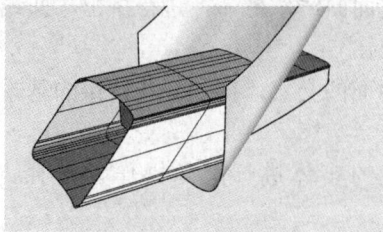

图 11-201　挤出曲面

图 11-202　绘制修剪曲线

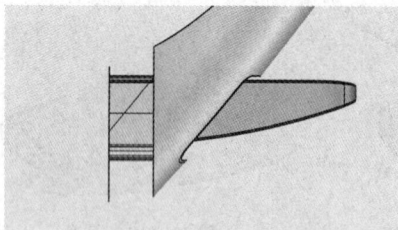

图 11-203　修剪挤出曲面

图 11-204　圆角

11.2.8　开盖按钮造型

1. 开盖按钮

（1）仅显示开口后的把手外侧曲面，使用"抽离结构线" 命令获得把手对称轴处的结构线（图 11-205）。

（2）将 Front 视图切换为框架模式，如不进行上一步的抽离结构线操作，在外轮廓处将不显示边界。使用"多重直线" 命令绘制如图 11-206 所示两条直线，注意要选中状态列的"平面模式"以绘制平面曲线。

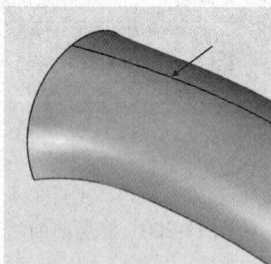

图 11-205　抽离结构线

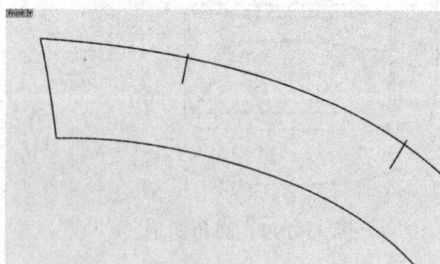

图 11-206　绘制直线

（3）在 Perspective 视图中使用"圆角矩形" 命令，参照上一步绘制的两条直线，以 3 点方式绘制圆角矩形，并使用"移动" 命令将圆角矩形沿 Y 轴移动短边一半的距离，使其关于 X 轴对称，如图 11-207 所示。

（4）使用"挤出封闭的平面曲线" 命令将圆角矩形挤出，在选项中选择"双侧＝是"，以进行双侧挤出（图 11-208）。

（5）绘制创建按钮顶部曲面所需的曲线和截面，可将抽离的结构线向外偏移，绘制截面时要关于 X 轴对称，如图 11-209 所示。

图 11-207　圆角矩形

图 11-208　双侧挤出

（6）使用"单轨扫掠" 命令创建按钮顶部的曲面，因使用偏移的结构线作为路径，创建的曲面法线方向可能不正确，可使用"反转方向" 命令改变方向（图 11-210）。

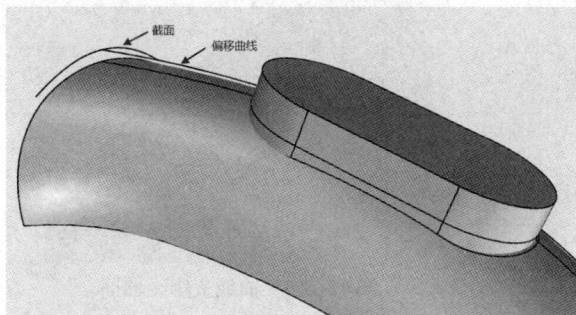

图 11-209　路径和截面线

图 11-210　单轨扫掠曲面

（7）将单轨扫掠曲面与挤出曲面互相进行修剪，在按钮顶部得到具有一定弧度的曲面，将修剪后的两个曲面组合成一个复合曲面（图 11-211）。

（8）使用"不等距边缘圆角" 命令对组合后的曲面进行圆角操作（图 11-212）。

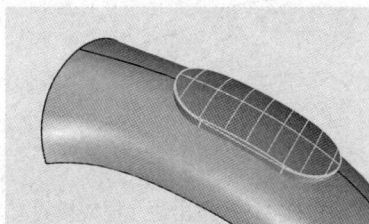

图 11-211　曲面互相修剪

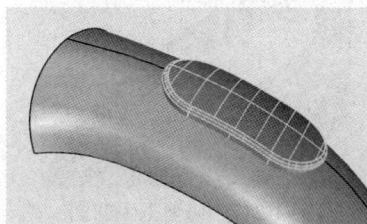

图 11-212　圆角

2. 把手切口

（1）仅显示开盖按钮和把手曲面，使用"物体交集" 命令求得按钮和把手的交线（图 11-213）。

（2）使用"偏移曲面上的曲线" 命令将交线沿把手曲面向外偏移 0.3 距离，以创建按钮与把手的间隙（图 11-214），显示曲线控制点，并编辑控制点以创建按钮的活动空间，如图 11-215 所示。

（3）将编辑后的曲线在 Top 视图中投影到把手曲面上，如图 11-216 所示。

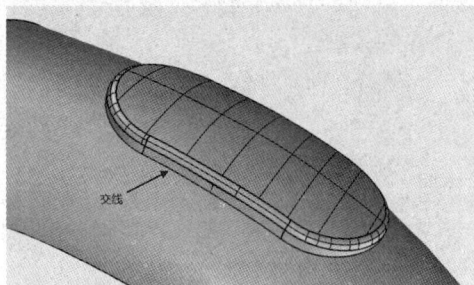

图 11-213　交线

图 11-214　偏移曲面上的交线

图 11-215　编辑控制点

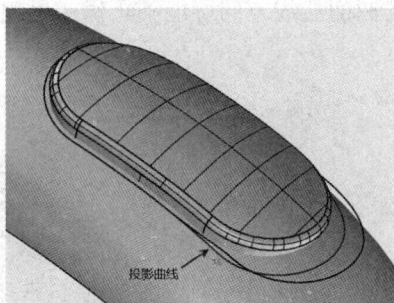

图 11-216　曲线投影至曲面

（4）使用投影的曲线对把手曲面进行修剪（图 11-217）。

（5）将 Front 视图显示模式切换为框架模式，使用"挤出封闭的平面曲线" 命令将修剪后的边缘沿指定方向挤出，创建侧面曲面效果，如图 11-218、图 11-219 所示。

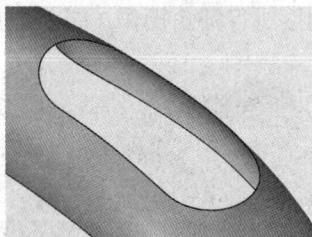

图 11-217　修剪把手曲面

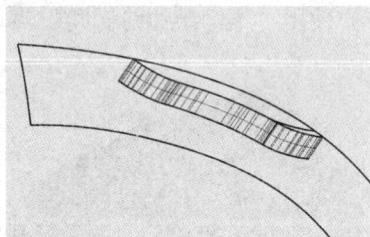

图 11-218　挤出边（框架模式）

（6）使用"不等距边缘圆角" 命令对修剪后的曲面进行圆角操作，如图 11-220 所示。

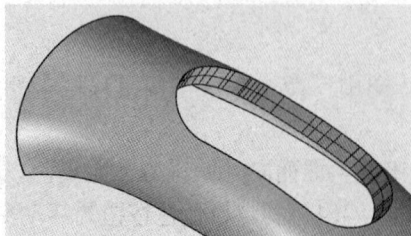

图 11-219　挤出边（着色模式）

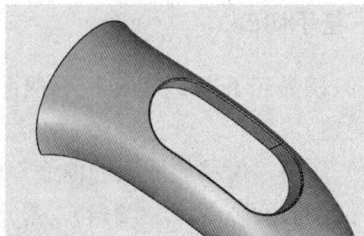

图 11-220　圆角

11.2.9　电源底座造型

（1）恢复电源底座曲线的显示（图 11-221）。

（2）使用"旋转成形" 🕯 命令将电源底座曲线旋转 360°（图 11-222）。

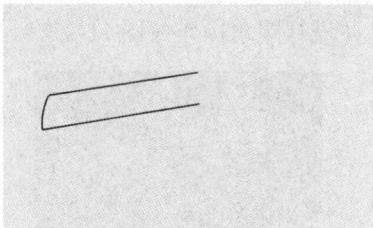

图 11-221　底座曲线

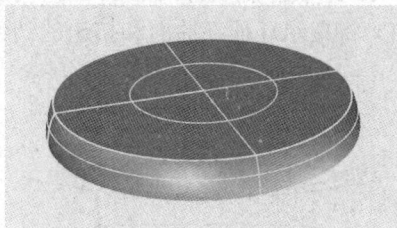

图 11-222　旋转成形

11.2.10　电源指示灯

1. 指示灯切口

（1）仅显示电源底座曲面和参考图，将 Front 视图切换为框架显示模式，以便于观看背景图，绘制椭圆，如图 11-223 所示。

（2）在 Front 视图中将刚绘制的椭圆投影到电源底座曲面上，删除多余的投影曲线。

（3）在 Perspective 视图中使用投影曲线将电源底座曲面进行分割，形成指示灯孔和指示灯顶部曲面（图 11-224）。

图 11-223　绘制椭圆

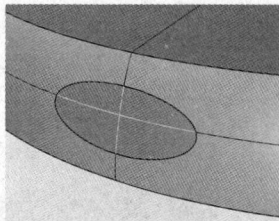

图 11-224　分割曲面

（4）隐藏指示灯曲面，使用"挤出封闭的平面曲线" 🔲 命令将分割的指示灯孔边缘挤出，挤出选项中选择"方向"，在 Top 视图中确定竖直方向为挤出方向，挤出曲面如图 11-225所示。

（5）将挤出曲面和电源底座曲面组合，并进行圆角操作（图 11-226）。

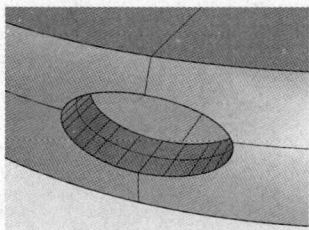

图 11-225　挤出曲面边界

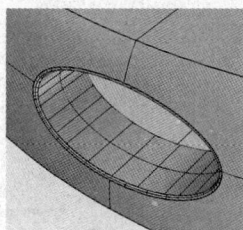

图 11-226　圆角

2. 指示灯

（1）恢复分割得到的指示灯曲面的显示，并向外移动 0.5 距离。

（2）使用"挤出封闭平面曲线"命令将指示灯的边缘挤出，形成指示灯的立体效果，选择"方向"选项，并确定竖直方向为挤出方向（图 11-227）。

（3）将指示灯顶部曲面和挤出的边缘曲面组合，并进行圆角操作（图 11-228）。

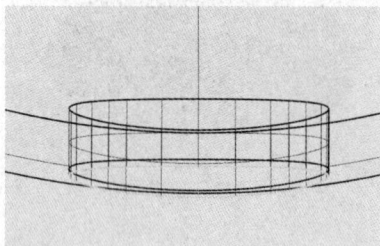

图 11-227　挤出曲线

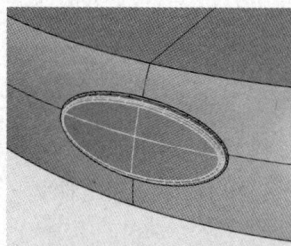

图 11-228　指示灯圆角后

11.2.11　壶身下部分曲面切口

（1）显示壶身曲面下部分和整个把手曲面，在 Right 视图中绘制圆角矩形作为把手曲面的切口用曲线（图 11-229）。

（2）在 Right 视图中将圆角矩形投影到壶身下部分曲面上，仅保留前侧的投影曲线即可，如图 11-230 所示。

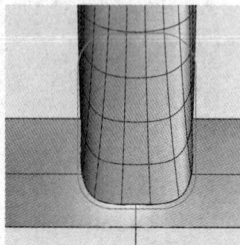

图 11-229　圆角矩形

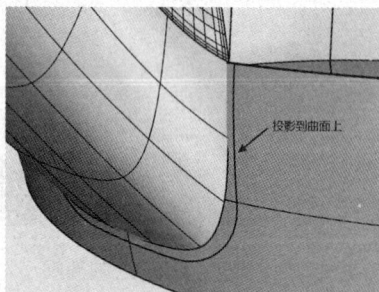

图 11-230　圆角矩形投影至曲面上

（3）使用投影的曲线修剪壶身曲面，得到把手的切口（图 11-231）。

（4）使用"挤出封闭的平面曲线"命令将修剪后的切口边缘在 Front 视图中沿水平方向上挤出，挤出后曲面如图 11-232 所示。

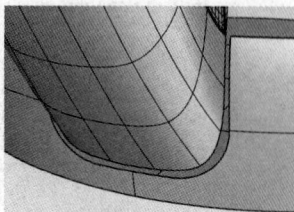

图 11-231　修剪壶身曲面

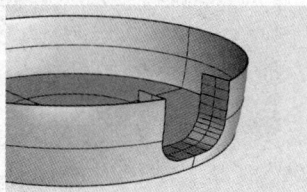

图 11-232　挤出边缘

（5）将挤出的曲面和修剪后的曲面组合，并进行圆角操作。

11.3　本章小结

　　本章第 1 节以电吹风为例，展示了使用 Rhino 进行家电产品造型的具体过程，主要是绘制曲线后，使用从"网线建立曲面"命令创建出电吹风整体曲面，在整体曲面上使用"修剪"命令对曲面进行修剪，再使用"双轨扫掠"命令建立装饰线，最后使用放样、挤出封闭的曲线、布尔运算等工具对出风口、进风口、开关、挂线环等进行细节造型。

　　本章第 2 节以电水壶为例，应用 Rhino 的旋转成形、从网线建立曲面等工具来创建复杂曲面。其主要造型难点是把手曲面的造型，涉及多个曲面的相连，需要对把手曲面进行多次切割并进行多个补面的操作，才能完成高质量的曲面造型。

　　通过电吹风和电水壶的造型实例，充分展示了 Rhino 常用的造型工具，可熟悉产品造型过程和常用命令的使用。只有经过不断的练习，才能熟悉软件的操作，提高产品的造型能力。

第12章

卡通产品造型实例

以卡通形象为产品的造型具有活泼可爱等特点，非常符合儿童等人群的审美。卡通产品以光滑的有机曲面居多，在 Rhino 建模中使用 T-Splines 网格建模插件，通过塑形的方法进行建模，可提高建模速度和质量，并且在建模过程中可对产品造型进行调节，对造型设计方案进行推敲。本章以不同的卡通产品为例，展示 Rhino 和 T-Splines 产品造型的具体结合应用。

12.1 卡通台灯造型

12.1.1 造型思路分析

该款台灯主要由灯罩、底座、旋转轴、灯罩开关和底座开关组成，其中灯罩和底座为典型的有机曲面，使用 Rhino 传统工具建模具有一定的难度，使用塑形的方法进行造型更容易实现（图 12-1）。

建模过程文件见配书光盘：实例文件\12.1 卡通台灯\卡通台灯造型过程.3dm；

建模结果文件见配书光盘：实例文件\12.1 卡通台灯\卡通台灯完成.3dm；

视频文件见配书光盘：视频教程\12.1 卡通台灯.mp4。

配书光盘中的 Rhino 文件按照台灯各部分建模的顺序来组织图层（图 12-2），在"图层"面板中从上向下打开或关闭图层及其子图层的显示，可查看每一部分的建模过程，快速了解每一步的具体制作过程及效果，通过此方法能从整体上把握建模过程，为学习 Rhino 造型提供了非常重要的帮助。

图 12-1 台灯主要组成部分

图 12-2 造型过程图

12.1.2　导入参考图片

参考图片可作为曲线绘制的参考，检测曲面是否准确。在导入图片前，建议对欲导入的图片使用图像编辑软件进行处理，以图片中物体最大边界对图片进行剪裁；对于多个图片，保证其长宽高尺寸能互相对应上，方便导入图片的移动、对齐等定位操作。

（1）新建"参考图"图层，继续新建图层，并分别修改图层名称为 Front、Top、Left 和 Right，作为"参考图"图层的子图层。

（2）在 Front 视图中使用"图框平面" ▦ 命令导入卡通台灯的前视图（配书光盘：实例文件\12.1 卡通台灯\参考图\Front.tif）作为造型的参考。

（3）使用同样的方法将其他参考图导入相应的视图，并放入相应的图层，以便于管理。

（4）导入参考图片后，根据图片的大小对图框平面物体进行缩放操作，使其尺寸与实物基本相同，然后对图框平面进行移动，调整位置，具体位置如图 12-3 所示。

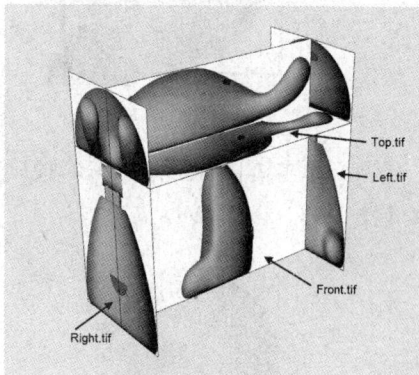

图 12-3　参考图

（5）在绘制曲面及曲线的过程中，为了避免参考图对现有物体产生遮挡，可将参考图放置在各视图所在工作平面的后面。

（6）将参考图的子图层锁定，防止绘图过程中影响其他物体的选择，错误地移动位置。

12.1.3　灯罩

灯罩的造型主要使用 T-Splines 进行，以 Ts 球体为造型的基础曲面，通过对控制点、边和曲面的缩放、移动和旋转等操纵，以塑形的方式得到基本形，通过挤出曲面的方式塑造"耳朵"效果，具体造型过程如下。

（1）单击 T-Splines 工具栏 Sphere（球）⬤ 图标，在 Top 视图中创建 Ts 球体，选项中选择竖直方向面数（VerticalFaces）为 6，圆周方向面数（AroundFaces）为 8，并设置关于 Y 轴的轴对称（图 12-4）。

（2）显示 Front 图层，在 Front 视图中根据参考图片将 Ts 球体移动到指定的位置，如图 12-5 所示。

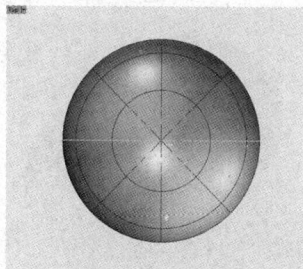

图 12-4　Ts 球体

图 12-5　移动 Ts 球体

（3）单击 T-Splines 工具栏 Flatten Points（压平点）![icon]图标，将图 12-6 所示矩形框内的节点压平到一个平面内，形成半球效果，如图 12-7 所示。

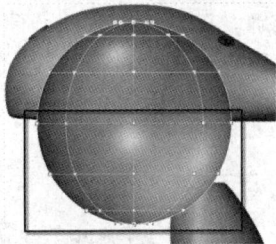

图 12-6　选择节点

图 12-7　压平点

（4）单击![icon]图标，进入编辑模式，使用 Scale（缩放）![icon]操纵对半球体沿 X 轴方向缩放（图 12-8、图 12-9）。

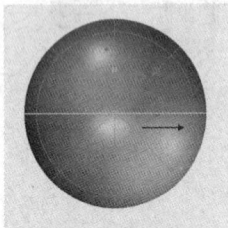

图 12-8　缩放前

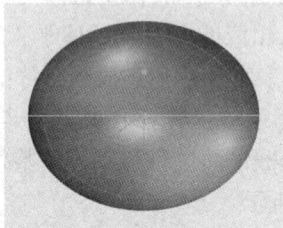

图 12-9　缩放后

（5）保持在编辑模式状态，在 Front 视图中参照背景图片对选择的节点进行 Translate（移动）![icon]操纵，此节点调节过程需要重复多次，才能得到需要的效果（图 12-10、图 12-11）。

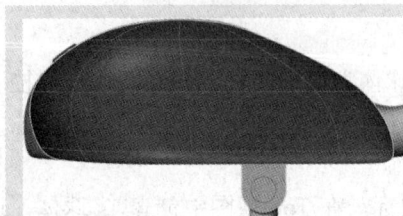

图 12-10　移动节点

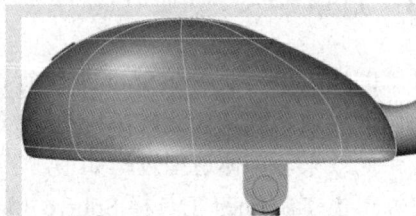

图 12-11　继续移动节点

（6）隐藏"参考图"图层，单击 Face（面）![icon]图标切换到面模式，选择如图 12-12 所示面，单击 T-Splines 工具栏中 Extrude face（挤出面）![icon]图标，进行面的挤出操作，因物体关于 Y 轴对称，在另一侧对应面自动创建挤出曲面效果（图 12-13）。

图 12-12　选择要挤出的面

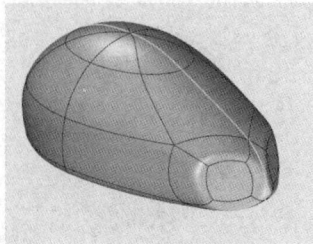

图 12-13　挤出面

（7）选择如图 12-14 所示面，使用 Translate（移动）✙操纵移动所选的面，对称的面也会发生相应的变化（图 12-15）。

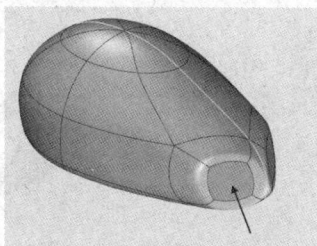

图 12-14　移动挤出面

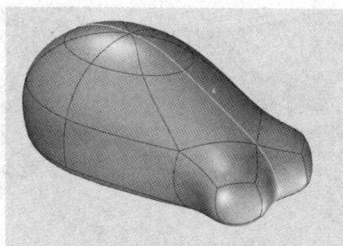

图 12-15　移动面后

（8）继续对选定的面进行挤出操作，重复两次，如图 12-16、图 12-17 所示。

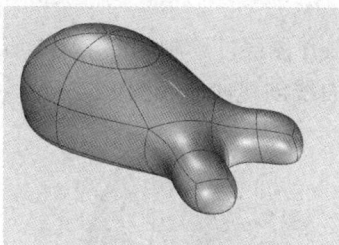

图 12-16　继续挤出面

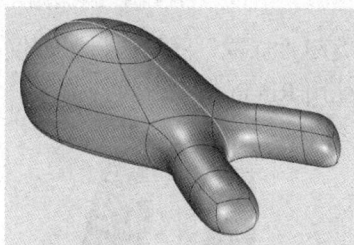

图 12-17　继续挤出面

（9）切换到 Vert（节点）🔷选择模式，选择如图 12-18 所示节点，使用移动操纵器对所选节点进行移动，调整节点位置，如图 12-19 所示。

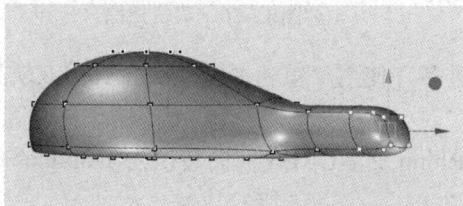

图 12-18　选择节点

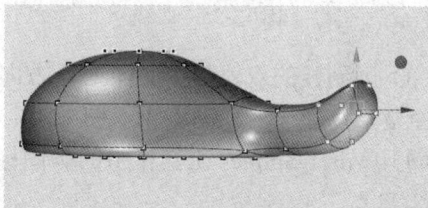

图 12-19　调整节点

（10）切换到 Top 视图，根据参考图片，继续编辑节点位置，如图 12-20、图 12-21 所示。

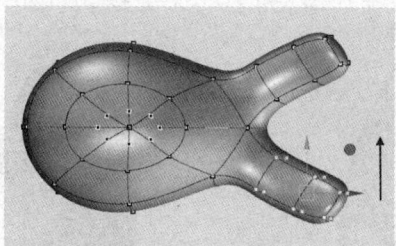

图 12-20　继续调整节点

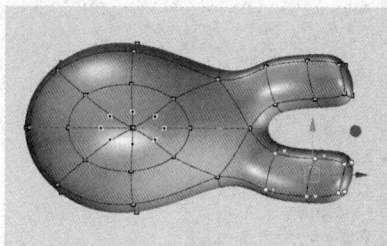

图 12-21　继续调整节点

（11）在 Perspective 视图中，对选择的节点进行 Rotate（旋转）⊕操纵，使其顶部曲面与四周的边线大致垂直，如图 12-22、图 12-23 所示。

（12）继续调整节点、边和面，最终灯罩效果如图 12-24 所示。新建"灯罩"图层，将灯罩 T-Splines 曲面放入该图层中。

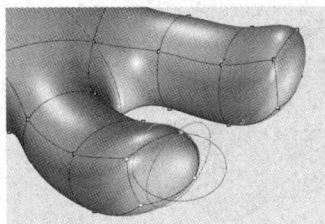
图 12-22　选择节点

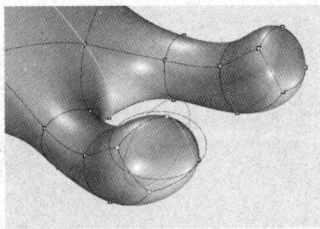
图 12-23　旋转节点

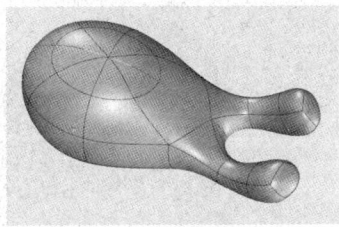
图 12-24　灯罩完成效果

12.1.4　底座

（1）关闭"灯罩"图层的显示，仅显示 Front 和 Left 图层，绘制如图 12-25 所示曲线。

（2）使用 Rhino 的"双轨扫掠" 工具将绘制的曲线创建曲面（图 12-26）。

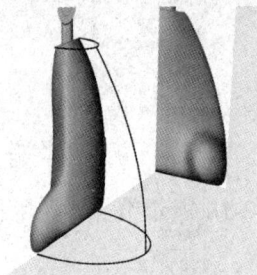
图 12-25　曲线

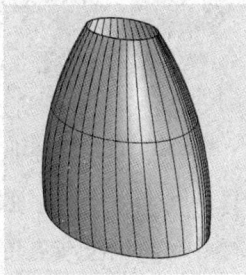
图 12-26　双轨扫掠

（3）因创建的双轨扫掠曲面 UV 方向点数过多，使用"重建曲面" 工具对双轨扫掠曲面重建，以便于后期的编辑（图 12-27）。

（4）单击 T-Splines 工具栏中的图标，将 Rhino 的 NURBS 曲面转换为 T-Splines 曲面（图 12-28）。

（5）单击 T-Splines 工具栏中的 Symmetry on（对称）图标，在选项中使用 discover（检测）方式，设置为关于 Y 轴的轴对称，如图 12-29 所示绿色边为对称轴。

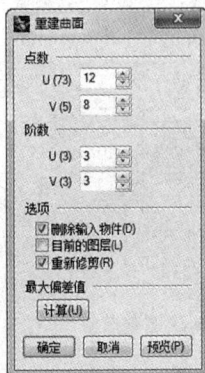
图 12-27　"重建曲面"对话框

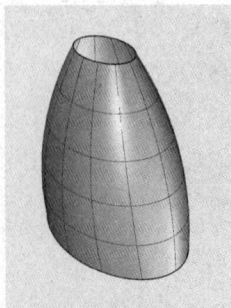
图 12-28　重建后转换为 T-Splines

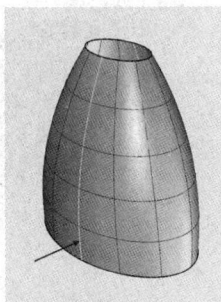
图 12-29　对称轴

（6）显示 Front 和 Left 参考图图层，根据参考图调整右侧节点位置（图 12-30），最终如图 12-31 所示。

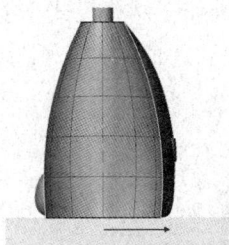

图 12-30 调整节点   图 12-31 继续调整节点   图 12-32 网格模式

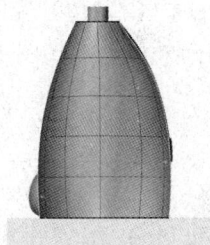

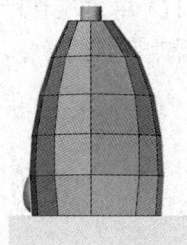

（7）继续根据参考图调整左侧节点位置，可切换为盒子模式查看网格效果，如图 12-33～图 12-35 所示。

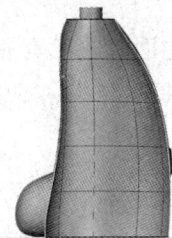

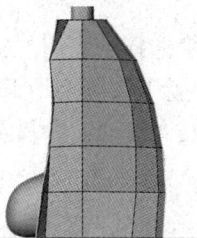

图 12-33 调整点   图 12-34 网格模式   图 12-35 透视图

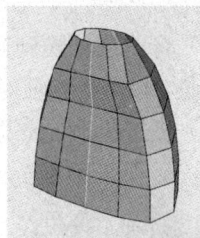

（8）使用缩放挤出边功能制作底座顶部曲面，在编辑模式中，切换到边 选择方式，选择顶部的环形边，应用 Scale（缩放） 操纵，按住 Alt 键并拖动图 12-36 中箭头所指的方块，沿 X、Y 两个方向缩放挤出选定的边（图 12-37），继续执行缩放挤出边操作，最终如图 12-38 所示。

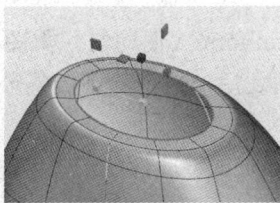

图 12-36 选择边   图 12-37 缩放挤出边操作   图 12-38 继续缩放挤出边操作

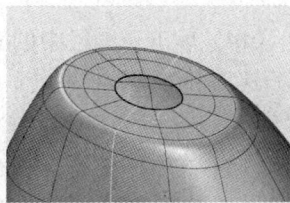

（9）继续执行缩放挤出边操作制作台灯底座底部曲面（图 12-39、图 12-40），最终如图 12-41 所示。

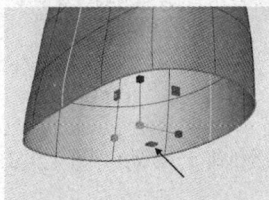

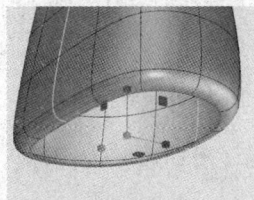

图 12-39 选择边   图 12-40 缩放挤出边操作   图 12-41 继续缩放挤出边操作

（10）选择上一步的 T-Splines 曲面，单击工具栏中的 Smooth toggle（切换）图标，由光滑模式转换为网格模式。

（11）单击工具栏中的 Slide edges（滑动边）图标，滑动边操作在网格模式下能直观地查看改变后的效果，将选定的边向外移动，如图 12-42、图 12-43 所示。

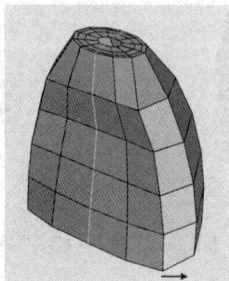

图 12-42　滑动边前　　　　　　　图 12-43　滑动边后

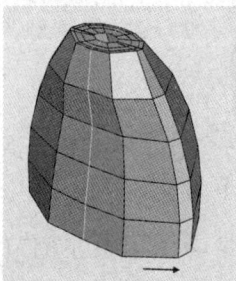

（12）将曲面转换到光滑模式，将选择的面用 Extrude face（挤出面）工具进行挤出操作，因物体关于 Y 轴对称，对称侧会自动更新（图 12-44、图 12-45）。

（13）将挤出后的曲面用 Translate（移动）操纵进行移动（图 12-46）。

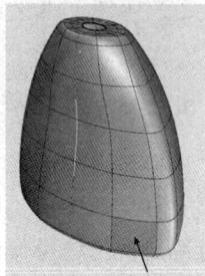

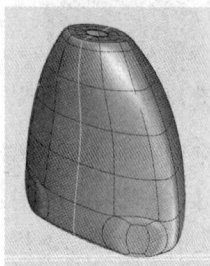

图 12-44　选择面　　　　　图 12-45　挤出面　　　　　图 12-46　移动挤出的面

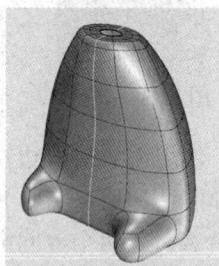

（14）单击工具栏中的 Make Uniform（使均匀）图标，对 T-Splines 进行优化，一般该工具常用在调整控制点、边或面之后，能消除因调整节点、边等造成的曲面不够舒展的问题。

（15）使用移动边、控制点的方式调整底部的形态，需要进行多次操作，才能达到预期的效果（图 12-47～图 12-49）。

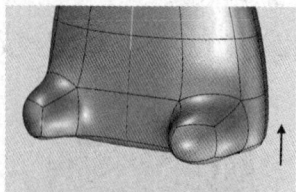

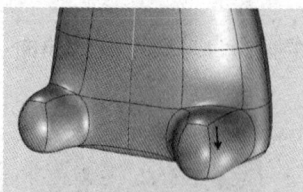

图 12-47　调整点　　　　　图 12-48　继续调整点　　　　　图 12-49　继续调整点

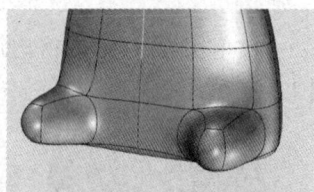

（16）单击工具栏中 Slide edges（滑动边）图标，将选定的边向上移动（图 12-50、图 12-51），移动后如图 12-52 所示。

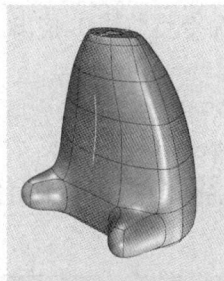

图 12-50　光滑模式　　　　　图 12-51　网格模式　　　　　图 12-52　滑动边

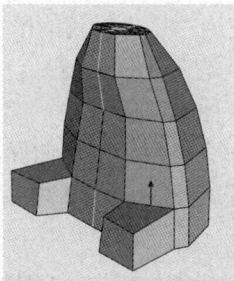

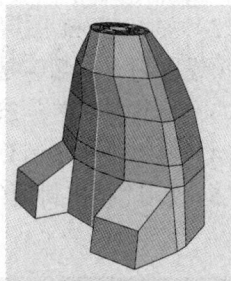

（17）右击 图标，设置曲率分析的边，进行曲率分析，因软件版本限制，在 Rhino 5.0 测试版中此功能暂时不起作用。可使用 Rhino 的"内插点曲线" 命令通过 T-Splines 物体的节点创建用于曲率分析的辅助线，通过分析曲线来分析指定边的曲率，然后同时调整相应的节点和曲线控制点的位置，以创建连续的高质量曲面，如图 12-53 所示。

（18）继续使用 Translate（移动） 对选定的节点进行移动，调整 T-Splines 曲面，如图 12-54、图 12-55 所示。

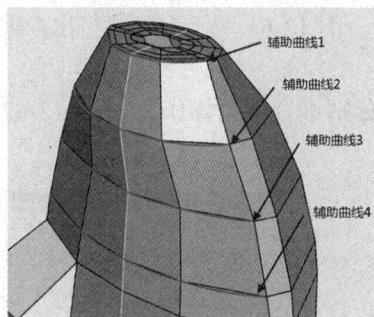

图 12-53　分析指定边的曲率　　　　图 12-54　移动点　　　　图 12-55　继续移动点

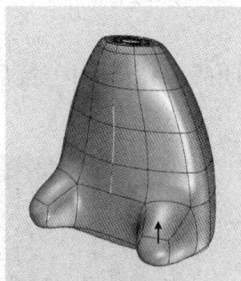

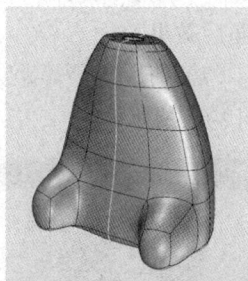

12.1.5　旋转轴

旋转轴造型相对比较简单，使用 Rhino 的基本命令即可完成，主要造型过程如下。

（1）显示 Front 图层和刚绘制好的灯罩、底座曲面。在 Front 视图中绘制如图 12-56、图 12-57 所示的 4 条曲线，4 条曲线均为封闭的曲线。

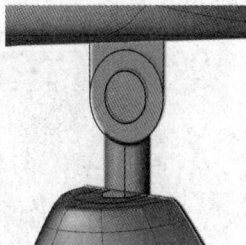

图 12-56　绘制曲线　　　　　　　图 12-57　隐藏参考图片

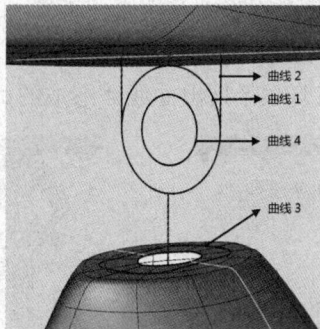

（2）关闭 Front 图层的显示，使用"挤出封闭的平面曲线" ![]命令将曲线 1 挤出，挤出选项设置为"双侧＝是"、"实体＝是"（图 12-58）。

（3）将曲线 3 单侧挤出成实体（图 12-59）。

（4）使用"布尔运算联集" ![]命令将两个挤出曲面相加成为一个物体。

（5）使用"挤出封闭的平面曲线"命令将曲线 2 进行双向挤出，挤出为实体，如图 12-60所示。

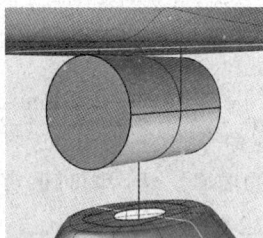  

图 12-58　挤出曲线 1　　　　图 12-59　挤出曲线 3　　　　图 12-60　挤出曲线 2

（6）使用"布尔运算差集" ![]命令在布尔并集的曲面中切除挤出曲线 2 曲面，在选项中选择"删除输入物体＝否"，即保留挤出曲线 2 的曲面，图 12-61 所示为隐藏挤出曲线 2曲面后效果。

（7）使用"不等距边缘圆角" ![]命令对差集后物体分别进行圆角操作，如图 12-62、图 12-63 所示。

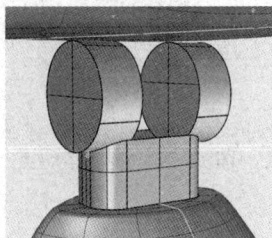 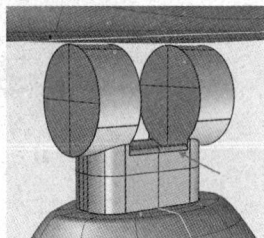 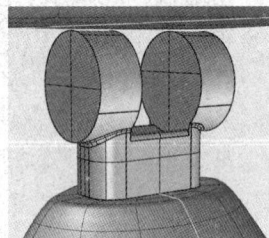

图 12-61　布尔运算差集　　　　图 12-62　圆角 1　　　　图 12-63　圆角 2

（8）使用"挤出封闭的平面曲线"命令将曲线 4 进行双侧挤出，并挤出为实体，如图 12-64 所示。

（9）恢复显示挤出曲线 2 形成的曲面，使用"布尔运算差集" ![]命令进行钻孔的操作，在选项中选择"删除输入物体＝否"，即保留挤出曲线 4 形成的曲面，为便于观看，暂时隐藏挤出曲线 4 形成的曲面（图 12-65）。

（10）恢复显示挤出曲线 4 形成的旋转轴曲面，进行圆角操作（图 12-66）。

 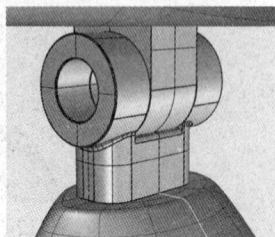 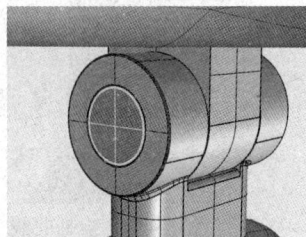

图 12-64　挤出曲线 4　　　　图 12-65　布尔运算差集　　　　图 12-66　圆角

12.1.6 底座开关

（1）恢复 Right 图层的显示，将 Left 视图转换为 Right 视图，参照 Right 参考图绘制开关曲线，如图 12-67 所示。

（2）在 Front 视图中将开关曲线移动到如图 12-68 所示位置，使用"挤出封闭的平面曲线"■命令将开关曲线挤出，挤出后曲面如图 12-69 所示。

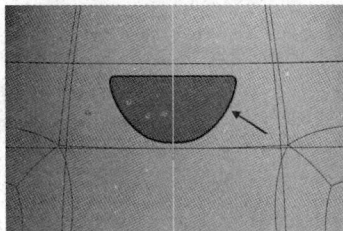

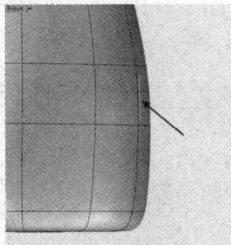

图 12-67　绘制曲线　　　　图 12-68　Right 视图曲线位置　　　　图 12-69　挤出曲面

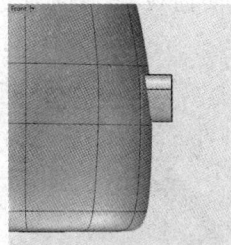

（3）复制底座 T-Splines 曲面到新图层中，右击 T-Splines 工具栏中的■图标，将复制的 T-Splines 曲面转换为 NURBS 曲面，并向外偏移 0.5 个距离。或者直接使用 Rhino 的"偏移曲面"■命令将复制的 T-Splines 曲面向外偏移，T-Splines 曲面自动会转换为 NURBS 曲面。

（4）使用"修剪"■命令将偏移的曲面和挤出的曲面互相修剪，修剪后如图 12-70 所示。

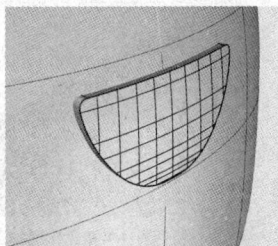

（5）将修剪后的曲面进行组合，并进行圆角操作（图 12-71）。

图 12-70　修剪曲面　　　　　　　　　　图 12-71　圆角

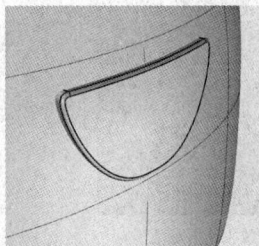

12.1.7 灯罩开关

使用绘制底座开关的方法绘制灯罩开关。

（1）显示"灯罩"、Top 图层，在 Front 视图中绘制辅助曲线，如图 12-72 所示。

（2）参照辅助曲线的端点，在 Front 视图中绘制椭圆，在选项中选择"垂直"方式（图 12-73）。

（3）挤出椭圆曲线（图 12-74）。

（4）偏移灯罩曲面（图 12-75）。

（5）将挤出椭圆形成的曲面和偏移曲面互相修剪（图 12-76）。

（6）组合后进行圆角操作（图 12-77）。

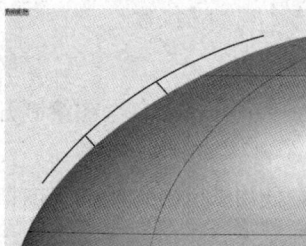

图 12-72　辅助曲线

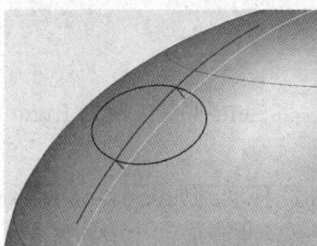

图 12-73　绘制椭圆

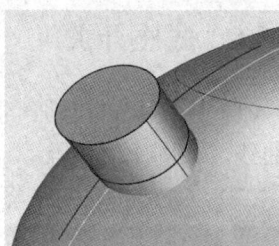

图 12-74　挤出椭圆

图 12-75　偏移灯罩曲面

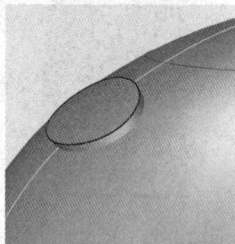

图 12-76　互相修剪

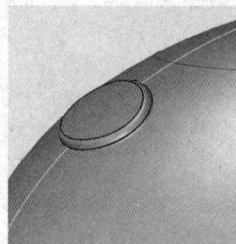

图 12-77　圆角

12.1.8　眼睛

（1）在 Top 视图的框架模式下根据参考图绘制椭圆体 ，如图 12-78 所示。

（2）在 Front 视图中旋转椭圆体，并根据参考图移动椭圆体的位置（图 12-79、图 12-80）。

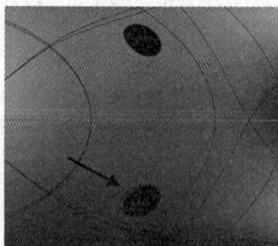

图 12-78　椭圆体

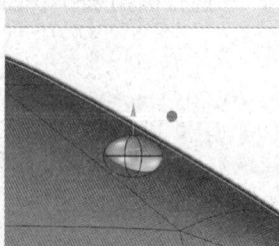

图 12-79　旋转前

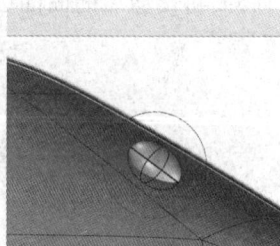

图 12-80　调整位置后

（3）将调整好位置的椭圆体沿 X 轴进行"镜射" 复制（图 12-81、图 12-82）。

恢复完成的各部件的显示，并放入指定的图层中，卡通台灯最终效果如图 12-83 所示。

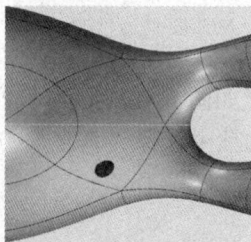

图 12-81　镜射前

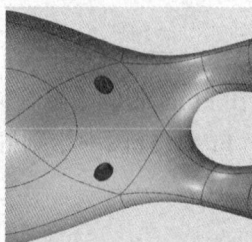

图 12-82　镜射后

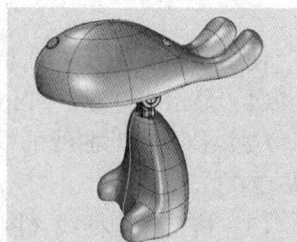

图 12-83　卡通台灯最终效果

12.2　小鸭玩具造型

12.2.1　造型思路分析

该款小鸭玩具主要由头部和鸭身两大部分组成，可通过对 T-Splines 创建的 Ts 球的节点进行调整，确定头部和鸭身的基本形，在基本形上进行细节的造型，在头部主体曲面上形成顶部、嘴（上喙）、嘴（下喙）、后盖、眼睛和音响孔的细节造型，在鸭身主体曲面上形成翅膀、旋钮、旋钮装饰、轮子、脚掌和开孔等细节造型（图 12-84）。

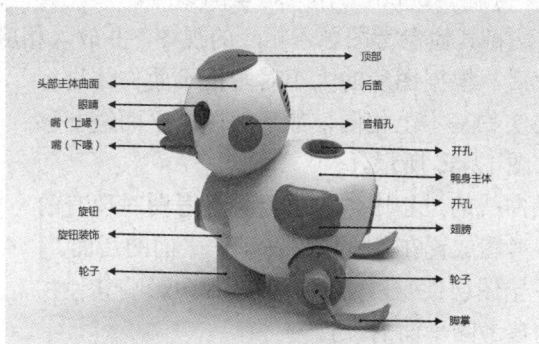

图 12-84　小鸭玩具各部分组成

建模过程文件见配书光盘：实例文件\12.2 小鸭玩具\小鸭玩具造型过程.3dm；

建模结果文件见配书光盘：实例文件\12.2 小鸭玩具\小鸭玩具完成.3dm；

视频文件见配书光盘：视频教程\12.2 小鸭玩具.mp4。

配书光盘中的 Rhino 文件按照小鸭玩具各部分造型的顺序来组织图层，通过从上向下打开或关闭图层及其子图层的显示，可查看每一部分的造型过程，能快速了解每一步的具体制作过程及效果，通过此方法能从整体上把握造型过程，为学习 Rhino 造型提供了非常重要的帮助（图 12-85）。

图 12-85　图层组织

12.2.2 导入参考图片

参考图片可作为曲线绘制的参考，检测曲面是否准确。在导入图片前，建议对欲导入的图片使用图像编辑软件进行处理，以图片中物体最大边界对图像进行剪裁，对于多个图片，保证其长、宽、高尺寸能互相对应上，方便导入图片后定位上的操作。

（1）新建"参考图"图层，继续新建 Front、Back、Top、Bottom 和 Right 图层作为"参考图"图层的子图层。

（2）在 Front 视图中使用"图框平面" ▓命令导入小鸭玩具的前视图（配书光盘：实例文件\12.2 小鸭玩具\参考图\Front.tif）作为造型的参考。

（3）使用同样的方法将其他参考图导入相应的视图，并放入相应的图层，以便于管理。

（4）导入参考图片后，根据图片的大小对图框平面物体进行缩放操作，使其尺寸与实物基本上相同，然后对图框平面进行移动，调整位置，具体如图 12-86 所示。

（5）在绘制曲面及曲线的过程中，为了避免参考图对现有的物体产生遮挡，可将参考图放置在各视图所在工作平面的后面。

（6）将参考图的各子图层锁定，防止绘图过程中影响其他物体的选择，错误地移动参考图平面的位置。

图 12-86　参考图

12.2.3 创建基本形

本节主要使用 T-Splines 进行小鸭基本形的创建，以 Ts 方球和 Ts 球为造型的基础曲面，通过对控制点、边和曲面的缩放以及移动和旋转等操纵，以塑形的方式得到头部和鸭身基本形，然后使用 Rhino 的常用命令完成细节的造型。

1. 鸭身基本形

（1）单击 T-Splines 工具栏中的 Quadball（方球） ⬡图标，在 Right 视图中绘制方球。在命令行选项中设置边的段数（NumEdgeSegments）为 3，即方球每个大面中包含 3×3 个面，并设置关于 X 轴对称（图 12-87）。

（2）单击 ⓞ图标，进入编辑模式，在 Right 视图中参照背景图使用 Scale（缩放）⁂、Translate（移动）⋏操纵调整方球的节点位置，经多次调整后，最终如图 12-88 所示。

（3）在 Front 视图中参照背景图使用 Scale（缩放）⁂、Translate（移动）⋏操纵调整方球的节点位置，经多次调整后，最终如图 12-89、图 12-90 所示。

图 12-87　方球

图 12-88　调整方球的节点

图 12-89　调整方球的节点

2．头部基本形

（1）在 Front 视图中使用 Sphere（球）⬤绘制 Ts 球体，在命令行选项中设置竖直方向面数量（VerticalFaces）为 4，圆周方向面数量（AroundFaces）为 8，并设置轴对称，对称轴为 X 轴（图 12-91）。

（2）在 Right 视图中使用 Rotate（旋转）⬤操纵旋转球体，注意其结构线的方向和位置，如图 12-92 所示。

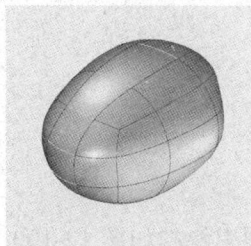

图 12-90　调整后效果　　　　图 12-91　Ts 球体　　　　图 12-92　旋转球体

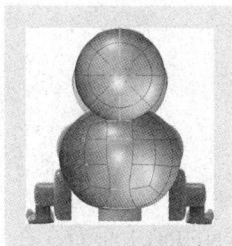

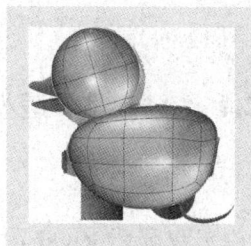

（3）隐藏鸭身曲面，因在节点模式下会同时显示多个 T-Splines 物体的节点，此情况容易误选择不需要物体的节点，不便于节点的编辑。仅显示球体，参照背景图使用 Scale（缩放）⬤、Translate（移动）⬤操纵调整球的节点和边的位置，经多次调整后，最终如图 12-93～图 12-95 所示。

图 12-93　调整球的节点　　　图 12-94　调整节点后效果　　　图 12-95　隐藏参考图片效果

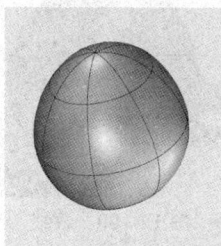

3．组合鸭身与头部

分别将鸭身和头部的 T-Splines 曲面备份，方便后期重复编辑使用，将 T-Splines 曲面转换为 NURBS 曲面，以进行细节的造型。

（1）右击 T-Splines 工具栏中的⬛图标，将鸭身和头部的 T-Splines 曲面转换为 NURBS 曲面（图 12-96）。

（2）使用 Rhino 的"布尔运算联集"⬤命令将转换后的两曲面相加成一个实体，（图 12-97）。

（3）使用"不等距边缘圆角"⬛命令进行圆角操作，如图 12-98 所示。

（4）使用"炸开"⬛命令将圆角后的曲面炸开，再使用"组合"⬛命令将鸭身、圆角曲面分别组合到一起，供细节造型时使

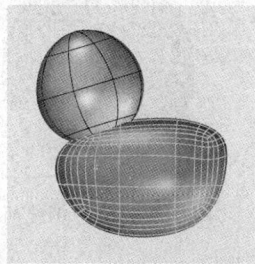

图 12-96　转换为 NURBS

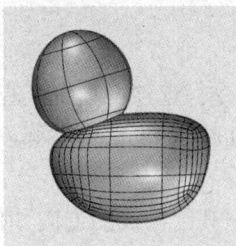

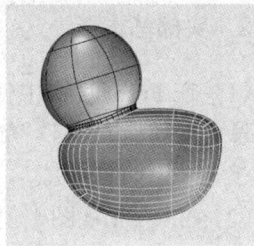

图 12-97　布尔运算联集　　　　图 12-98　圆角　　　　图 12-99　炸开后再组合

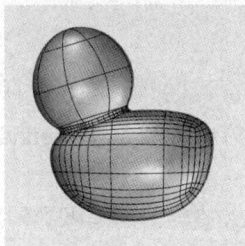

用（图 12-99）。

12.2.4　头部细节造型

1. 顶部造型

（1）仅显示 Right 图层和头部 NURBS 曲面，在 Right 视图中绘制如图 12-100 所示直线。

（2）在 Right 视图中使用"投影至曲面" 命令将直线投影到头部曲面上（图 12-101）。

（3）因投影后曲线控制点过多，不便于编辑曲线控制点，使用"重建曲线" 命令将投影后的曲线重建，设置点数为 20，阶数保持为 3 不变（图 12-102）。

图 12-100　直线　　　　　　图 12-101　直线投影至曲面　　　　图 12-102　重建曲线

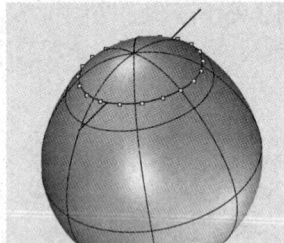

（4）在 Top 视图中编辑曲线控制点，调整控制点时可隐藏暂时不使用的物体，调整出头部的造型曲线，如图 12-103、图 12-104 所示。

（5）恢复头部曲面的显示，在 Top 视图中将编辑后的曲线使用"将曲线拉回至曲面" 命令拉回到头部曲面上（图 12-105）。

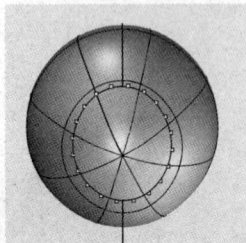

图 12-103　调整前　　　　　　图 12-104　调整后　　　　　　图 12-105　拉回至曲面

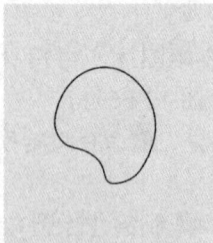

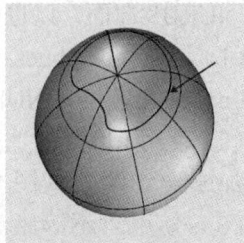

（6）转换为 NURBS 的曲面顶部为多条结构线相交，为典型的三边面，使用拉回的曲线对头部曲面的顶部进行修剪，重新创建该部分曲面，修剪后如图 12-106 所示。

（7）在 Right 视图中使用 Rhino 的"球" ⬤ 命令绘制球体，并移动和旋转到合适的位置，如图 12-107、图 12-108 所示。

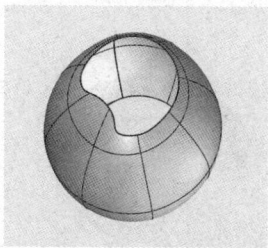

图 12-106 修剪顶部曲面

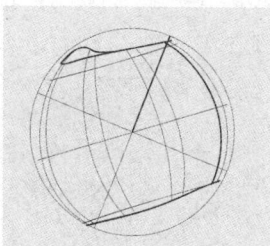

图 12-107 球框架模式

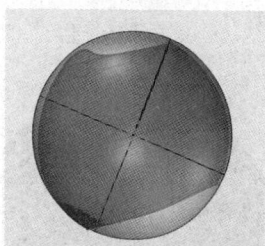

图 12-108 球半透明模式

（8）选择头部修剪后的曲面边界，使用"挤出封闭的平面曲线" ⬛ 命令将曲面边界挤出，因该边界为空间曲线，在挤出选项中选择"方向"，在 Right 视图中确定两点为挤出方向（图 12-109）。

（9）将新建立的球曲面和挤出曲面互相修剪，修剪后如图 12-110、图 12-111 所示。

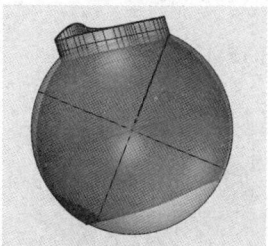

图 12-109 挤出边界

图 12-110 互相修剪

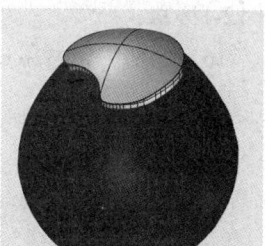

图 12-111 透视图

（10）将修剪后的曲面组合，并进行圆角操作，如在圆角过程中出现错误，很可能是因为球曲面结构线过少。使用"重建曲面" 🔧 命令将球曲面重建，设置 U 点数为 16，V 点数为 12（图 12-112）。如果还不成功，可使用步骤（11）中的方法解决。

（11）使用 Rhino 的"圆管" 🥮 命令在顶部曲面相交处建立管道作为修剪的边缘，将修剪边缘重新进行混接来创建圆角效果（图 12-113）。故使用刚创建的圆管对重建的球曲面和挤出曲面进行修剪，因圆管遮盖了要选取的修剪处，此操作在框架模式时比较容易进行，修剪后隐藏圆管物体如图 12-114 所示。使用"混接曲面" 🥄 命令在修剪后的边界处进行混接，以创建圆角效果（图 12-115）。

（12）下面开始顶部曲面上的造型。仅显示顶部曲面，在 Top 视图中使用"内插点曲线"

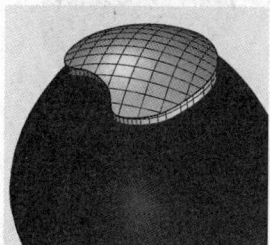

图 12-112 重建曲面

图 12-113 圆管

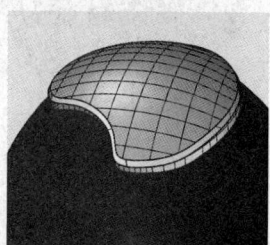

图 12-114 修剪曲面

命令绘制如图 12-116 所示曲线，注意曲线端点处相切。

（13）在 Top 视图中使用刚绘制的两条曲线对顶部曲面进行修剪，修剪后如图 12-117 所示。

图 12-115　混接成圆角

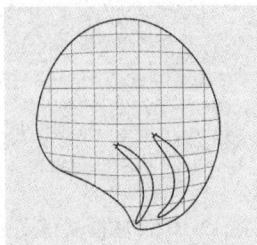
图 12-116　曲线

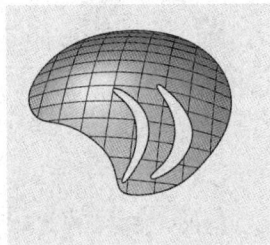
图 12-117　修剪

（14）使用"抽离结构线" <!-- icon -->命令抽取球顶部曲面的结构线，如结构线方向不对，可切换抽离结构线的方向（图 12-118）。

（15）使用"内插点曲线" <!-- icon -->命令绘制两条曲线，将抽取的结构线在断处相连（图 12-119）。

（16）分别编辑两条曲线的控制点，使其具有凸起的弧度（图 12-120）。

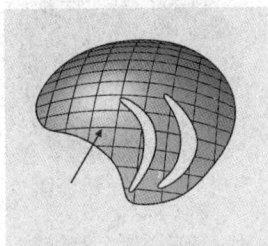
图 12-118　抽离结构线

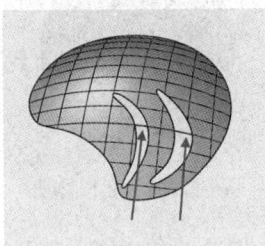
图 12-119　内插点曲线

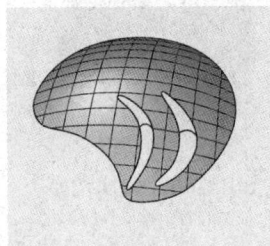
图 12-120　编辑曲线控制点

（17）使用"双轨扫掠" <!-- icon -->命令依次选择修剪后形成的边作为轨迹，以交点、曲线和交点作为截面，创建双轨曲面（图 12-121）。

（18）重复步骤（17）的操作，创建另一个双轨面（图 12-122）。

（19）恢复顶部其他曲面的显示，将所有曲面使用"组合" <!-- icon -->命令进行组合，至此完成了头部曲面的创建（图 12-123）。

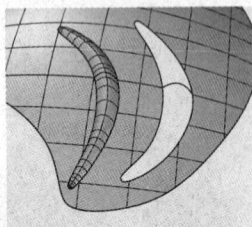
图 12-121　双轨扫掠 1

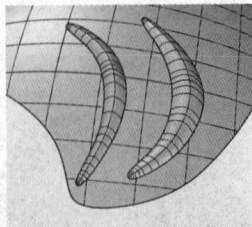
图 12-122　双轨扫掠 2

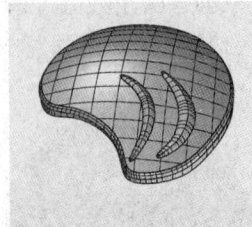
图 12-123　头部曲面（好）

2．嘴（上喙）

（1）仅显示头部下部分曲面和 Right 参考图，在 Right 视图中使用 Tsbox（立方体）创建 T-Splines 立方体，并设置为轴对称，关于 X 轴对称（图 12-124）。

（2）单击 图标，进入编辑模式，在 Right 视图中，参照背景图使用 Translate（移动） 操作调整立方体的节点和边的位置，经多次调整后，最终效果如图 12-125 所示。

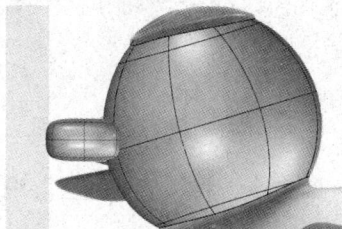

图 12-124　T-Splines 立方体物体　　　　　　　图 12-125　编辑节点

（3）显示 Top 参考图，在 Top 视图中，参照背景图使用 Translate（移动） 操纵调整立方体的节点和边的位置，或同时选择 X 轴两侧对应的点，进行缩放节点，经多次调整后，效果如图 12-126～图 12-128 所示。

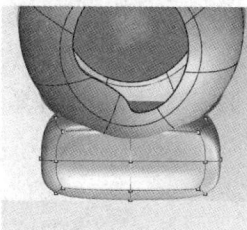

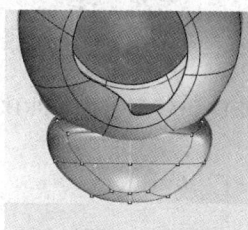

图 12-126　调整前　　　　　图 12-127　调整中　　　　　图 12-128　调整后

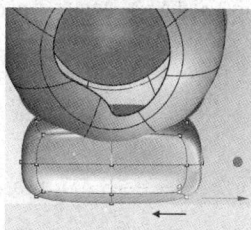

（4）在 Right 视图中，单击 edge（边）图标 进入边选择模式，选择图 12-129 所示的边，单击 Select edge ring（选择环形边） 图标选择与此边所有相邻的环形边（图 12-130）。

（5）保持环形边的选择状态，单击 T-Splines 工具栏中 Insert edge (simple)（插入简单边） 图标，选择边的中点，插入简单边，以增加曲面的细节，便于细节的调整（图 12-131）。

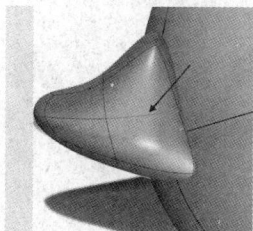

图 12-129　选择边　　　　　图 12-130　选择环形边　　　　　图 12-131　插入简单边

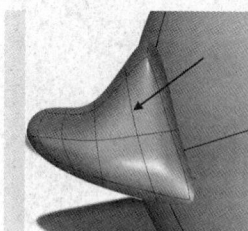

（6）隐藏头部曲面，在 Right 视图中继续调节点（图 12-132）。

（7）单击物体选择模式 图标，选择整个 T-Splines 曲面，在 Top 视图中使用 Scale（缩放） 操纵在 X 轴方向上的缩放（图 12-133、图 12-134）。

（8）隐藏所有的参考图，将调整好的 T-Splines 使用 Make Uniform（使统一） 命令进行曲面的松弛，并将 T-Splines 曲面复制一份后隐藏。在原曲面上右击 图标，将其转换为 NURBS 曲面（图 12-135）。

（9）将转换的 NURBS 曲面向外偏移，以制作嘴与头部之间的间隙（图 12-136）。

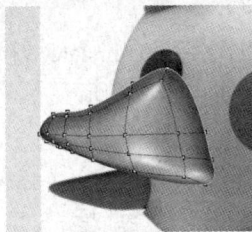

图 12-132　继续调节点　　　　　图 12-133　缩放前　　　　　图 12-134　缩放后

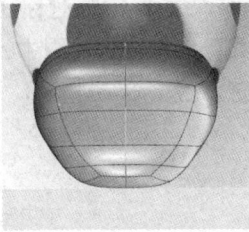

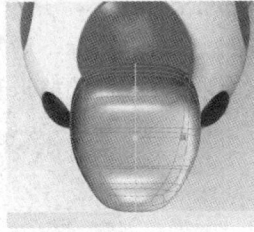

（10）恢复头部曲面的显示，使用"布尔运算差集" 命令，将头部曲面去除嘴上部的偏移部分（图 12-137）。

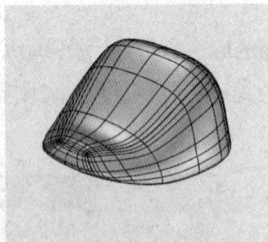

图 12-135　转换为 NURBS 曲面　　　图 12-136　偏移曲面　　　　图 12-137　布尔运算差集

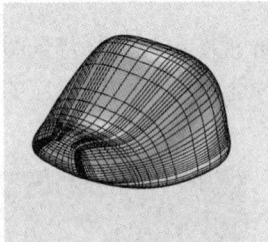

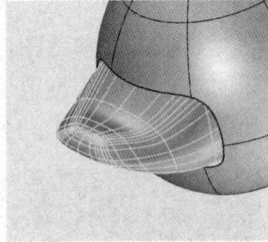

3．嘴（下喙）

（1）恢复 Right 和 Top 参考图层的显示，在 Right 视图中使用 tsbox（立方体） 命令创建立方体，并设置关于 X 轴的轴对称（图 12-138）。

（2）根据参考图，在 Right 视图中调整 T-Splines 节点的位置（图 12-139）。

（3）根据参考图，在 Top 视图中继续调整 T-Splines 节点的位置，最终效果如图 12-140 所示。

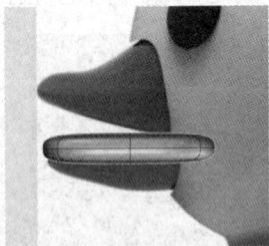

图 12-138　tsbox　　　图 12-139　调整 T-Splines 节点　　图 12-140　继续调整 T-Splines 节点

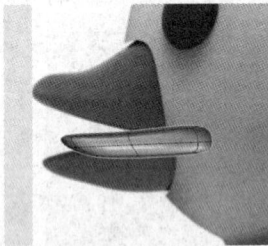

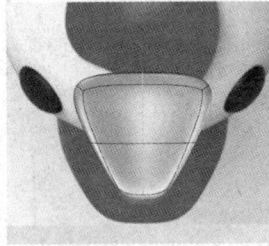

（4）在 Front 视图中调整对称轴上的节点，调整后如图 12-141 所示。

（5）将调整好的 T-Splines 曲面使用 Make Uniform（使统一） 命令进行曲面的松弛，将 T-Splines 曲面复制一份后隐藏，将原曲面转换为 NURBS 曲面（图 12-142）。

（6）使用 Rhino 的"偏移" 命令将转换的 NURBS 曲面向外偏移，以制作嘴与头部之间的间隙（图 12-143）。

（7）恢复头部曲面的显示，使用"布尔运算差集" 命令，将头部曲面去除嘴下部的偏移部分（图 12-144～图 12-146）。

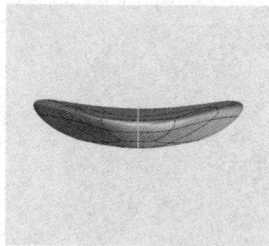

图 12-141　嘴（T-Splines 曲面）　　图 12-142　嘴（NURBS 曲面）　　图 12-143　向外偏移曲面

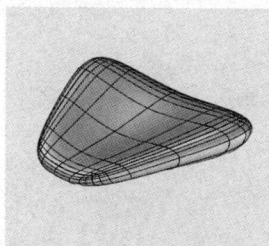

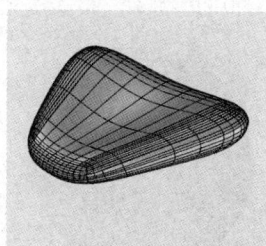

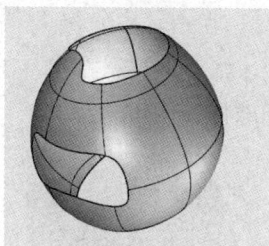

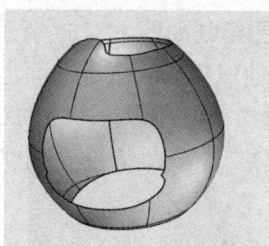

图 12-144　修剪前　　　　　图 12-145　布尔运算差集　　　　图 12-146　恢复嘴部曲面显示

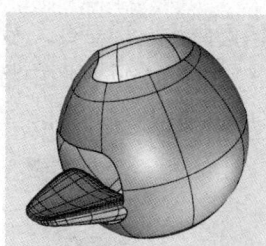

4. 后盖

（1）恢复 Back 图层的显示，在 Front 视图的框架模式下，根据参考图绘制如图 12-147 所示的圆和圆角矩形。

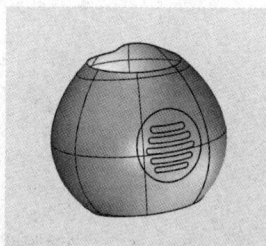

（2）使用"投影至曲面" 命令将刚绘制的曲线投影到头部曲面上，并删除不用的投影曲线（图 12-148）。

（3）使用投影后的大圆作为分隔边界，使用"分割"命令将头部曲面进行分割（图 12-149）。

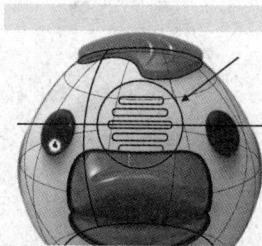

图 12-147　绘制圆和圆角矩形　　　图 12-148　投影至曲面　　　　图 12-149　分割

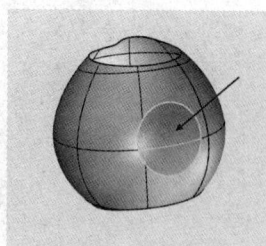

（4）使用投影后的圆角矩形对分割后的小圆曲面进行修剪，修剪后效果如图 12-150 所示。

（5）将修剪后的曲面使用"偏移曲面" 命令向内进行偏移，选项中选择"实体"，偏移为实体（图 12-151）。

（6）将偏移后形成的实体进行圆角操作，最终完成的上盖效果如图 12-152 所示。

5. 眼睛

（1）隐藏暂时不使用的物体，仅显示头部曲面和 Right 图片，在 Right 视图中使用

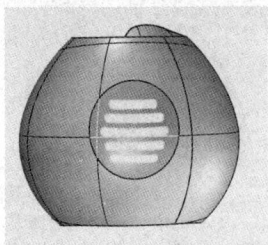

图 12-150　修剪　　　　　图 12-151　偏移成实体　　　　　图 12-152　圆角

"内插点曲线" ⬚命令，参照背景图绘制如图 12-153 所示曲线。

（2）在 Right 视图中将绘制的曲线投影到头部曲面上（图 12-154）。

（3）使用"椭圆体：直径" ⬚命令，参照投影后曲线绘制椭球体（图 12-155）。

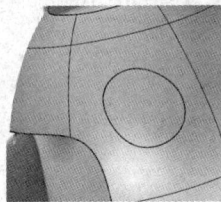

图 12-153　曲线　　　　　图 12-154　投影至曲面　　　　　图 12-155　椭圆

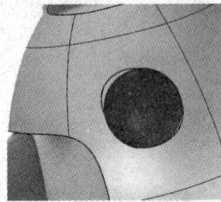

（4）隐藏背景图，使用"镜射" ⬚命令将椭球体进行镜射复制，选择 Y 轴作为镜射轴（图 12-156）。

（5）使用"物体交集" ⬚命令获得两椭球体和头部曲面的交线，作为修剪的边界曲线。

（6）使用"修剪" ⬚命令将头部曲面和椭球体曲面进行修剪，在操作过程中可隐藏不使用的曲面，以便于选择物体（图 12-157、图 12-158）。

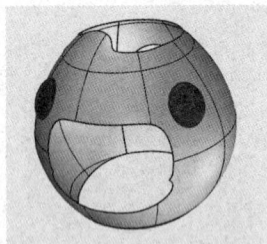

图 12-156　镜射椭球体　　　　　图 12-157　修剪眼睛　　　　　图 12-158　修剪头部

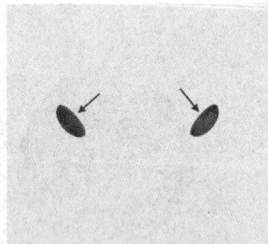

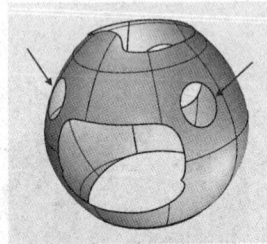

6. 音响孔

（1）隐藏暂时不使用的物体，仅显示头部曲面和 Right 参考图片，切换为框架模式，在 Right 视图中使用"内插点曲线" ⬚命令，参照背景图绘制如图 12-159 所示曲线。

（2）隐藏 Right 参考图片，在 Right 视图中使用刚绘制的曲线修剪头部曲面（图 12-160）。

（3）在 Right 视图中将刚绘制的曲线投影到头部曲面上，以作为放样的曲线。

（4）使用"内插点曲线" ⬚工具绘制如图 12-161 所示曲线。

（5）使用"分割" ⬚命令，以刚绘制的曲线作为分割边界，将投影曲线进行分割

（图 12-162）。

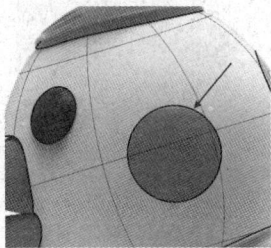

图 12-159 曲线

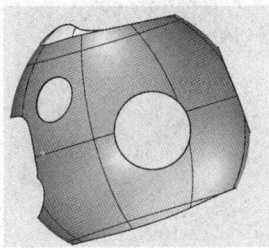

图 12-160 修剪

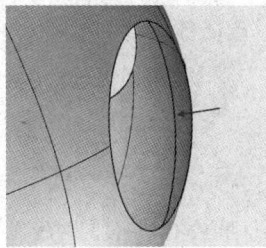

图 12-161 绘制曲线

（6）使用"放样" 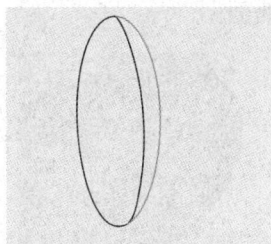命令，依次选择 3 条曲线，形成放样曲面（图 12-163）。

（7）将放样曲面沿 Y 轴进行镜射复制（图 12-164）。至此完成了音响孔曲面的创建。

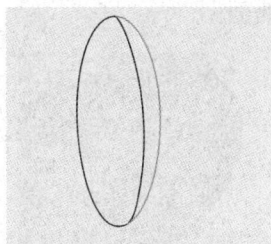

图 12-162 分割曲线

图 12-163 放样曲面

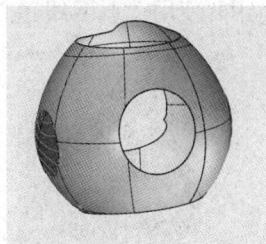

图 12-164 镜射放样曲面

12.2.5 鸭身细节造型

1．翅膀

（1）隐藏暂时不使用的物体，仅显示鸭身曲面和 Right 参考图片（图 12-165）。

（2）使用"炸开"命令将鸭身曲面炸开，为了便于绘图，隐藏暂时不使用的曲面（图 12-166）。

（3）在 Right 视图中，切换为框架显示模式，使用"内插点曲线"命令，根据参考图绘制如图 12-167 所示曲线。

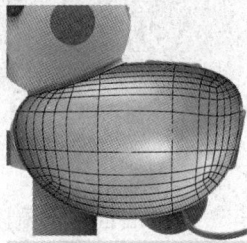

图 12-165 鸭身曲面

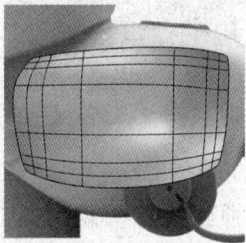

图 12-166 炸开曲面

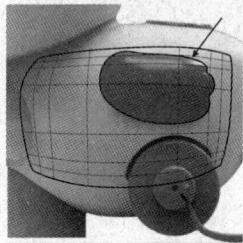

图 12-167 内插点曲线

（4）在 Right 视图中，将刚绘制的曲线投影到曲面上（图 12-168）。

（5）使用"内插点曲线"命令绘制如图 12-169 所示两条曲线。

（6）使用"打开点"命令显示曲线控制点，分别编辑两曲线的控制点，调整后如图 12-170 所示。

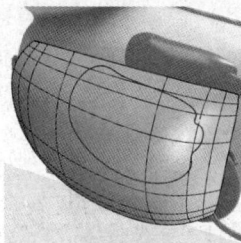

图 12-168　投影曲线　　　　　　　图 12-169　绘制曲线　　　　　　　图 12-170　编辑曲线

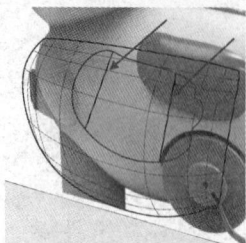

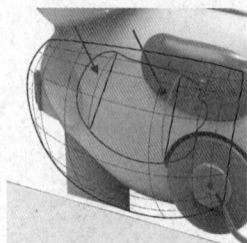

（7）使用"内插点曲线"命令绘制曲线，利用物体锁点使曲线与投影曲线和调整后的两条曲线分别相交（图 12-171）。

（8）使用"分割"命令将投影曲线、绘制的曲线进行分割，分割后如图 12-172 所示。

（9）使用"以网线建立曲面"命令创建如图 12-173 所示曲面。

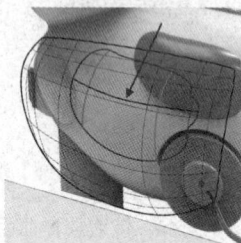

图 12-171　绘制曲线　　　　　　　图 12-172　分割曲线　　　　　　图 12-173　以网线建立曲面

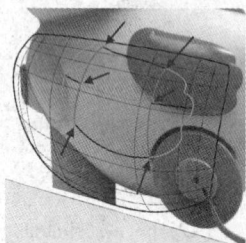

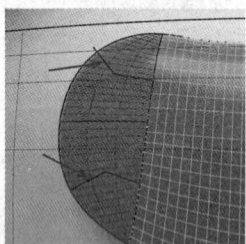

（10）继续使用"以网线建立曲面"命令创建如图 12-174 所示曲面。

（11）刚创建的曲面结构线交于两点，为典型的三边面，修剪尖部成为四边面，以提高曲面的质量，在 Right 视图中绘制修剪用曲线，曲线尽量与边垂直，如图 12-175 所示。

（12）使用刚创建的曲线对三边面进行修剪，修剪后如图 12-176 所示。

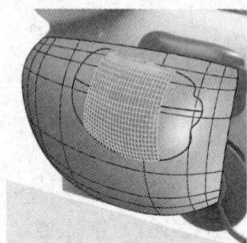

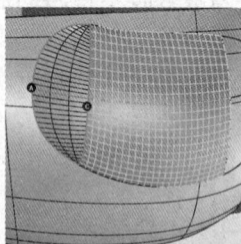

图 12-174　以网线建立曲面　　　　图 12-175　修剪用曲线　　　　　图 12-176　修剪曲面

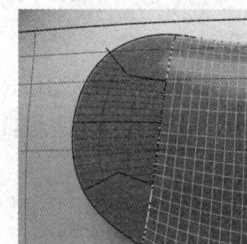

（13）使用"以网线建立曲面"命令，依次选择四条边进行补面（图 12-177）。

（14）使用"分割"命令将曲线进行分割，如不分割将建立错误的面，分割后如图 12-178 所示。

（15）继续使用"以网线建立曲面"命令进行补面（图 12-179）。

（16）重复步骤（10）～（15）创建翅膀右侧曲面并对三边面进行补面操作（图 12-180～图 12-183）。

（17）使用"组合"命令将翅膀的所有曲面组合到一起，形成多重曲面（图 12-184）。

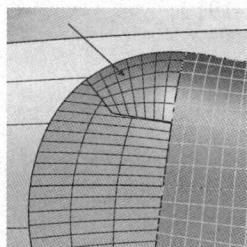

图 12-177 补面

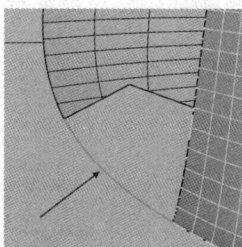

图 12-178 分割

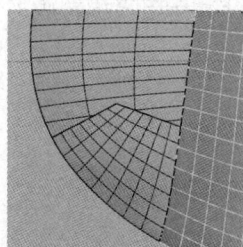

图 12-179 补面

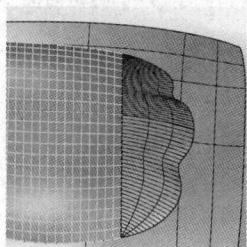

图 12-180 三边面

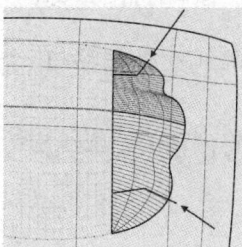

图 12-181 绘制修剪用曲线

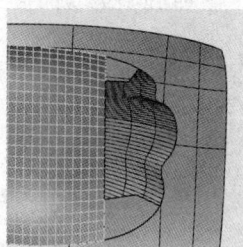

图 12-182 修剪

（18）使用翅膀的边界曲线将鸭身曲面修剪（图 12-185）。

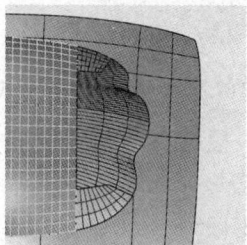

图 12-183 补面

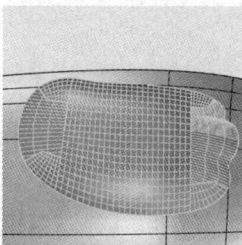

图 12-184 合并

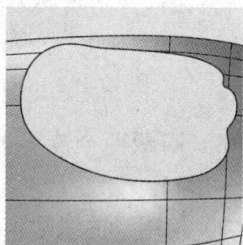

图 12-185 修剪鸭身曲面

（19）将翅膀曲面和修剪后的鸭身曲面沿 Y 轴进行镜射复制，并取消鸭身其他曲面的显示，删除不需要的面，将修剪后的曲面组合到一起（图 12-186～图 12-188）。

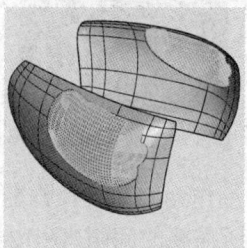

图 12-186 镜射

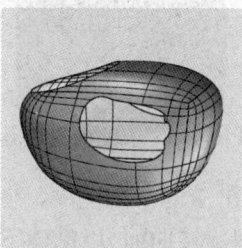

图 12-187 修剪后的曲面

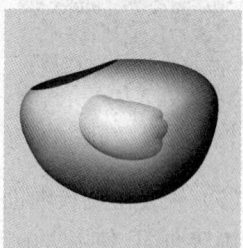

图 12-188 渲染模式

2. 旋钮

（1）隐藏暂时不使用的物体，仅显示 Front 参考图和 Right 参考图，在 Front 视图中绘制圆，并参照 Right 参考图将圆移动到合适的位置上（图 12-189）。

（2）在 Right 视图中参照上一步绘制的圆，绘制如图 12-190 所示轮廓线。

（3）使用"旋转成形" 命令将刚绘制的轮廓线旋转（图 12-191）。

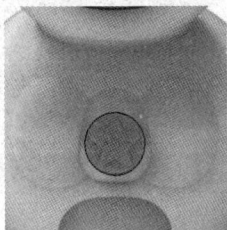

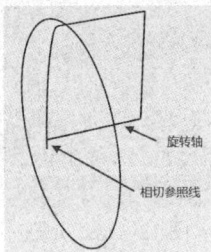

图 12-189　圆　　　　　　　　图 12-190　轮廓线　　　　　　图 12-191　旋转曲面

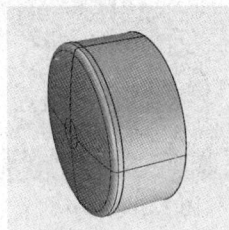

（4）在 Right 视图中，将轮廓线向外偏移 1 个距离，打散后删除不需要的部分（图 12-192）。

（5）使用"旋转成形" 命令将偏移的轮廓线旋转成曲面（图 12-193）。

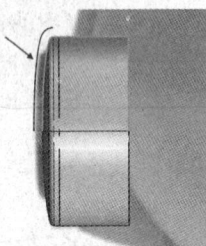

图 12-192　偏移轮廓线　　　　　　　　　　图 12-193　旋转成形

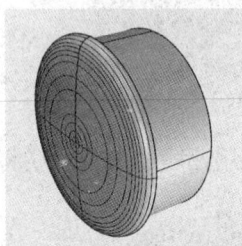

（6）隐藏两个旋转曲面和 Right 参考图，在 Front 视图中根据参考图绘制五角星（图 12-194）。

（7）使用"曲线圆角" 命令将五角星进行圆角操作（图 12-195）。

（8）使用"偏移曲线" 命令将圆角后的五角星向外偏移 1 个距离（图 12-196）。

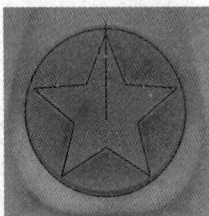

图 12-194　绘制五角星　　　　图 12-195　五角星圆角操作　　　图 12-196　向外偏移五角星

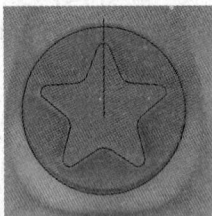

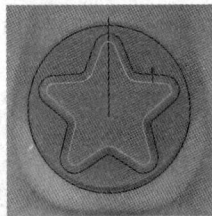

（9）恢复两旋转曲面的显示，在 Right 视图中，使用小五角星作为修剪物体修剪偏移后的旋转曲面，使用大的五角星修剪旋转曲面，以创建下一步混接所需要的间隙（图 12-197、图 12-198）

（10）使用"混接曲面" 命令将两个修剪曲面进行混接（图 12-199）。

（11）将旋钮所有曲面组合成一个多重曲面。

3．旋钮装饰

（1）隐藏暂时不使用的物体，在 Front 视图中使用"内插点曲线" 命令绘制如

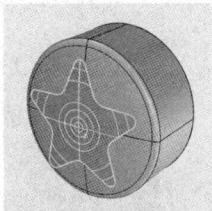　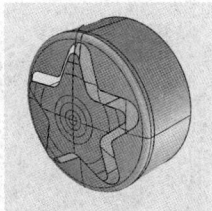　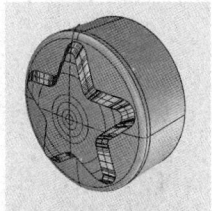

图 12-197　修剪曲面　　　　图 12-198　修剪曲面　　　　图 12-199　混接曲面

图 12-200 所示曲线，注意五角星处曲线关于 Y 轴对称，并圆滑连接。

（2）在 Front 视图中，使用"投影至曲面"命令将左侧曲线投影到鸭身曲面上，隐藏上一步绘制的曲线（图 12-201）。

（3）使用"内插点曲线" 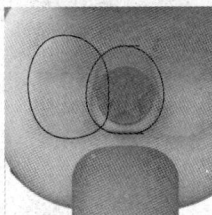命令绘制曲线，并编辑控制点得到如图 12-202 所示曲线。

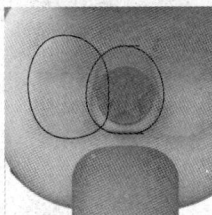　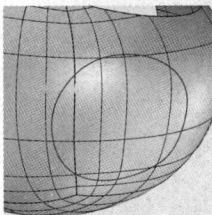　

图 12-200　曲线　　　　　图 12-201　投影至曲面　　　图 12-202　绘制曲线

（4）使用"分割"命令，利用绘制的曲线将投影曲线进行分割（图 12-203）。

（5）使用"放样"命令将 3 条曲线进行放样（图 12-204）。

（6）将放样曲面在 Front 视图中沿 Y 轴镜射，镜射后如图 12-205 所示。

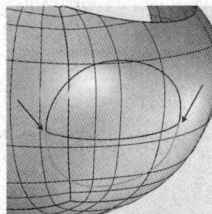　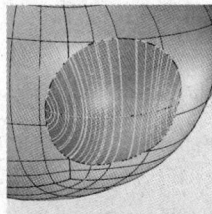　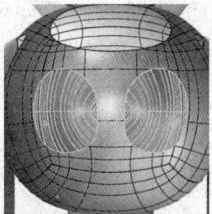

图 12-203　分割　　　　　图 12-204　放样　　　　　图 12-205　镜射

（7）隐藏暂时不使用的物体，显示步骤（1）中绘制的曲线，在 Front 视图中将曲线投影到曲面上（图 12-206）。

（8）显示旋钮造型步骤（1）中的圆，复制一份，在 Right 视图中移到图 12-207 所示位置上。

（9）在 Right 视图中使用"内插点曲线"命令分别绘制 2 条曲线，连接投影曲线和圆的四分点，并通过编辑控制点得到如图 12-208 所示效果。

（10）使用"双轨扫掠"命令将 4 条曲线创建为曲面（图 12-209）。

（11）将步骤（8）中绘制的圆使用"挤出封闭的平面曲线"命令挤出，挤出后检查曲面法向方向，使其方向向内，作为旋钮装饰的内部表面（图 12-210）。

（12）将挤出曲面和双轨扫掠曲面组合，并进行圆角操作，恢复隐藏的旋钮装饰曲面，最终如图 12-211 所示。

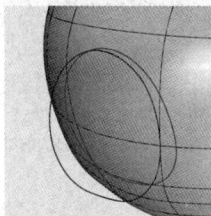

图 12-206　投影至曲面　　　　　图 12-207　复制圆后移动　　　　　图 12-208　曲线

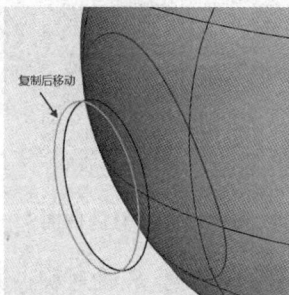

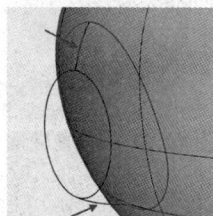

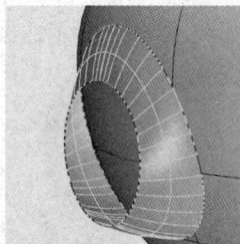

图 12-209　双轨扫掠　　　　　图 12-210　挤出曲线　　　　　图 12-211　旋钮装饰曲面最终效果

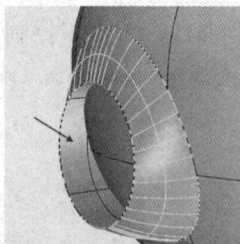

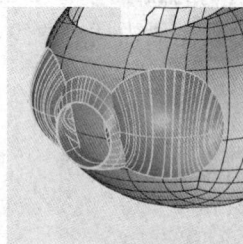

4. 轮子

此部分造型主要分为两部分，第一部分为轮子的造型，第二部分为在鸭身主体曲面上修剪出轮子的空间。

（1）隐藏暂时不使用的物体，仅显示 Front 参考图，在 Front 视图中，参照背景图绘制如图 12-212 所示曲线。

（2）使用"旋转成形" 🔦 命令将刚绘制的曲线旋转成曲面（图 12-213）。

（3）显示 Right 参考图，在 Right 视图中将旋转形成的曲面参照 Right 参考图片移动到指定的位置上。

（4）在 Right 视图中，在框架模式下参照参考图绘制如图 12-214 所示的矩形。

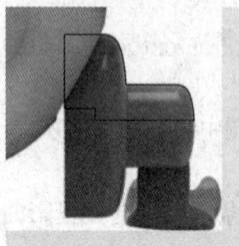

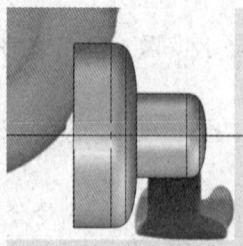

图 12-212　曲线　　　　　图 12-213　旋转成形　　　　　图 12-214　矩形

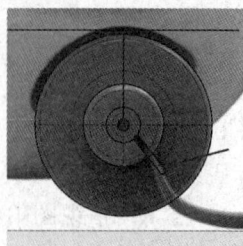

（5）移动矩形到恰当的位置上，使用"挤出封闭的平面曲线" 🔲 命令挤出矩形（图 12-215）。

（6）使用"布尔运算差集" 🔵 命令将旋转曲面去除挤出曲面部分（图 12-216）。

（7）对布尔运算后的物体进行圆角（图 12-217）。

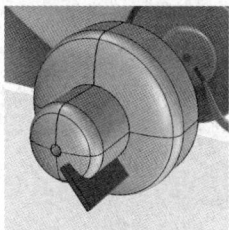

图 12-215　挤出矩形　　　　　图 12-216　布尔运算差集　　　　　图 12-217　圆角

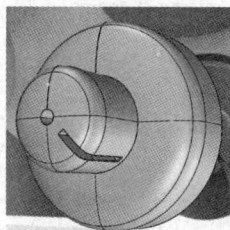

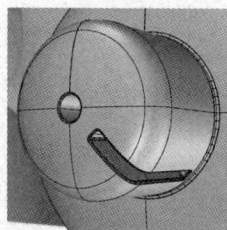

（8）隐藏 Right 参考图，将绘制好的轮子沿 Y 轴进行镜射复制（图 12-218）。

（9）隐藏两个轮子，显示轮子的轮廓线，炸开轮廓线后，仅偏移与鸭身主体曲面接触的两条曲线（图 12-219）。

（10）使用"旋转成形" ▊命令将偏移的曲线旋转成曲面（图 12-220）。

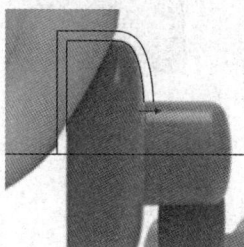

图 12-218　镜射　　　　　　　图 12-219　偏移曲线　　　　　　图 12-220　旋转成形

（11）将步骤（10）旋转曲面沿 Y 轴镜射复制（图 12-221）。

（12）恢复鸭身主体曲面的显示，使用"布尔运算差集" ▊命令在鸭身主体曲面上去除两旋转曲面，以形成轮子的运动空间（图 12-222）。

（13）使用"不等距边缘圆角" ▊命令进行圆角操作，同时完成另一侧的圆角（图 12-223）。

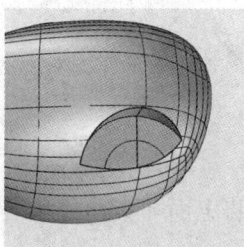

图 12-221　镜射　　　　　　　图 12-222　布尔运算差集　　　　　图 12-223　圆角

（14）在 Right 视图中绘制圆（图 12-224），作为轴的截面。

（15）使用"挤出封闭的平面曲线" ▊命令将圆进行双侧挤出，并挤出为实体（图 12-225）。

（16）恢复 Front 参考图的显示，在 Front 视图中绘制如图 12-226 所示的直线。

（17）将绘制的直线沿 Y 轴旋转成形，得到前轮的曲面（图 12-227）。

（18）对前轮曲面和鸭身主体曲面使用"布尔运算联集" ▊命令进行组合。

（19）使用"不等距边缘圆角" ▊命令进行圆角操作（图 12-228）。

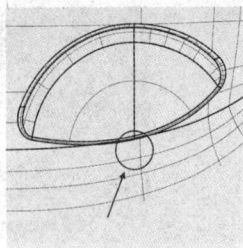

图 12-224　圆

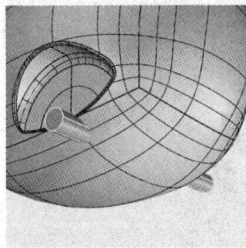

图 12-225　挤出圆

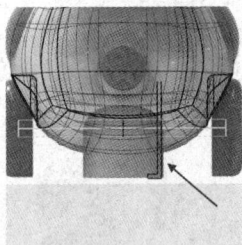

图 12-226　前轮曲线

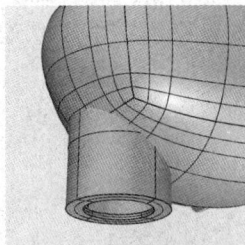

图 12-227　旋转成形

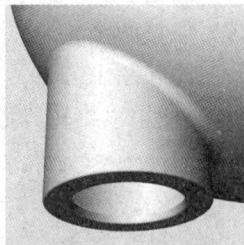

图 12-228　圆角

5. 脚掌

（1）仅显示 Right 参考图，在 Right 视图中，使用"内插点曲线"⬚命令分别绘制两条曲线，如图 12-229 所示。

（2）继续使用"内插点曲线"⬚命令，参照步骤（1）的曲线分别绘制 8 条曲线，如图 12-230 所示。

图 12-229　侧面曲线

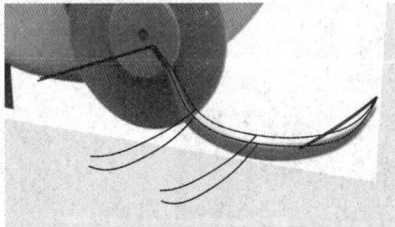

图 12-230　截面线

（3）使用"单轨扫掠"⬚命令将上面 4 条曲线和 1 条边线创建曲面，作为脚掌的上表面（图 12-231）。

（4）继续使用"单轨扫掠"⬚命令将下面 4 条曲线和 1 条边线创建曲面，作为脚掌的下表面（图 12-232）。

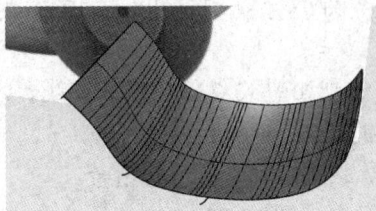

图 12-231　单轨扫掠（1）

图 12-232　单轨扫掠（2）

（5）恢复 Top 参考图的显示，在 Top 视图中，将脚掌上、下表面沿 X 轴正向移动（图 12-233、图 12-234）。

（6）在 Top 视图中，使用"内插点曲线" 命令绘制如图 12-235 所示曲线，作为脚掌的轮廓。

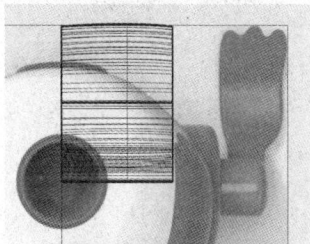

图 12-233 移动前   图 12-234 移动后   图 12-235 曲线

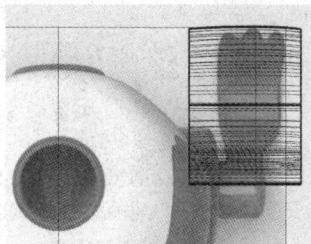

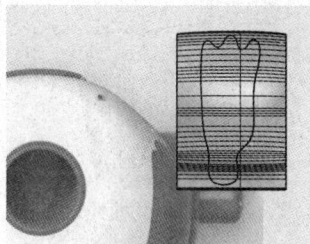

（7）隐藏参考图，在 Top 视图中，将绘制的曲线投影到脚掌上表面（图 12-236）。

（8）如将绘制的曲线也投影到脚掌下表面，则曲线变形较大，可使用"将曲线拉回至曲面" 命令将投影到上表面的曲线拉回到脚掌下表面（图 12-237）。

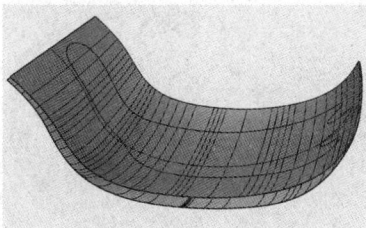

图 12-236 投影到上表面   图 12-237 拉回至下表面

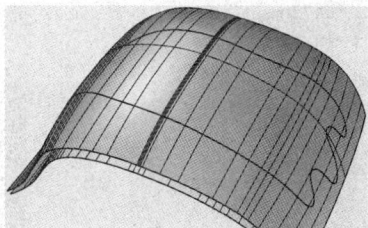

（9）使用脚掌上、下表面的投影曲线对脚掌上、下表面分别进行修剪，去除不需要的部分（图 12-238）。

（10）使用"混接曲面" 命令将上、下脚掌修剪后的曲面边界相连，创建混接曲面（图 12-239）。

（11）使用"组合" 命令将脚掌曲面和混接曲面进行组合。

（12）将组合后的脚掌曲面沿 Y 轴镜射复制（图 12-240）。

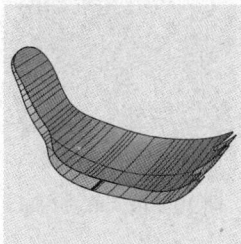

图 12-238 修剪曲面   图 12-239 混接曲面   图 12-240 镜射脚掌

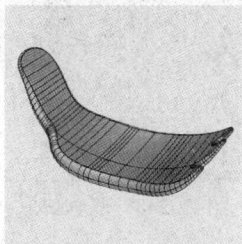

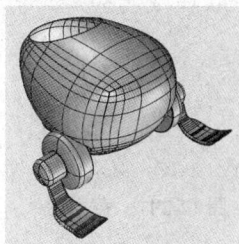

6. 开孔

（1）显示 Right、Left 及 Top 参考图，恢复鸭身主体曲面的显示，在 Right 视图中，绘制如图 12-241 所示曲线。

（2）在 Right 视图中，在曲线端点处分别绘制圆，在"圆"选项中选择"垂直"可绘制与当前工作平面垂直的圆（图 12-242、图 12-243）。

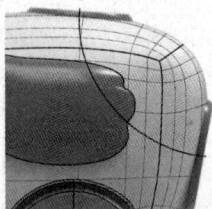
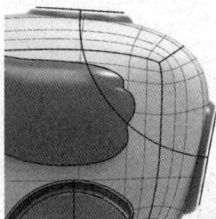
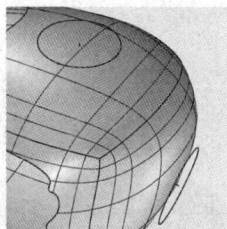

图 12-241　曲线　　　　　　图 12-242　以垂直方式绘制圆　　　　图 12-243　透视图

（3）使用"偏移曲线" 命令分别将绘制的圆向外偏移 1 个距离（图 12-244）。

（4）在 Top 视图中，将顶部偏移后的圆投影到鸭身主体曲面上，在 Front 视图中将尾部偏移的圆投影到鸭身主体曲面上（图 12-245）。

（5）使用投影后的曲线对鸭身主体曲面进行修剪，创建顶部和侧面的孔（图 12-246）。

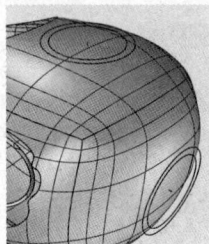
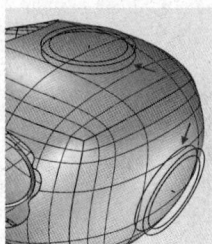
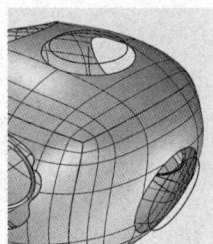

图 12-244　偏移圆　　　　　　图 12-245　投影　　　　　　图 12-246　修剪

（6）使用"内插点曲线"命令绘制曲线，通过编辑控制点调整成图 12-247 所示曲线。

（7）使用"双轨扫掠"命令创建顶部和尾部的双轨面（图 12-248）。

（8）使用"单轨扫掠"工具，以步骤（1）中绘制的曲线作为路径、步骤（2）中绘制的两个圆作为截面，创建曲面效果如图 12-249 所示。

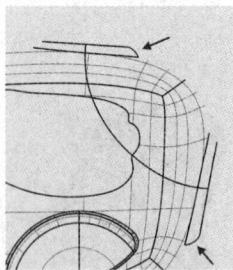
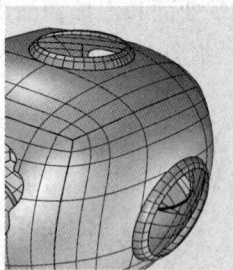
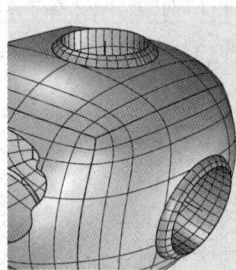

图 12-247　截面曲线　　　　　　图 12-248　双轨扫掠　　　　　　图 12-249　单轨扫掠

（9）将单轨扫掠曲面与两个双轨扫掠曲面组合，并进行圆角操作。

至此完成了鸭子玩具所有曲面的造型，显示所有的曲面，隐藏不使用的曲线或曲面，将各部分放入指定的图层，最终效果如图 12-250 所示。

图 12-250　小鸭玩具最终效果

12.3　本章小结

　　本章第 1 节以卡通台灯为例，详细讲解了 T-Splines 和 Rhino 在有机曲面造型中的应用过程。灯罩和台灯底座主要使用 T-Splines 完成，灯罩的造型使用 Ts 球体作为基本形，使用移动操纵、旋转操纵和缩放操纵对球体的点、边和面进行调整，然后对面进行挤出操作，经多次调整完成了灯罩的造型；台灯底座首先由 Rhino 的双轨扫掠工具创建出基本曲面，将双轨扫掠曲面转换为 T-Splines 曲面后，再使用移动操纵、旋转操纵和缩放操纵对 T-Splines 曲面的点、边和面进行调整，得到底座的造型；台灯的旋转轴、开关等细节通过 Rhino 的旋转成形、挤出和圆角等工具实现。

　　本章第 2 节以小鸭玩具为例，详细讲解了 Rhino 曲面造型的具体应用过程。使用 T-Splines 的基本球体和方球工具创建出头部和鸭身曲面的基本形，在此基础上使用 Rhino 的基本工具在头部制作出顶部、后盖、上喙、下喙、眼睛、音箱孔的造型，在鸭身曲面上制作出翅膀、轮子、旋钮和孔的造型。

第13章

家具造型实例

13.1 沙发椅造型

13.1.1 造型思路分析

根据物体的结构，确定使用哪些命令来完成造型，分析产品的组成部分，根据各部分特征来确定使用 Rhino 命令还是使用 T-Splines 命令。

沙发椅造型相对比较简单，可分为头枕、椅身、椅垫、底座和头枕连接杆 5 部分。主要复杂部件为椅身、椅垫和头枕，因其主要为有机弧形曲面，使用 T-Splines 进行建模会更加方便（图 13-1）。

建模过程文件见配书光盘：实例文件\13.1 沙发椅\沙发椅造型过程.3dm；

建模结果文件见配书光盘：实例文件\13.1 沙发椅\沙发椅完成.3dm；

视频文件见配书光盘：视频教程\13.1 沙发椅.mp4。

配书光盘中的 Rhino 文件按照沙发椅各部分建模的顺序来组织图层，在"图层"面板中通过从上向下打开或关闭图层及其子图层的显示，可查看每一部分的建模过程，快速了解每一步的具体制作过程及效果。通过此方法能从整体上把握建模过程，为学习 Rhino 造型提供了非常重要的帮助（图 13-2）。

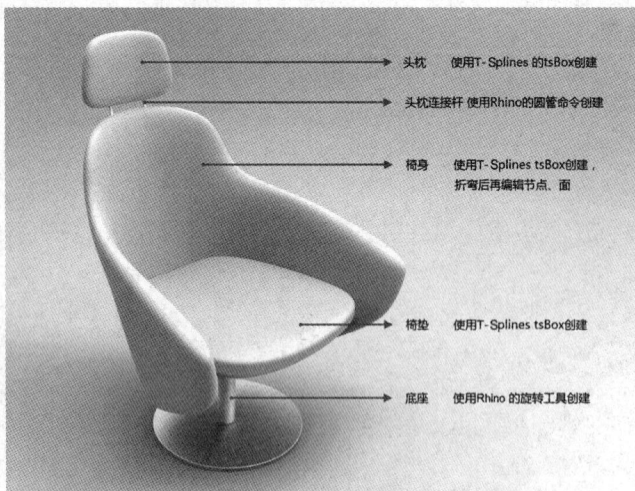

图 13-1　造型思路

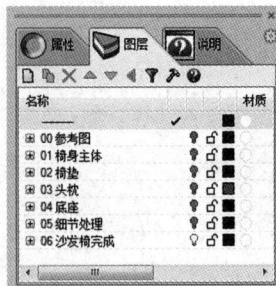

图 13-2　造型过程图层

13.1.2　导入参考图片

对于比较复杂的模型，在建模前一般需要使用实物图片或概念设计草图作为绘图参考，以提高建模的准确性。

在 Rhino 中导入参考图片前需要选择合适的图片，尽量以正视图为主，为了便于后续的操作，一般可使用图像处理软件对图片进行处理，以物体最大轮廓裁剪图片，修改图像长宽大小，与实物尺寸基本保持一致或按相同的比例缩放。

导入参考图片具体步骤：

（1）新建“参考图”图层，继续新建 Front 和 Right 图层作为“参考图”图层的子图层。

（2）在 Right 视图中使用“图框平面”⬛命令导入沙发椅的侧面图片（配书光盘：实例文件\13.1 沙发椅\参考图\Right.tif）。

（3）使用同样的方法将 Front.tif 参考图导入 Front 视图，并放入 Front 图层中，以便于管理。

（4）导入参考图片后，根据图片的内容对图框平面物体进行缩放操作，使其尺寸与实物基本上相同，然后对图框平面进行移动，使其位于最佳位置，一般关于 X 轴或 Y 轴对称。使用图层锁定工具进行锁定，防止在绘图中误选择平面物体（图 13-3）。

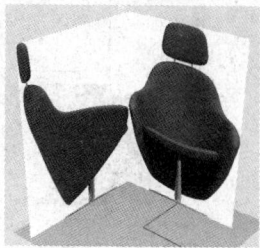

图 13-3　参考图片

13.1.3　椅身造型

椅身为本章造型难点，可在 tsbox（立方体）的基础上进行折弯变形操作，然后再对部分面进行挤出，最后使用操纵工具调整节点或边，达到要求的造型效果。

（1）单击 tsbox（立方体）📦图标，在 Front 视图中以参考图片为基准创建立方体。长宽高尺寸为 1600mm、570mm、60mm，X 和 Y 方向面数为 4 个面，在选项中设置关于 X 轴对称（图 13-4）。

（2）单击 edit mode（编辑模式）①图标，进入编辑模式，使用 Vert（节点）选择层次，选择如图 13-5 所示节点。

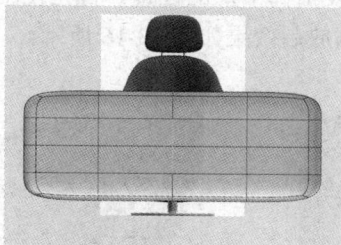

图 13-4　创建椅身的基本立方体

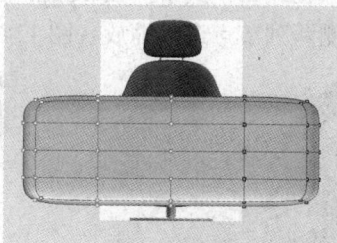

图 13-5　选择节点

（3）在保持节点选中状态下，在 Top 视图中对节点进行弯曲。单击工具列中图标右下角的白色三角形，打开“变动”工具列，在工具列中单击“弯曲”图标，设置骨干起点在对称轴处，终点为最左侧端点（图 13-6），确定弯曲物体的通过点，最终弯曲效果如

图 13-7 所示。注意一定要对控制点进行弯曲，如对整个 T-Splines 物体进行弯曲操作，弯曲后 T-Splines 物体会自动转换为 NURBS 面。

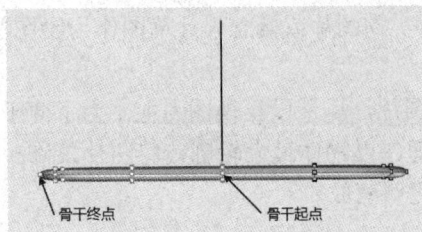

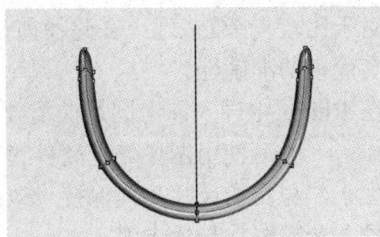

图 13-6　完全起点和终点　　　　　　　图 13-7　弯曲效果

（4）在 Right 视图中使用"移动"命令或移动操纵将椅身调整到图 13-9 所示位置。

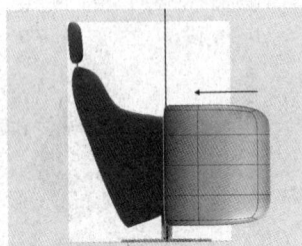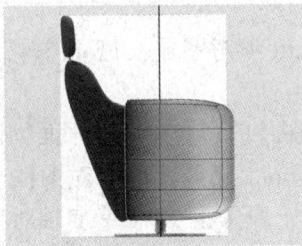

图 13-8　移动前　　　　　图 13-9　移动后　　　　　图 13-10　节点调整

（5）在编辑模式下，在 Right 视图中分别调整对称轴处的节点位置，具体调整如图 13-10～图 13-13 所示。

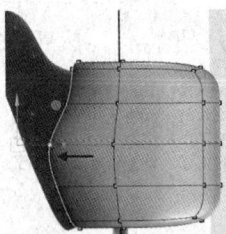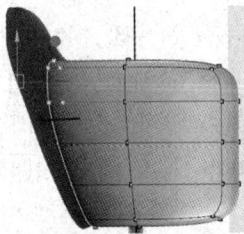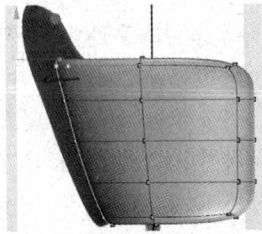

图 13-11　节点调整　　　　图 13-12　节点调整　　　　图 13-13　节点调整

（6）在编辑模式下，在 Right 视图中分别调整沙发前部节点的位置。首先使用缩放操纵对右侧两列节点进行缩放（图 13-14、图 13-15），缩放后效果如图 13-16 所示。

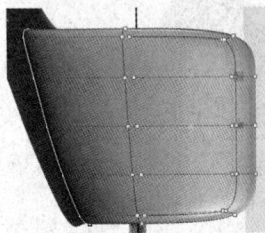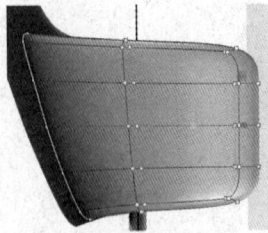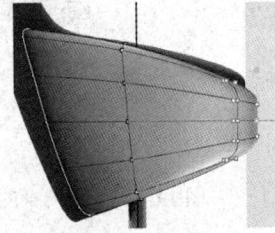

图 13-14　缩放节点前　　　　图 13-15　缩放节点中　　　　图 13-16　缩放节点后

（7）缩放节点后使用 Translate（移动）变换调整节点位置（图 13-17～图 13-21），最终效果如图 13-22 所示。

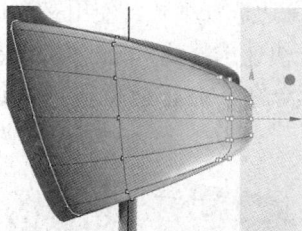

图 13-17 移动节点过程（1）　　图 13-18 移动节点过程（2）　　图 13-19 移动节点过程（3）

图 13-20 移动节点过程（4）　　图 13-21 移动节点过程（5）　　图 13-22 移动节点过程（6）

（8）在编辑模式下，在 Back 视图中分别调整下部节点位置，使下部产生向内收敛的效果。此步操作主要使用 Rotate（旋转）变换来调整节点位置，首先选择如图 13-23 所示节点，启动旋转变换，默认旋转中心为选择点的几何中心，本旋转需要调整旋转中心，单击 Setpovit（设置轴点）图标，将轴点设置到图 13-24 中的箭头处。

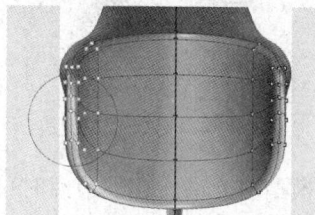

图 13-23 设置旋转中心前　　图 13-24 设置后效果　　图 13-25 选定节点旋转前

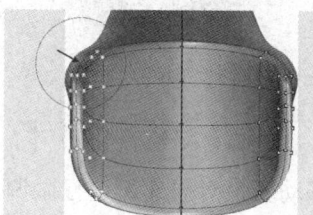

（9）设置旋转中心后，使用 Rotate（旋转）变换来调整节点位置，旋转后如图 13-26 所示。

（10）在编辑模式下，在 Back 视图中使用 Translate（移动）变换微调部分节点位置（图 13-27）。

（11）在编辑模式下，删除如图 13-28 所示的边，使此处更光滑，删除边后效果如图 13-29 所示。

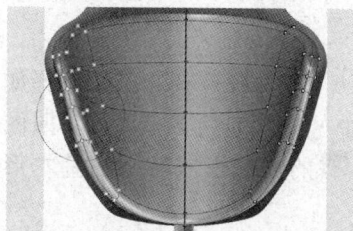

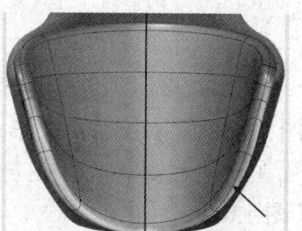

图 13-26 最终旋转效果　　图 13-27 微调　　图 13-28 删除边前效果

（12）使用 Make Uniform（使均匀）命令将调整节点后的曲面进行舒展。

（13）使用 Insertedge（插入边）命令增加模型细节，启动 ▣ 边选择模式，使用叉选选择如图 13-30 所示的边，或者选择一个边后，使用选择环形边功能快速选择边，单击 T-Splines 工具栏中的 Insertedge（插入边） ▦ 图标，执行简单插入边命令，在合适位置插入边（图 13-31）。

图 13-29　删除边后效果　　　　图 13-30　选择边　　　　图 13-31　插入简单边

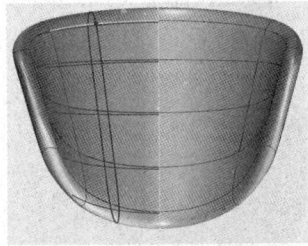

（14）模型插入边后，形状会发生变化（图 13-32、图 13-33），需要调整插入边的位置，以维持原有的形状。选择新插入的边（图 13-34），在 Top 视图中沿 XY 平面进行移动，最终效果如图 13-35 所示。

图 13-32　插入边前效果　　　　图 13-33　插入边后的效果　　　　图 13-34　选择插入的边

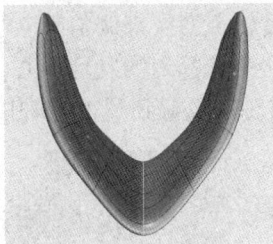

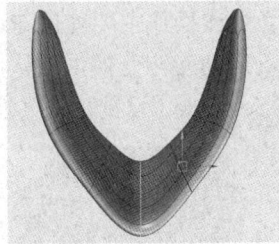

（15）在 Right 视图中使用移动变换对局部边进行微调，使模型更光滑，在调节点时可在网格模式下查看（图 13-36、图 13-37）。

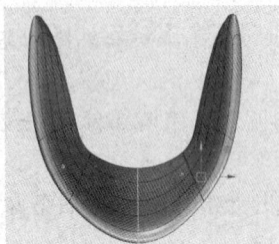

图 13-35　调整插入边效果　　　　图 13-36　局部边调整效果　　　　图 13-37　局部边调整效果
　　　　　　　　　　　　　　　　　　　　光滑模式　　　　　　　　　　　　网格模式

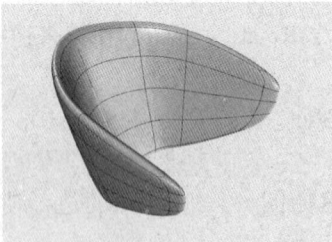

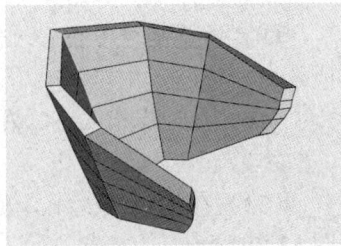

（16）挤出顶部的面来塑造靠背，在编辑模式中启动 face（面） ▣ 选择方式，选择如图 13-38 所示的面，在 Back 视图中按住 Alt 键同时沿绿色轴（Y 轴）向上拖动，参照图片在合适距离停止，这样就使用 Extrude Face（挤出面） ▨ 的功能形成靠背的基本形（图 13-39）。

图 13-38　选择面

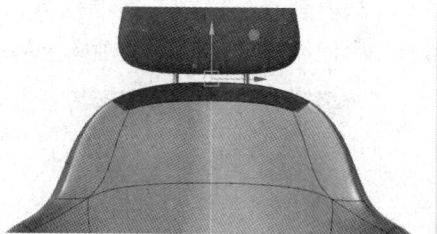

图 13-39　挤出面

技巧提示：在变换过程中，按住 Alt 键为复制操作，与"挤出封闭的平面曲线"的功能一致。

（17）目前靠背顶部过于尖凸，需要将控制点向下移动一定的距离，启动节点选择模式，选择如图 13-40 所示的节点，沿 Y 轴负向移动。

（18）根据参考图片，分别在 Back 视图和 Right 视图中调整节点，最终如图 13-41、图 13-42 所示。

图 13-40　调整靠背上部的节点

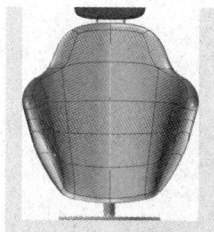

图 13-41　Back 视图

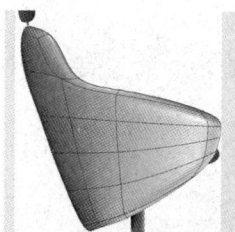

图 13-42　Right 视图

（19）在移动点、边和面的过程中，模型的某些局部面可能会过"紧"，需要使用 Make Uniform（使均匀）⬥命令，使曲面舒展。此操作一般在调整控制点、边和面后使用，可使曲面更自然、流畅。

13.1.4　椅垫造型

椅垫造型比较简单，可在 tsbox 的基础上使用操纵工具调整节点或边，达到期望的造型效果。

（1）单击 tsbox（立方体）⬒图标，在 Top 视图中以参考图片及刚绘制好的椅身为基准创建立方体，X 方向面数为 2，Y 方向面数为 3（图 13-43）。

（2）单击 Symmetry on（对称）⬔图标，使用"检测边"的方式设置为"轴对称"（图 13-44）。

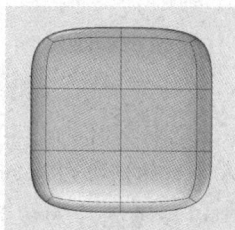

图 13-43　创建椅垫的 Ts 立方体

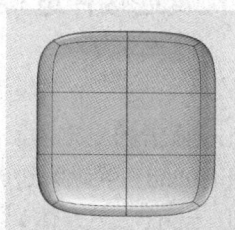

图 13-44　轴对称

（3）切换到 Back 视图，在编辑模式下选择 objects（物体）⬚ 选择级别，使用 Translate（移动）⬚ 操纵整个物体沿 Y 轴向上移动，根据参考图片确定移动位置（图 13-46）。

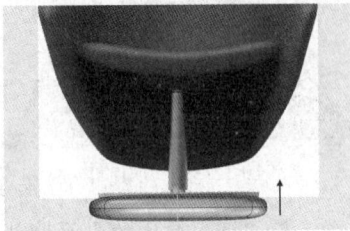

图 13-45　移动前

图 13-46　移动后坐垫高度位置

（4）将椅身所在的图层锁定，以免下一步对椅垫进行节点选择时，误选择椅身上的节点。

（5）切换到 Vert（节点）⬚ 选择级别，使用移动操纵工具分别调整对称轴左侧节点的位置，最终调整效果如图 13-48 所示。

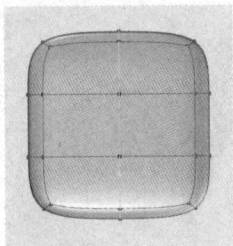

图 13-47　调整前

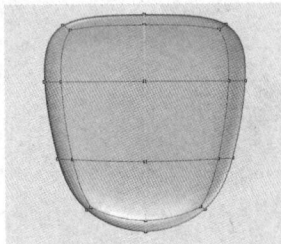

图 13-48　对称轴左侧节点的调整效果

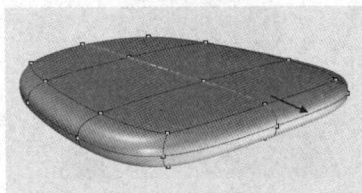

图 13-49　侧面微调前

（6）在 Perspective 视图中对坐垫的侧面节点进行微调（图 13-49、图 13-50）。

（7）在 back 视图中选择如图 13-51 所示节点，沿 Y 轴移动控制点（图 13-52）。

图 13-50　侧面微调后

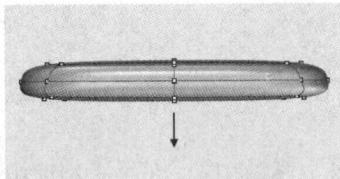

图 13-51　选择节点

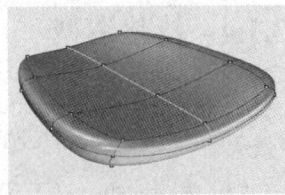

图 13-52　调整节点

（8）对坐垫的节点进行微调，最后使用 Make Uniform（使均匀）⬧ 命令使曲面舒展。

13.1.5　头枕及连接杆造型

1. 头枕

头枕为比较圆滑的立方体，使用 T-Splines 中的 tsbox（立方体）作为基本形比较合适，然后使用 manipulate（操纵）进行拖动，来塑造光滑的形体，具体造型过程如下。

（1）单击 tsbox（立方体）⬚ 图标，在 Back 视图中以参考图片为参考创建立方体（图 13-53、图 13-54）。长、宽、高尺寸约为 330mm、195mm、50mm，在选项中设置 X 和

Y 方向面数为 2，关于 X 轴对称。因要对立方体的节点和面进行调节，其尺寸与参考图片基本相同即可。

技巧提示：在 T-Splines 中对称轴默认为绿色，可随时检查物体的对称性，如在创建物体时忘记设置对称选项，可使用 symmetry on（对称）命令对物体应用轴对称或径向对称。

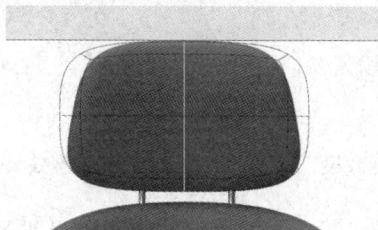

图 13-53 基本立方体

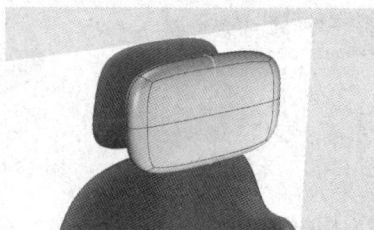

图 13-54 基本立方体透视图效果

（2）单击 edit mode（编辑模式）图标，进入编辑模式，单击 Vert（节点）图标，进入节点选择层次，使用 Translate（移动）操纵对选定的节点进行移动，首先选择如图 13-55 所示节点，沿 X 轴向内移动，然后选择如图 13-56 所示节点，沿 X 轴向内移动，最终效果如图 13-57 所示。

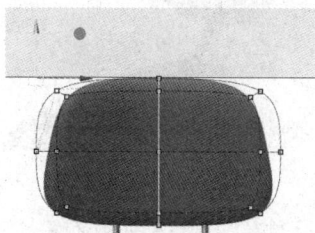

图 13-55 选择左上节点

图 13-56 向内调整左上节点

图 13-57 调整左边中部节点

技巧提示：因物体具有前后两个面，为了同时选择前后两个节点或边，一般使用 Rhino 的框选或叉选来选择节点或边等物体。

（3）因物体在侧面默认以坐标轴进行对齐，在 Right 视图中，选择 objects（物体）模式，使用 Translate（移动）操纵对整个物体沿 X 轴移动，根据参考图片确定移动的位置（图 13-58、图 13-59）。

（4）因头枕有向后的倾角，切换到 Right 视图，在保持选择物体的前提下，使用 Rotate（旋转）操纵沿蓝色轴旋转一定的角度（图 13-60）。

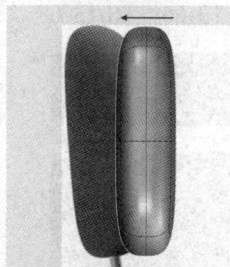

图 13-58 移动前

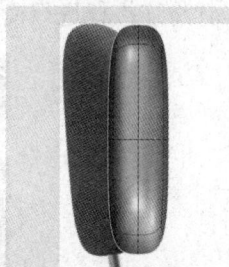

图 13-59 移动后

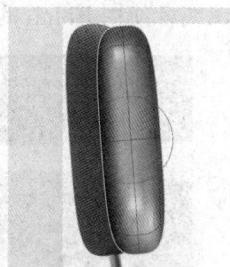

图 13-60 旋转

（5）目前的头枕正面是平的，需要将其调整成具有一定的弧度，以符合人体头部的曲线。在 Top 视图中，选择对称轴上的所有节点（图 13-61），使用 Translate（移动）![icon]操纵对选定的节点沿 Y 轴（绿色轴）移动，最终效果如图 13-62、图 13-63 所示。

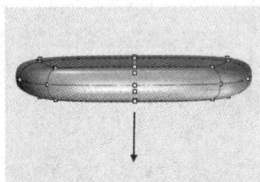

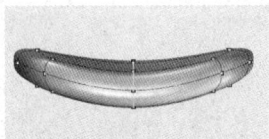

| 图 13-61　未调整前 | 图 13-62　调整出的弧度效果 | 图 13-63　弧度效果 |

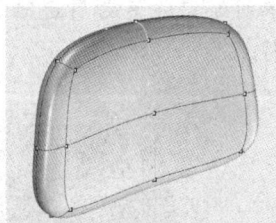

（6）根据需要对细节进行编辑，得到需要的造型，最后使用 Make Uniform（使均匀）![icon]命令使曲面舒展。至此，完成了头枕的造型。

2．头枕连接杆

头枕与椅身连接杆造型比较简单，使用 Rhino 的"圆管"![icon]命令即可完成。

（1）在 Right 视图中使用 Rhino 的"内插点曲线"命令参照图片绘制如图 13-64 所示曲线，此时可停用物体锁点功能，不用捕捉现有物体。

（2）单击 Rhino 的"圆管（圆头盖）"![icon]图标，选择上一步绘制的曲线作为圆管的曲线，分别输入起点半径和终点半径为 5，按 Enter 键后即完成圆管的创建（图 13-65）。

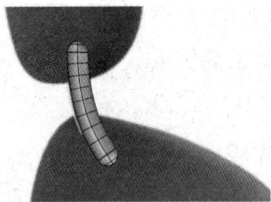

图 13-64　内插点曲线

| 图 13-65　圆管效果 | 图 13-66　圆管移动前 |

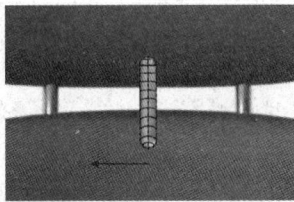

（3）在 Back 视图中使用 T-Splines 的 Translate（移动）![icon]操纵根据参考图片将圆管移动到合适的位置。继续使用该工具，按住 Alt 键启动移动复制功能，将圆管复制到合适的位置，或者使用 Rhino 的"镜射"工具将连接杆进行镜射复制（图 13-66～图 13-68）。

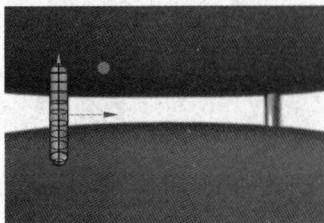

| 图 13-67　圆管移动 | 图 13-68　圆管移动复制 |

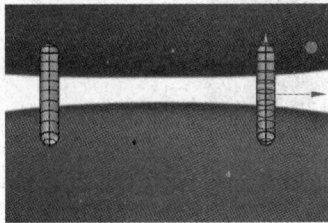

13.1.6　椅垫支架及底座造型

椅垫支架及底座造型比较简单，为简单的旋转体，使用 Rhino 的"旋转成形"命令即可完成。

（1）在 Back 视图中使用 Rhino 的"多重直线" 命令，参照图片绘制如图 13-69 所示形状，根据需要开启或停用锁点功能。

（2）选择刚才绘制的多重直线，使用 Rhino 的"旋转成形" 命令，选择中间直线为旋转轴，创建旋转体，形成底座、旋转套筒、椅垫支架 3 个部件（图 13-71）。

（3）分别将底座、旋转套筒、椅垫支架放入不同的图层中，以便于在渲染中赋予不同的材质。

图 13-69　多重直线

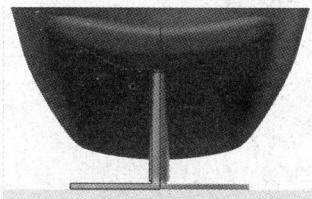

（4）使用 Rhino 的"不等距边缘圆角" 命令，设置合适的半径值，对底座、旋转套筒、椅垫支架分别进行倒圆角（图 13-72）。

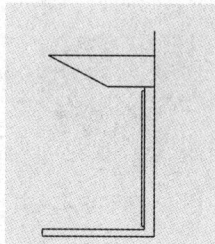

图 13-70　多重直线（未隐藏参考图）

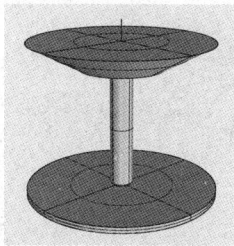

图 13-71　旋转成形

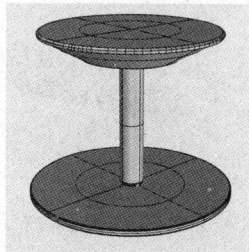

图 13-72　圆角

（5）根据参考图片，在 Right 视图中调节底座的位置。

13.1.7　细节处理

T-Splines 比较适合创建大致的形状，局部细节使用 Rhino 命令会更加方便，如头枕连接杆孔，可使用 Rhino 的布尔运算操作来完成。

（1）因头枕和椅身为 T-Splines 曲面，在进行布尔操作时将自动转换为 Rhino 的 NURBS 曲面，一般需要将头枕和椅身曲面进行备份，以方便后续造型的调整。将头枕和椅身曲面复制一份，放到新图层中，使用图层管理工具隐藏显示。

（2）单击"布尔差集运算" 图标，选择头枕及椅身曲面为第一组曲面，按 Enter 键后选择两个头枕连接杆为第二组曲面，设置"删除输入物体"选项为"否"，布尔运算后可保留第二组曲面。按 Enter 键后会出现如图 13-73 所示的信息提示：布尔运算后 T-Splines

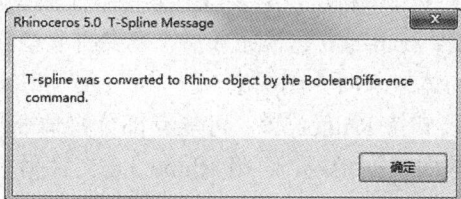

图 13-73　转换信息提示

物体将转换为 NURBS 物体。布尔运算结果如图 13-74、图 13-75 所示。

（3）使用"不等距边缘圆角" 命令对连接杆孔的边缘进行倒角（图 13-76、图 13-77）。

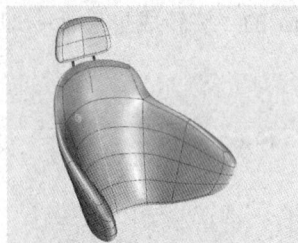

图 13-74　布尔运算前　　　图 13-75　布尔运算后效果　　　　图 13-76　圆角前

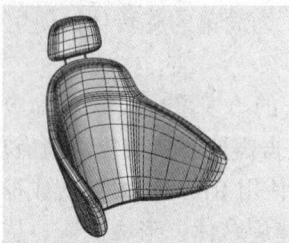

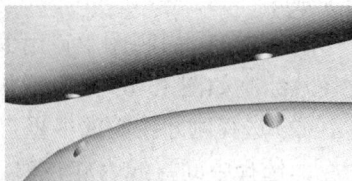

将各物体分别放入指定的图层，隐藏不使用的图层，最终完成的沙发椅如图 13-78 所示。

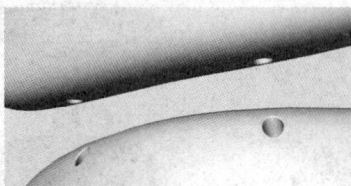

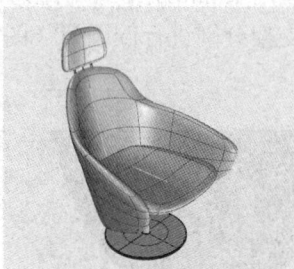

图 13-77　圆角后　　　　　　　图 13-78　沙发椅最终效果

13.2　沙发椅渲染

完成产品的造型后，还要进行渲染工作，以产生真实的产品效果图。Rhino 的渲染功能非常弱，只能完成简单的视觉效果，无法满足产品展示的需要。而 KeyShot 采用真实的物理材质，使用 HDRI（高清动态贴图）作为环境的照明，使用实时渲染方式可在短时间制作出照片级的效果图。

13.2.1　渲染前的准备工作

KeyShot 可直接读取 Rhino 的文件，也可使用 KeyShot 官方的插件 KeyShot for Rhino 将 KeyShot 渲染器集成到 Rhino 中，在 Rhino 界面中会出现 KeyShot 菜单。将 Rhino 模型导入 KeyShot 进行渲染时，将根据 Rhino 的图层设置来分配材质。在 KeyShot 中赋予材质时，同一图层中的物体将使用一个材质，只要改变其中一个物体的材质，图层中其他物体的材质也会发生变化。因此，在 Rhino 建模完成后，需要将模型各部分放入不同的图层中，或者将欲使用同一材质的物体放入同一图层中。

目前 KeyShot 最新版已支持 Rhino 5.0，可能有部分物体在导入 KeyShot 中会出现缺面的现象，如导入后出现缺面或面错误，可将 Rhino 5.0 文件另存为 Rhino 4.0 文件，再将 Rhino 4.0 文件导入 KeyShot。

KeyShot 不支持 T-Splines 物体，因此，用 T-Splines 曲面创建的物体必须转换为 NURBS 曲面，才能正确导入 KeyShot 中。

打开配书光盘：实例文件\13.2 沙发椅渲染\沙发椅渲染.3dm 文件。

将沙发椅中的 T-Splines 物体转换为 NURBS 曲面，删除不需要的参考图层，将椅身、椅垫、拷贝等部分分别放入各自的图层，欲使用同一材质的物体可放入同一图层，可将不同图层设置为不同的颜色，图 13-79 所示为将沙发椅各部分放入不同图层的效果。

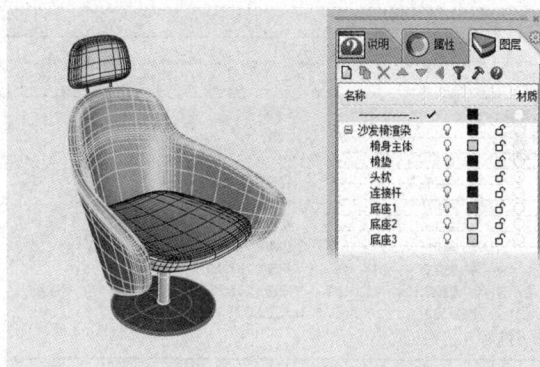

图 13-79　沙发椅渲染前准备工作

13.2.2　导入沙发椅模型

启动 KeyShot 后，单击位于实时窗口下方主工具列中的导入 图标，在出现的"导入物体"对话框中选择"沙发椅渲染.3dm"文件，在"KeyShot 导入设置"的"方向"选项中选中"Z 向上"（图 13-80）。

导入沙发椅模型后需要检查沙发椅方向是否正确，如不正确需要重新导入模型，在"KeyShot 导入设置"中的"方向"中选择"X 向上"或"Y 向上"。导入模型后如图 13-81 所示。

图 13-80　"KeyShot 导入设置"对话框

图 13-81　导入沙发椅模型

导入模型后可按住鼠标左键在实时窗口中拖动，可上下左右旋转视图，查看不同的视角效果；使用鼠标滚轮中键前后拖动进行视图缩放的操作。

单击主工具列中的项目 图标，进入"场景"选项卡，在场景中显示导入模型的名称及 Rhino 图层的名称，并以图层的颜色作为默认材质的颜色，以图层来区分物体，不同的图层被视为不同的物体。在模型树中图层名称前选中或取消选中可显示或隐藏物体，也可进行材质的复制、链接等操作（图 13-82）。

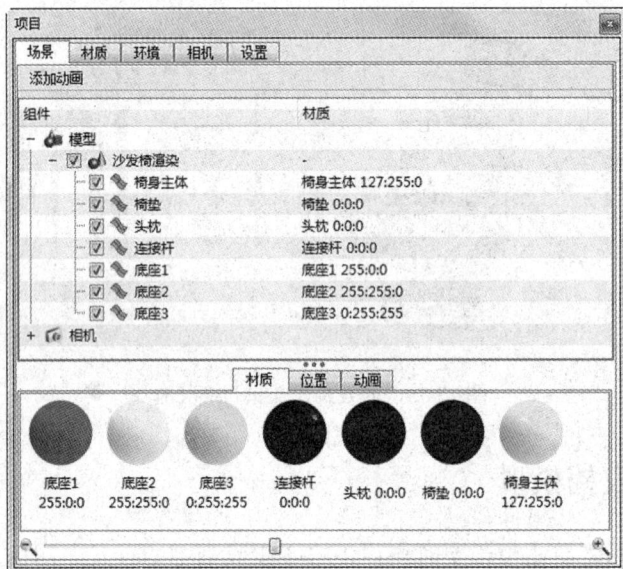

图 13-82 "场景"选项卡

13.2.3 沙发椅材质

KeyShot 提供了常用的真实物体材质，单击工具列中的"库" 图标，可进入 KeyShot 库，在"材质"选项卡中提供了宝石、玻璃、液体、金属、布和皮革等材质，可直接使用库中的材质，赋予沙发椅的各部分。

1．椅身材质制作

椅身材质为普通的皮革材质，进入"库"的"材质"选项卡后，在 Materials（材质）中选择 Cloth and Leather（布和皮革）后，下方会出现布和皮革中的材质球，选择 Brown Leather 材质球，将此材质球直接从 KeyShot 库中拖到椅身上，将 Brown Leather 赋予椅身，如图 13-83 所示。

在"项目库"|"场景"选项卡中双击 Brown Leather 材质球，会进入"材质"选项，可查看或修改材质属性。原材质的材质属性如图 13-84 所示，修改原材质的颜色，保持材质类型为"皮革"，将"色彩 1"修改为 RGB（58、58、37），"色彩 2"修改为 RGB（225、225、175）。修改"高度"值为 4，"缩放"值为 60，以显示纹理的粗糙效果。修改后的材质属性如图 13-85 所示。

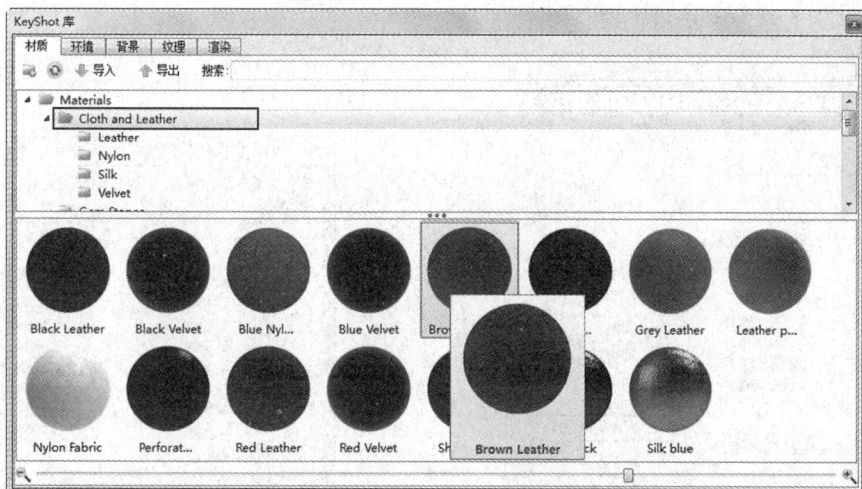

图 13-83　KeyShot "库" 的 "材质" 选项卡

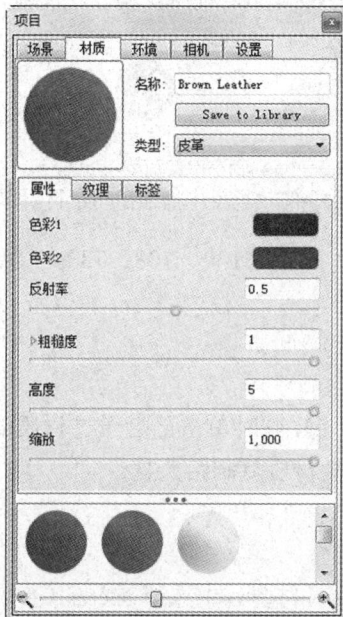

图 13-84　原材质属性

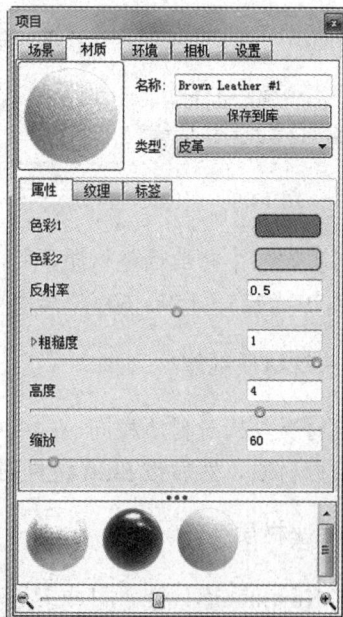

图 13-85　修改后材质属性

2．椅垫材质制作

椅垫与椅身材质基本相同，也是皮革材质，只是材质颜色比椅身略深。在 "项目库" 中的 "场景" 选项卡中按住调整好的椅身材质球后直接拖动到椅垫上，将椅身材质赋予椅垫。如现在调整椅垫材质，椅身材质也会发生同样的变化。欲分别调整椅身和椅垫材质，须使用 "取消链接材质" 工具取消椅身和椅垫材质的链接。右击场景树中的 "沙发主体"，在出现的右键菜单中选择 "取消链接材质"，取消链接材质前在 "场景" 的材质中只有一个 Brown Leather 材质球，取消链接材质后会增加一个 Brown Leather 材质球，材质球名称会自动增加编号（图 13-86、图 13-87）。

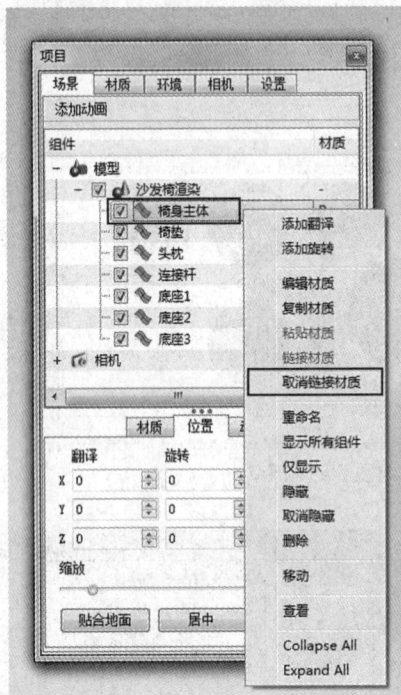

图 13-86　取消链接材质

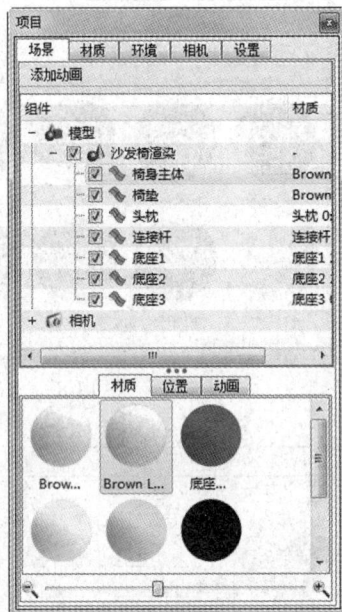

图 13-87　场景中增加了一个材质球

在材质属性中修改椅垫材质，将"色彩 1"修改为 RGB（139、108、73），"色彩 2"修改为 RGB（225、159、60），其他不变。

3. 头枕材质制作

头枕材质与椅身材质相同，在实时窗口中按住 Shift 键，同时单击已赋予过材质的椅身，以复制椅身材质，然后按 Shift 键同时右击头枕，将椅身材质复制给头枕。

4. 底座材质制作

进入 KeyShot 库，在"材质"选项卡中的 Materials（材质）中选择 Metel（金属）后，选择 Aluminum brushed 材质球，将此材质球直接从 KeyShot 库中拖到底座上，将 Aluminum brushed 材质赋予底座下部曲面；同样将金属中的 Anodized brushed black 材质球拖到底座套筒上，将 Plastic（塑料）中的 Carbon fiber basic 材质球拖动到底座上部分曲面上（图 13-88）。

5. 头枕连接杆材质制作

进入 KeyShot "库"，在"材质"选项卡的 Materials（材质）中选择 Paint（喷漆），选择 Paint - metallic white 材质球，将此材质球直接从 KeyShot 库中拖到头枕连接杆上，将白色金属漆材质赋予头枕连接杆。

沙发椅各部分赋予材质后的"场景树"如图 13-89 所示。

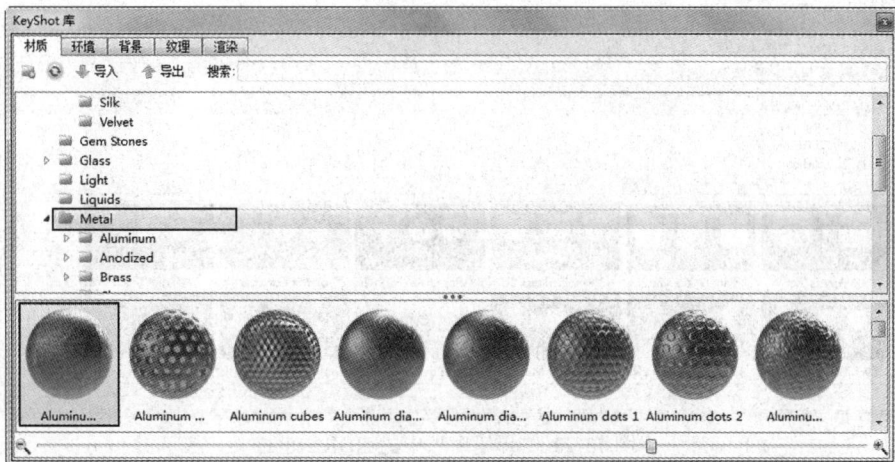

图 13-88 金属材质

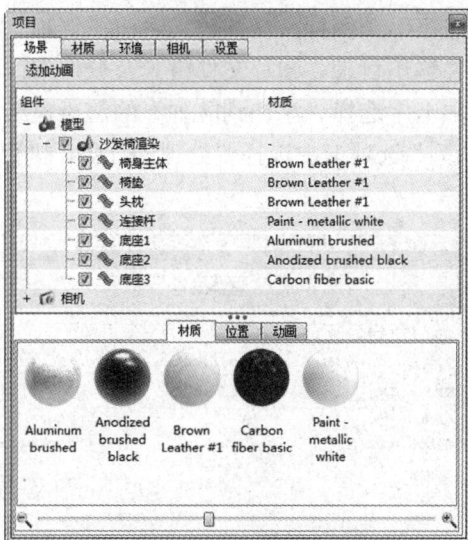

图 13-89 沙发椅材质树

13.2.4 环境设置

KeyShot 主要通过"环境"的 HDRI 图像为场景提供照明,可在 KeyShot 库中选择合适的照明文件。一般产品可使用 Studio 文件夹中的 HDRI 文件,直接将选定的 HDRI 文件拖动到场景中,即可指定环境的照明(图 13-90)。

目前实时窗口中在产品底部的阴影不够精细,需要修改地面的大小。进入"项目"的"环境"选项卡中,降低"地面大小"的值,使地面阴影柔和些。

13.2.5 渲染输出

导入模型后,经过赋予材质并调整材质、选择合适的环境照明文件、调整环境选项等一系列操作,待场景中的实时显示达到可使用的效果后,可使用主工具列中截屏功能进行

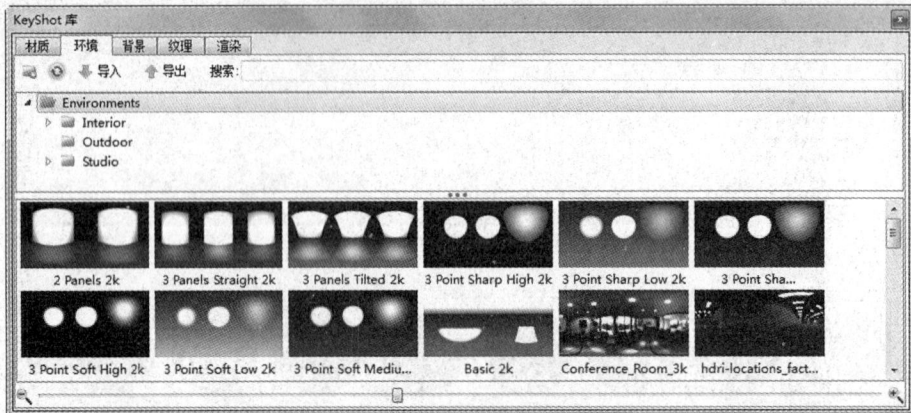

图 13-90 "环境库"中的 HDRI 文件

截屏操作。此操作中需要修改实时渲染选项，以选择不同的截屏尺寸。

单击主工具列中的"渲染" 图标，在弹出的"渲染选项"对话框中的"输出"选项卡中设置输出文件名、文件输出目录、图片文件格式及分辨率；在"队列"选项卡中进行队列渲染，在"输出"选项卡中选择"添加到队列"的渲染模式，将多幅图片进行队列渲染，指定好队列后，在"队列"选项卡中选择要处理的任务，执行处理队列工作（图 13-91、图 13-92）。

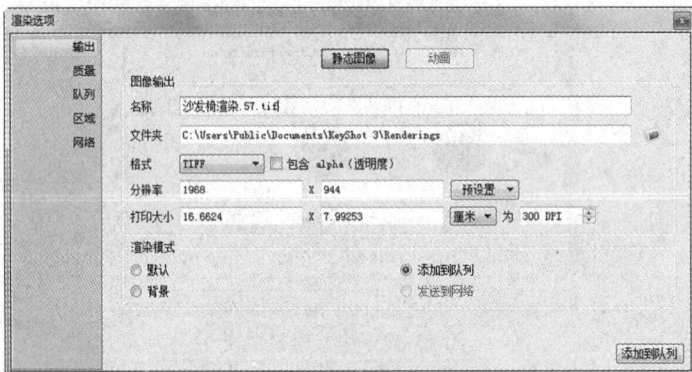

图 13-91 "渲染选项"对话框

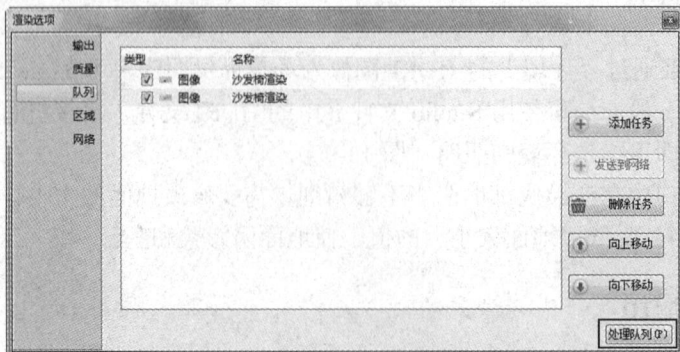

图 13-92 "渲染选项"的"队列"选项卡

渲染时，在"项目库"｜"相机"中调整好相机视角后再进行渲染。渲染后的文件可在 keyShot "库"｜"渲染"选项卡中查看。

欲知渲染后的文件位置，可查看"渲染选项"中的图像输出文件夹，可将此路径粘贴到资源管理器的地址栏中，快速找到渲染的文件。沙发椅渲染效果如图 13-93 所示。

图 13-93　沙发椅渲染效果

13.3　本章小结

本章第 1 节的椅身、头枕和椅垫为造型难点。头枕和椅垫在 tsbox 的基础上，通过对控制点的编辑达到预期的设计效果。而椅身造型比较复杂，在 tsbox 的基础上，对控制点进行弯曲的操作，在此基础上编辑控制点，再通过基础曲面进行复杂的造型操作。在 T-Splines 造型中对节点、边和面的操纵为核心内容，比较复杂的造型可在对控制点"拖和拉"的过程中完成。

本章第 2 节主要在 KeyShot 中完成了沙发椅的渲染。详细讲解了将 Rhino 物体导入 KeyShot 中的方法和注意事项，通过从材质库中调出材质赋予沙发椅各部分，完成沙发椅材质的赋予，并设置渲染环境，最终完成了沙发椅的渲染。